能源环境前沿方法介绍 （第2版）

陈建东

等 著

中国财经出版传媒集团

经济科学出版社

Economic Science Press

·北 京·

图书在版编目（CIP）数据

能源环境前沿方法介绍/陈建东等著．－－2 版．－－
北京：经济科学出版社，2023.9
双碳系列教材
ISBN 978 － 7 － 5218 － 5180 － 9

Ⅰ．①能…　Ⅱ．①陈…　Ⅲ．①能源开发－关系－环境
工程－研究方法－教材　Ⅳ．①X24 － 3

中国国家版本馆 CIP 数据核字（2023）第 184693 号

责任编辑：孙丽丽　纪小小
责任校对：隗立娜
责任印制：范　艳

能源环境前沿方法介绍　（第 2 版）

陈建东　等著

经济科学出版社出版、发行　新华书店经销

社址：北京市海淀区阜成路甲 28 号　邮编：100142

总编部电话：010 － 88191217　发行部电话：010 － 88191522

网址：www. esp. com. cn

电子邮箱：esp@ esp. com. cn

天猫网店：经济科学出版社旗舰店

网址：http：//jjkxcbs. tmall. com

北京密兴印刷有限公司印装

787 × 1092　16 开　19 印张　440000 字

2023 年 9 月第 2 版　2023 年 9 月第 1 次印刷

ISBN 978 － 7 － 5218 － 5180 － 9　定价：76. 00 元

（图书出现印装问题，本社负责调换。电话：010 － 88191545）

（版权所有　侵权必究　打击盗版　举报热线：010 － 88191661

QQ：2242791300　营销中心电话：010 － 88191537

电子邮箱：dbts@esp. com. cn）

再 版 序 言

2022 年 6 月《能源环境前沿方法介绍》由经济科学出版社发行，该书出版后，受到广大师生的欢迎和好评。能源环境研究领域涉及很多学科，因此相应的研究方法包罗万象，有鉴于此，全书 8 章内容包括了当下能源环境研究领域的主要研究方法特别是经济学、管理学以及理工科学的方法，对于高年级本科生、硕士研究生以及博士研究生迅速进入能源环境研究领域大有裨益，即使对于该研究领域的高校教师也不失为一本好的工具书。

2022 年下半年以来，教材编写组成员在遥感卫星数据处理和"双碳"应用领域取得了重大突破，多篇论文发表于 *Nature* 子刊，相关研究成果处于世界前沿水平，社会影响十分显著，新华社、《光明日报》、《中国教育报》、《科技日报》、央视网、学习强国、新浪、搜狐、网易等众多主流媒体几乎在第一时间给予了报道。这些研究成果包含了很多新的能源环境研究方法，为了推动能源环境研究的不断推陈出新，让更多高校师生了解、掌握能源环境领域的前沿方法，经反复讨论，我们决定对此书进行再版，并纳入西南财经大学推出的"双碳系列教材"。

《能源环境前沿研究方法》（第 2 版）将于 2023 年下半年出版，与前版相比，主要增加的内容包括：

（1）在原有第 8 章的基础上，利用卫星夜间灯光数据，测算了全球范围内国内生产总值（GDP）和电力消费的分布，该分布可以用来有效评估经济状况和电力消费水平。目前涉及的 GDP 和电力消费数据来源主要是各国的官方统计部门，因此相关数据主要是按照行政区划来提供的。但是，行政区划以内的 GDP 和电力消费的空间分布情况却难以显示。尽管一些学者估算了网格化的 GDP 和电力消费，然而，已有的网格化数据存在不少缺陷，包括高估实际 GDP 增长、忽视时空动态的异质性以及时间跨度有限等问题。同时，涉及网格化 GDP 和电力消费测算的研究常常采用 DMSP/OLS（1992 - 2013）和 NPP/VIIRS（2013 - 2019）夜间灯光数据作为工具变量，但是这两套数据存在显著差距。尽管一些研究尝试将两套数据进行匹配，然而存在匹配效果不尽如人意、时空变化不连续等缺点。因此，本研究采用粒子群优化－反向传播（PSO－BP）算法等一系列工具，统一了 DMSP/OLS 和 NPP/VIIRS 图像的尺度，获得了 1992~2019 年连续的 1 千米×1 千米网格化夜间灯光数据。据此，从修正后的实际增长角度出发，我们采用自上而下的方法，根据校准后的夜间灯光数据，计算出 1992~2019 年全球 1 平方千米网格化的修正后的实际 GDP 和电力消费。

（2）新添了第 9 章，在研究方法快速更新的今天，掌握实用的预测和情景模拟手段对于更好地把握能源环境未来变化趋势具有重要意义。新增的第 9 章介绍了常见预测方法，包括 ARIMA 方法、Holt－Winter 过滤模型、长短期记忆模型（LSTM）、极限学习机（ELM）、多层感知机（MLP）、广义回归神经网络（GRNN）等。此外，该章还介绍了情景模拟方法，并阐述如何通过结合蒙特卡洛模拟方法来减少情景设置产生的不确定性。最后，结合我们在能源环境领域发表的期刊论文，以预测中国碳达峰为例展示了上述两大类方法的实际运用。

上述新增内容仍保持与原版相同的格式便于读者阅读，分别由高明博士以及徐冲博士撰写。

最后，再次感谢经济科学出版社对我们一如既往的支持与帮助，感谢国家社会科学基金重点项目"基于卫星数据的碳排放与碳固定统计测度及应用研究"（21ATJ008）、四川省哲学社会科学重点实验室（交叉科学技术驱动的数字经济重点实验室）、西南财经大学"卡脖子"重大技术攻关项目以及西南财经大学 2023 年中央高校教育教学改革专项入库项目给予的大力支持。

序　言

习近平总书记在党的十九大报告中指出，坚持人与自然和谐共生，必须树立和践行"绿水青山就是金山银山"的理念，坚持节约资源和保护环境的基本国策。然而，伴随城镇化和工业化进程的加快，我国的环境承载力已非常脆弱，节能减排的压力与日俱增。因此，新时期新常态背景下的"五位一体"总布局①对环境保护、节能减排和固碳工作提出了更高要求。习近平总书记在第 75 届联合国大会以及气候雄心峰会上郑重承诺，中国将采取更加积极有效的减排措施，力争在 2030 年前达到碳排放峰值（即"碳达峰"），2060 年前实现温室气体的零净排放（即"碳中和"）。"双碳"目标的制定不仅能够推动节能减排，促进经济转型，实现社会、经济和环境的协调发展，还能够极大地推进学科的进步，丰富我们对能源环境领域规律的认知。因此，能源环境领域的相关研究具有重大的现实意义和重要的理论价值，怎么强调也不为过。有鉴于此，能源环境方向今后的发展对广大的研究生以及学者提出了更高的要求，赋予了更高的期望。

然而作为一门理论不断创新、内容不断推陈出新的交叉学科，能源环境方向研究方法教材出版的滞后，特别是在人文社科领域严重影响了研究生和青年教师对该学科的学习与研究。所以，为了积极响应教育部关于"新文科"建设的倡议，我们在已有研究的基础上精心挑选出能源环境领域前沿的研究方法，将经济学、管理学与遥感数据和人工智能等工科研究方法交叉融合，旨在帮助研究生以及广大青年教师能够迅速掌握该领域主要的研究工具，从而为相关学术研究提供技术支持，进而为推动我国能源环境领域的研究贡献我们的绵薄之力。

本教材是近年来教材编写组研究成果的汇总。教材编写组成员的研究方向均为能源环境领域，自 2016 年以来，本团队共撰写第一作者或通信作者 SSCI/SCI/CSSCI 论文五十余篇，大多数都是 JCR 一区论文且多篇论文为 ESI

---

① "五位一体"总布局是指经济建设、政治建设、文化建设、社会建设和生态文明建设五位一体、全面推进。

高被引或热点论文。编者们的研究方向虽都为能源环境领域，但研究方法各有所长，有的擅长管理学方法，有的擅长经济学方法，还有的擅长理工科方法。因此，在兼顾研究方法前沿性和实用性的同时，充分考虑到每位编者的研究专长，以求教材所选方法能够最大限度地满足研究生和青年教师的需求。本教材的读者主要包括经管类及能源环境领域的硕士研究生、博士研究生、青年教师以及相关的研究人员。

鉴于学科交叉融合的深度和广度在能源环境研究方向呈加速的态势，教材编写组计划今后每隔一段时间（1～2 年），根据能源环境领域前沿研究方法的拓展和更新，本教材也将不断调整和完善现有方法并注入最前沿的新方法。

本教材共分为八章，第 1 章、第 2 章和第 3 章均为经济学研究方法，分别介绍了动态演化博弈、IV 工具变量和 DID 方法；第 4 章、第 5 章、第 6 章和第 7 章均为管理学研究方法，分别介绍了 DEA、LMDI、全生命周期和投入产出法；第 8 章为卫星遥感和人工智能研究方法，重点介绍卫星数据的加工。

本教材与国内外同类教材相比的创新之处在于：

第一，研究方法的选择。

本教材关注能源环境领域最前沿的研究方法，例如，两类卫星夜间灯光数据的校准及拼接；基于加工后的卫星数据，利用人工智能的方法测算县域层面二氧化碳的排放和能源消费；利用 MODIS 平台下 MOD17 产品来估计县域层面的植被固碳能力；在既往 LMDI 方法的基础上拓展的时空分解法；在时间分解层面，过去的 LMDI 研究主要关注长时间跨度的驱动因素分解，本教材介绍了 4 种新的基于时间维度的分解方法，这些方法可以帮助我们了解更为翔实的驱动因素的变化。

另外，基于编者多年在能源环境领域研究的经验，我们除了选择最前沿的研究方法外，还挑选了目前能源环境研究比较常用且适合人文社科领域研究生及青年学者掌握的新方法，兼顾到前沿与实用以及不同学科背景读者的需求。因此，数理模型功底稍差的研究生或教师也能在较短的时间内理解本教材大部分的研究方法，并结合书中的实例以及对应的应用程序迅速将所学方法运用到自己的研究中。

第二，实例的选取。

本书在每种研究方法之后均附有实际应用示例，且所有示例均摘录于教材编写组成员已发表的高水平学术论文（都选自 JCR 一区的 SSCI 或 SCI 论文）。因此，这些示例可以帮助读者学以致用，加深对前沿研究方法的理解。

第三，应用程序的配套。

为了便于读者对本教材研究方法的理解、使用和掌握，本教材电子版本配备了相应方法的应用程序，读者可根据每种方法的应用程序进行实操，这些应用程序能够节约读者的宝贵时间以迅速开展相关的研究，提升研究方法的学习效率。

本教材的分工如下：

姓名	工作内容
范维	第1章
金浩	第2章和第3章
程树磊	第4章
吴茵茵	第5章
熊思琴	第6章和第7章
高明	第8章
陈建东	序言和全书统稿
陈星雨和刘淼淼	负责材料收集以及日常事务

最后，感谢经济科学出版社对我们一如既往的支持与帮助；感谢国家社会科学基金重点项目"基于卫星数据的碳排放与碳固定统计测度及应用研究"（21ATJ008）、西南财经大学2021年度"卡脖子"重大技术攻关项目以及西南财经大学2021年度第二批规划教材项目对本教材编写给予的大力支持；感谢广大读者今后对本教材的探索可能提出的宝贵意见。

目　　录

第1章

演化博弈理论、模型及其应用

1.1 前言

由人类活动引发的环境问题给人类生存、社会经济的可持续发展造成了不可逆转的影响（Wang et al.，2005）。尤其是在经济高速发展的中国，多年来粗放式的发展道路，导致我国生态环境日益恶化（陈诗一和陈登科，2018）。长期以来，我国政府大多采用自上而下的环境政策，即由中央政府制定政策，地方政府负责实施（沈坤荣和金刚，2018），这使得地方政府不仅在支配当地经济资源时享有较大的权力，同时在环境治理方面也具有得天独厚的信息优势，因而成为地区环境治理的主体。

然而，地方政府在环境治理中也存在一些问题。一方面，我国主要是以行政区域为界，并由中央政府和地方各级政府共同负责的属地治理模式。然而，环境污染中的废气及废水排放具有显著的空间溢出性，这使得污染防治工作无法由单一地方政府独立完成。另一方面，地方政府在以国内生产总值（GDP）为主的政绩考核机制中更倾向于主动牺牲环境以取得经济利益（Jia，2017）。同时，污染企业作为最大的污染排放体，为了企业利润最大化同样会牺牲环境，将产生的外部成本转嫁给当地居民（周黎安，2007）。因此，地方政府的环境治理行为实际上是一种与各方主体（如中央政府、企业以及民众等）长期性、复杂性以及动态性的博弈过程（Fan et al.，2021），如何让地方政府在中央政府的监督下有效治理环境，并约束污染企业清洁生产，减少污染排放，成为近年来国内学者关注的重点。

一些学者通过博弈论对政府治理环境的行为展开分析，例如，杨（Yeung，1992）基于微分博弈模型研究政府和企业取得收益最大化的最优策略。巴雷特（Barrett，1994）和肯尼迪（Kennedy，1994）分别针对不完全竞争市场下政府环境决策的非合作博弈展开研究，结果表明较弱的环境规制在提高本地区贸易竞争力的同时，也造成了污染的地区间转移。乔根森和扎库尔（Jorgensen and Zaccour，2001）提出了一种微分博弈对策，探索用最优的控制方法来解决下游污染问题，结果发现在博弈过程中的任何时刻，一个国家在合作解决方案中的收益会明显高于在分歧解决方案中的收益。朱平芳等（2011）基于地方财政分权的视角，以环境规制不可直接观测与地方环境决策的策略性博弈为出发点，探究我国地方政府竞相降低环境标准来吸引外商直接投资的本地保护特征事实。

然而，他们的分析大多建立在行为人完全理性的基础上，也就是说行为人不存在思维意识、推理能力以及识别判断等方面的缺陷和失误，这种假设与实际情况不符。现实中，无论是政府、企业还是居民，仅存在有限理性，其稳定策略往往是长期不断地学习模仿与策略优化过程。演化博弈模型以有限理性为基础，探究博弈群体成员之间的行为策略与动态博弈过程。该方法对研究经济活动中的长期规律和揭示各种社会经济现象具有重要作用。本章将通过演化博弈模型来研究地方政府的环境治理行为，揭示环境污染的内在诱因，为政府决策者制定切实可行的环保政策提供理论依据。

1.2 演化博弈理论及其模型构建

1.2.1 演化博弈理论的起源与发展

博弈论（game theory）又称对策论，或者竞赛论，是研究多个组织（包括政府、企业以及社会团体）或个体在特定条件制约下利用自身所掌握的信息实施策略选择，并得到不同的结果或收益的过程。博弈论作为一种方法论，主要研究公式化的激励结构间的相互作用，被广泛应用于生物学、经济学、政治学以及其他诸多学科。演化博弈论作为博弈论的一个重要分支，其思想源于达尔文的生物进化论和拉马克的遗传基因理论，是在博弈论基础上发展起来的新热点（贾根良，2004）。

演化博弈论的思想可以追溯到 20 世纪中叶，新古典经济学家马歇尔指出，演化分析比静态分析更为复杂（Marshall，1948）。美国经济学家约翰·纳什指出均衡概念存在两种不同的解释：一是理性主义的解释，属于经典博弈论的范畴；二是"大规模行动的解释"（Nash，1950），类似于演化博弈思想，这些均被认为是演化博弈思想的早期理论成果。

演化博弈论能够在诸多领域广泛应用主要归功于进化生物学家梅纳德·史密斯和普莱斯提出的演化稳定策略（evolutionarily stable strategy）。所谓演化稳定策略，是指如果种群中绝大多数的个体选择某种稳定策略，那么，小的突变种群将不可能侵入这个群体。更通俗地讲，在自然选择环境中，突变者要么选择这一稳定策略，要么在进化过程中消失。他们的主要贡献在于，研究群体博弈时摆脱了传统博弈论的完全理性假设，另辟蹊径地从有限理性视角分析问题，并在传统纳什均衡精炼的基础上引入突变机制（Maynard Smith and Price，1973）。可以说，演化稳定策略的提出是演化博弈论发展道路上的里程碑。之后，学者们引入选择机制来构建复制动态模型（replicator dynamics）（Taylor and Jonker，1978；Maynard Smith，1982），标志着演化博弈理论的正式形成。20 世纪 80 年代，经济学家看到了演化博弈论的诸多优点，开始借助生物学家的思想，将该理论引入经济学领域，来研究制度变迁、政府或企业决策、金融市场等问题，这又进一步推动了演化博弈的发展，包括从对称博弈深入至非对称博弈（Selten，1980），从演化稳定均衡转向随机稳定均衡（Foster and Young，1990），从确定性的复制动态模型发展为随机的动态模型（Friedman，1991）。之后，国外学者威布尔（Weibull，1995）和国内学者黄凯南（2009）分别对演化博弈理论进行了系统的总结。

相较于传统博弈，演化博弈的特点在于：首先，需要构建一个涵盖博弈结构与规制的博弈框架，这与传统博弈类似，但演化博弈的参与者并不需要拥有博弈结构与规则的全部知识，仅需基于某种传递机制对非完全理性知识进行获取，这种放松假设更有利于分析现实中的经济问题。其次，演化博弈必须将传统博弈中的支付函数转化为适应度函数，也就是明确群体中使用这一策略个体占比的增长率。再次，着重分析了群体规模和策略频率的演化过程。依据威布尔（1995）的说法，演化过程主要涵盖选择机制和突变机制。由于演化博弈最早的思想来源于达尔文的生物进化论，所以群体在博弈后会复制上一代群体的策略，表现为一种选择过程，这主要体现在复制动态模型中，该模型是一种基于选择策略的确定性和非线性的演化博弈模型（Taylor and Jonker，1978；黄凯南，2009）。在演化博弈中，突变机制主要为了检验演化均衡的稳定性（Kaniovski and Young，1995），即在既定策略空间中描绘出个体策略的随机扰动，并未增加新的策略，因此，它的作用相当有限。最后，演化稳定策略是演化博弈论中最基本的均衡概念。由于复制动态模型是非线性的，其方程解并非唯一，在进行稳定性分析时无法像传统博弈那样求出均衡解，再引入突变机制，使得最终的均衡更像是一种演化均衡。换言之，一个群体的演化稳定策略必须能让采取该策略的群体足以抵御少量异类或变异者的入侵，该群体即使受到微小的干扰或入侵，其内部采取演化稳定策略的个体数量或比例结构也不会改变。

演化博弈论在经济学领域具有诸多优势：第一，摒弃了传统理论完全理性的假设，增加了行为主体之间的互动环节，刻画出每个个体行为与种群行为的作用关系，形成一个具有微观基础的宏观模型，因此，该理论研究的经济问题更深刻，更贴合实际，更具有说服力（易余胤和刘汉民，2005）。第二，演化博弈加入了时间概念，体现出博弈的动态性。行为主体能够在博弈过程中不断学习、模仿和完善自己（孙庆文等，2003）。第三，演化博弈模型考虑了随机扰动因素。在传统经济学或博弈论中，不确定因素被设定为模型的随机扰动项，通过给定其分布特征，以期望均值的形式呈现。反之，在演化博弈中，随机扰动作为一种突变引入模型，行为主体通过自我学习，不断完善，最终形成了可以抵御异类突变与入侵的演化稳定策略。

目前，在中国式的分权体制下，地方政府成为治理环境污染的主力军，但在以 GDP

增长为中心的政绩考核模式中，地方政府更愿意将有限的财政资金投向基建、交通以及房地产等经济类项目，导致环境类公共产品的供给不足。工业污染企业为了追求自身利益最大化以及受转型成本的压制，更希望维持传统粗放式的生产模式，放弃企业转型和清洁生产。因此，地方政府与工业污染企业在针对污染治理问题时，大多基于自身利益采取不同的策略以应对对方策略，表现出一种长期性、复杂性以及动态性的博弈过程。为了有效地阐明地方财政支出对中国工业污染的影响，本章依据演化博弈理论，研究地方政府不同的财政支出偏好对工业污染企业生产行为的作用机制。具体而言，通过一些假设条件，构建地方政府与污染企业有关工业污染问题的演化博弈模型，以此来分析参与主体的随机性非理性行为，并通过数值模拟方式讨论地方政府不同的支出偏好对工业污染企业生产方式的影响，这将有利于剖析博弈双方在学习与变异过程中的最优决策。

1.2.2　演化博弈模型的构建

演化博弈模型将博弈理论与动态演化思想有机结合，相较于传统博弈，更强调一种动态的博弈与均衡。在模型构建过程中，演化稳定策略（Evolutionary Stable Strategy，ESS）和复制动态（replication dynamics）是核心，构建模型的一般步骤如下：

（1）博弈主体与行为策略。

依据研究对象和研究问题，我们首先要明确博弈主体有哪些，是双方博弈还是多方博弈。其次，每一类博弈主体的行为策略有哪些，并分别赋予不同的概率。

（2）模型假设。

为了让数学模型理想化和简单化，一般在模型构建前，需要做出一些合理的假设，以便求解、获得实际问题的最佳答案。

（3）演化模型的支付矩阵。

通过假设条件，列出博弈主体之间的行为策略，并构建演化博弈模型的支付矩阵。支付矩阵是用来描述两个或多个主体的策略和支付的矩阵，其中，不同参与主体的利润或效用就是支付。

（4）博弈主体的期望收益。

期望收益即收益的平均值，其数学含义就是博弈主体以不同概率选择策略时的加权平均值。一般公式为：$E = \sum_i (U_i \times P_i)$，其中，$E$ 为期望收益，U_i 为博弈主体第 i 种行为可能获得的效用，P_i 为博弈主体第 i 种行为的概率。

（5）复制动态方程。

依据演化博弈理论，当某一策略的支付或者适应度超过群体的平均适应度时，该策略将会在群体中演化发展，即群体中使用该策略的个体在群体中所占比例的增长率大于 0，这一过程经常用复制动态方程来表示（Cressman，1992）。事实上，复制动态方程是某种特定策略在某一群体中被采用频率多少的动态微分方程，可以表述为：$\frac{\mathrm{d}x}{\mathrm{d}t} = x(U_i - U)$，其中，$x$ 表示群体中选择策略 i 的博弈方占比，U_i 为选择策略 i 的期望收益，U 为所有博弈方的平均收益。

（6）均衡点及临界状态。

博弈均衡是指使博弈各方实现各自认为的最大效用，即所有参与者都不想改变自身策略的一种相对静止状态。依据复制动态方程 $F(x_i)=0$，i 为 N 维平面，求出均衡点和临界条件，并对 $\{(x_1, x_2, \cdots, x_n), 0 \leqslant x_i \leqslant 1\}$ 上的所有均衡点进行逐一分析。

（7）模型稳定性分析。

由于微分方程系统描述的群体动态均衡点的稳定性可由该系统雅克比（Jacobi）矩阵的局部稳定性获得（Friedman，1991）。因此，为了分析最终演化的均衡状态，我们通过雅克比矩阵来探究系统的局部稳定性。通过分别对 $F(x_i)=0$ 的 x_i 求偏导，得到雅克比矩阵，最后，列出局部稳定性分析结果及演化博弈的相位图。

（8）演化博弈的数值模拟。

为了进一步验证模型的稳定性并给读者呈现出可视化的演化结果，可以通过数值模拟的方式呈现。例如，参与者序贯博弈和同时博弈对演化结果的影响，模型核心参数变化对模型均衡状态及演化策略的影响。

1.3　演化博弈模型的应用

本节将以地方财政支出对中国工业污染的影响为例，具体阐述演化博弈模型的应用。地方政府对工业污染企业的控制实际上是一种长期性、复杂性以及动态性的博弈过程。我们将构建演化博弈模型来研究不同类型的政府支出策略对工业污染企业生产行为的作用机理，以揭示地方政府工业污染控制的行为特征及最优策略。

1.3.1　模型设定

（1）博弈主体与行为策略。

由于本节研究地方政府治理工业污染的支出博弈，所以博弈主体分别为地方政府和工业污染企业。针对污染问题，地方政府作为理性行为人，一方面，在以 GDP 增长为中心的政绩考核模式中，财政支出会尽可能地偏向于基建、交通以及房地产等经济类支出，导致环境类公共服务产品供给不足（傅勇和张晏，2007；周黎安，2007）。另一方面，在中央政府以及社会舆论的鞭策下，地方政府还必须拿出一部分财政资金用于本地区的环境治理。就工业污染企业而言，在追求自身利益最大化的同时，也存在一定的利益权衡：一是在生产利润的驱使以及转型成本的限制下，工业污染企业更愿意维持以化石能源为代表的传统生产。二是工业污染企业可能会因忌惮地方政府惩罚，比如环境税、罚款，甚至更严厉的环境规制，或是为了能得到政府补贴，而选择以能源转型为代表的清洁生产。

（2）模型假设。

为了定量地分析地方政府支出偏好对工业污染企业生产转型的影响，根据模型需要，本节做出以下假设：

假设 1：整个博弈过程选取地方政府和工业污染企业两个最核心的利益相关体作为博弈主体，不涉及其他主体，且博弈双方均为有限理性。

假设 2：为了简化模型，各博弈方的策略空间均选择"非此即彼"的双策略模式，即同一博弈方不存在第三种行为策略。就地方政府而言，其支出行为策略为"环境类支出"与"经济类支出"。其中，环境类支出主要是地方政府为了激励企业实施清洁生产而给予的财政补贴，以及少量用于政府监管污染企业的成本；经济类支出是指本该用于敦促企业转型却被地方政府投向能产生经济效益且造成一定环境污染的支出。这里需要解释一下，现实中环境类支出与经济类支出并非存在"非此即彼"的策略模式，但针对环境污染问题，这两类支出是地方政府最具代表性的支出策略。就工业污染企业而言，其生产策略为"清洁生产"与"传统生产"。其中，清洁生产是指企业不断采取技术创新、使用清洁的能源及原料、改善管理模式等措施来减少或避免生产、服务以及产品使用过程中污染物的产生和排放；传统生产是指原本高污染企业不采取任何改进措施来削减污染物排放的生产模式。

假设 3：各博弈方不受外界因素的影响，均遵循自然选择法则进行演化，最终达到局部均衡状态。

假设 4：博弈初期，地方政府的财政支出偏好为"环境类支出"的概率为 x，选择"经济类支出"的概率为 $1-x$；工业污染企业选择"清洁生产"的概率为 y，选择"传统生产"的概率为 $1-y$。x 与 y 都是时间 t 的函数，即 $x = x(t)$，$y = y(t)$。x 与 y 取值均在 0 至 1 之间。

假设 5：地方政府转投经济类的财政支出越大，所产生的经济收益可能越多，为了简化后续模型，本节一律采用上述经济收益间接地表示地方政府转投经济类的财政支出，其结论不受影响。

（3）模型构建。

通过上述假设，地方政府与工业污染企业的博弈行为共有四类，分别是：{环境类支出，清洁生产}、{环境类支出，传统生产}、{经济类支出，清洁生产} 以及 {经济类支出，传统生产}，模型的主要参数及含义如表 1-1 所示。

表 1-1 　　　　　　　　　　　　模型的主要参数及含义

博弈主体	参数	含义
地方政府	W_0	政府偏好环境类支出且企业实施清洁生产后，得到的额外收益
	W_1	政府将本该用于激励企业清洁生产的财政支出用于经济类投资的收益
	W_2	企业实施清洁生产后，政府获得的环境收益
	τ	政府实施环境税的税率，即每个污染当量征收的税额

博弈主体	参数	含义
地方政府	ω	政府给予实施清洁生产企业的补贴率，即每单位减排量的补贴金额
	C	政府监督企业实施清洁生产的成本
	F	政府对企业不实施清洁生产的罚金
工业污染企业	Q	企业的污染排放量
	H	企业生产的经济收益
	γ	企业实施清洁生产后的减排比率（在 0 至 1 之间）
	k	企业实施清洁生产的减排成本，即每单位减排量的成本额

注：（1）表中的"政府"均指地方政府，"企业"均指工业污染企业；（2）所有变量值均为正数。

当地方政府选择"环境类支出"，且工业污染企业选择"清洁生产"时，地方政府会有来自污染企业清洁生产带来的环境收益 W_2，征收企业污染排放的环境税收 $\tau(1-\gamma)Q$ 以及因节能减排富有成效获得的额外形象收益 W_0，同时，地方政府会付出一定的监管成本 C，并给予污染企业清洁生产的政府补贴 $\omega\gamma Q$。污染企业在自身原有生产收益 H 的基础上获得政府补贴 $\omega\gamma Q$，但会付出一定的减排成本 $k\gamma Q$ 以及未减排的那部分排放量所产生的环境税 $\tau(1-\gamma)Q$。

当地方政府选择"环境类支出"，且工业污染企业选择"传统生产"时，地方政府会获得因企业污染排放上缴的环境税收 τQ 以及企业未清洁生产而缴纳的罚金 F，同时也会付出一定的监管成本 C。工业污染企业仅有生产收益 H，但要上缴环境税 τQ 以及罚金 F。

当地方政府选择"经济类支出"，且工业污染企业选择"清洁生产"时，地方政府会获得一定的经济收益 W_1，这部分收益源于地方政府本该用于敦促污染企业转型，却投入经济类的财政支出。地方政府还会获得因企业污染排放所征收的环境税收 $\tau(1-\gamma)Q$ 以及企业清洁生产带来的环境收益 W_2。工业污染企业仅有生产收益 H，并会付出一定的减排成本 $k\gamma Q$ 以及未减排的那部分排放量所产生的环境税 $\tau(1-\gamma)Q$。

当地方政府选择"经济类支出"，且工业污染企业选择"传统生产"时，地方政府会有经济收益 W_1 以及征收企业污染排放的环境税收 τQ。工业污染企业仅有生产收益 H，并会上缴污染排放所产生的环境税 τQ。

各博弈主体的收益支付矩阵如表 1-2 所示。

表 1-2　　　　　　　　演化博弈模型的支付矩阵

演化博弈主体及选择策略		工业污染企业	
		清洁生产 U_{2Y} y	传统生产 U_{2N} $1-y$
地方政府	环境类支出 U_{1Y} x	$\{W_2+\tau(1-\gamma)Q-C-\omega\gamma Q+W_0,\ H-k\gamma Q+\omega\gamma Q-\tau(1-\gamma)Q\}$	$\{\tau Q+F-C,\ H-\tau Q-F\}$
	经济类支出 U_{1N} $1-x$	$\{W_1+\tau(1-\gamma)Q+W_2,\ H-\tau(1-\gamma)Q-k\gamma Q\}$	$\{W_1+\tau Q,\ H-\tau Q\}$

1.3.2 博弈主体的期望收益

在环境治理过程中，地方政府与工业污染企业均无法具备完全理性，即参与双方无法通过单次博弈达到纳什均衡。因此，本节试图从演化博弈视角对博弈模型的均衡状态进行分析，为地方政府与工业污染企业早日形成共同治理环境的良性合作关系提供理论借鉴。市场上各参与主体的收益分析如下：

地方政府选择"环境类支出"或"经济类支出"策略所获得的期望收益分别为 U_{1Y} 和 U_{1N}，获得的平均收益为 U_1，则：

$$U_{1Y} = y[W_2 + \tau(1 - \gamma)Q - C - \omega\gamma Q + W_0] + (1 - y)(\tau Q + F - C) \tag{1.1}$$

$$U_{1N} = y[W_1 + \tau(1 - \gamma)Q + W_2] + (1 - y)(W_1 + \tau Q) \tag{1.2}$$

$$U_1 = xU_{1Y} + (1 - x)U_{1N} \tag{1.3}$$

工业污染企业选择"清洁生产"或"传统生产"策略所获得的期望收益分别为 U_{2Y} 和 U_{2N}，获得的平均收益为 U_2，则：

$$U_{2Y} = x[H - k\gamma Q + \omega\gamma Q - \tau(1 - \gamma)Q] + (1 - x)[H - \tau(1 - \gamma)Q - k\gamma Q] \tag{1.4}$$

$$U_{2N} = x(H - \tau Q - F) + (1 - x)(H - \tau Q) \tag{1.5}$$

$$U_2 = yU_{2Y} + (1 - y)U_{2N} \tag{1.6}$$

1.3.3 基于复制动态方程的演化稳定策略

本节通过构建复制动态方程，探寻地方政府和工业污染企业之间的动态演化规律，以揭示一种策略在整个博弈中被采用的频率。当地方政府或者工业污染企业选择某一种策略的收益超过所有群体的平均收益时，则选择该策略的个体比例将随博弈过程的推进而上升，反之选择该策略的个体比例将下降。根据复制动态方程定义，地方政府选择"环境类支出"策略表示如下：

$$F(x) = \frac{\mathrm{d}x}{\mathrm{d}t} = x(U_{1Y} - U_1) = x(1 - x)(U_{1Y} - U_{1N}) \tag{1.7}$$

将式（1.1）和式（1.2）代入式（1.7）得：

$$F(x) = x(1 - x)[y(W_0 - \omega\gamma Q - F) + F - C - W_1] \tag{1.8}$$

就地方政府而言，当"环境类支出"策略的收益比平均收益高时，即 $F(x) > 0$，则选择"环境类支出"策略的地方政府比例会不断上升，迫使市场无法达到均衡。因此，要使博弈达到稳定状态，必须使该比例不变，即 $F(x^*) = 0$，当 $F'(x^*) < 0$，x^* 为演化稳定策略（Friedman，1991）。此时，可能的均衡点为 $x^* = 0$ 或 $x^* = 1$，$y^* = (F - C - W_1)/(\omega\gamma Q + F - W_0)$。以下分析 y^* 在不同值域下，地方政府的行为策略。

当 $y = y^* = (F - C - W_1)/(\omega\gamma Q + F - W_0)$ 时，且 $0 \leqslant (F - C - W_1)/(\omega\gamma Q + F - W_0) \leqslant 1$ 成立，则 $F(x^*) = 0$，$F'(x^*) < 0$，对所有 x 都是稳定状态的，即工业污染企业实施"清洁生产"策略的概率达到 $y^* = (F - C - W_1)/(\omega\gamma Q + F - W_0)$ 时，地方政府偏好"环境

类”策略的概率是稳定的。

当 $y \neq (F - C - W_1)/(\omega\gamma Q + F - W_0)$ 时，该模型可能的均衡点为 $x^* = 0$ 或 $x^* = 1$。

若 $W_0 - \omega\gamma Q - F > 0$，当 $y > (F - C - W_1)/(\omega\gamma Q + F - W_0)$，则 $F'(0) > 0$，$F'(1) < 0$，进而 $x^* = 1$ 是全局唯一演化稳定策略，表明当工业污染企业实施“清洁生产”策略达到一定程度时，地方政府选择“环境类支出”策略将是最优策略。当 $y < (F - C - W_1)/(\omega\gamma Q + F - W_0)$，则 $F'(0) < 0$，$F'(1) > 0$，进而 $x^* = 0$ 是全局唯一演化稳定策略，意味着当工业污染企业选择“清洁生产”策略的概率下降时，地方政府选择“经济类支出”策略将是最优策略。

若 $W_0 - \omega\gamma Q - F < 0$，当 $y > (F - C - W_1)/(\omega\gamma Q + F - W_0)$，则 $F'(0) < 0$，$F'(1) > 0$，进而 $x^* = 0$ 是全局唯一演化稳定策略，表明当工业污染企业实施“清洁生产”策略达到一定程度时，地方政府选择“经济类支出”策略将是最优策略。当 $y < (F - C - W_1)/(\omega\gamma Q + F - W_0)$，则 $F'(0) > 0$，$F'(1) < 0$，进而 $x^* = 1$ 是全局唯一演化稳定策略，意味着当工业污染企业选择“清洁生产”策略的概率下降时，地方政府选择“环境类支出”策略将是最优策略。

工业污染企业作为治理工业污染的另一个参与主体，选择“清洁生产”策略的复制动态方程为：

$$F(y) = \frac{\mathrm{d}y}{\mathrm{d}t} = y(U_{2Y} - U_2) = y(1 - y)(U_{2Y} - U_{2N}) \tag{1.9}$$

将式（1.4）和式（1.5）代入式（1.9）得：

$$F(y) = y(1 - y)[x(\omega\gamma Q + F) + \tau\gamma Q - k\gamma Q] \tag{1.10}$$

就工业污染企业而言，当实施“清洁生产”策略的收益比平均收益高时，即 $F(y) > 0$，则选择“清洁生产”策略的工业污染企业比例会不断上升，迫使市场无法达到均衡。因此，要使博弈达到稳定状态，必须维持该比例不变，即 $F(y^*) = 0$，$F'(y^*) < 0$，y^* 为演化稳定策略。该模型可能的均衡点为 $y^* = 0$ 或 $y^* = 1$，$x^* = (k\gamma Q - \tau\gamma Q)/(\omega\gamma Q + F)$。以下分析 x^* 在不同的取值范围时，工业污染企业的行为策略。

当 $x = x^* = (k\gamma Q - \tau\gamma Q)/(\omega\gamma Q + F)$ 时，且 $0 \leqslant (k\gamma Q - \tau\gamma Q)/(\omega\gamma Q + F) \leqslant 1$ 成立，则 $F(y^*) = 0$，$F'(y^*) < 0$，对所有 y 都是稳定状态，即地方政府选择“环境类支出”策略的概率达到 $x^* = (k\gamma Q - \tau\gamma Q)/(\omega\gamma Q + F)$ 时，工业污染企业选择“清洁生产”策略的概率是稳定的。

当 $x \neq (k\gamma Q - \tau\gamma Q)/(\omega\gamma Q + F)$ 时，模型可能的均衡点为 $y^* = 0$ 或 $y^* = 1$。由于 $\omega\gamma Q + F > 0$，当 $x > (k\gamma Q - \tau\gamma Q)/(\omega\gamma Q + F)$，则 $F'(0) > 0$，$F'(1) < 0$，进而 $y^* = 1$ 是全局唯一演化稳定策略，表明当地方政府环境类支出增加到一定程度时，工业污染企业实施“清洁生产”策略将是最优策略。当 $x < (k\gamma Q - \tau\gamma Q)/(\omega\gamma Q + F)$ 时，则 $F'(0) < 0$，$F'(1) > 0$，进而 $y^* = 0$ 是全局唯一演化稳定策略，表明当地方政府环境类支出下降时，工业污染企业选择“传统生产”策略将是最优策略。

由上述分析可知，根据复制动态方程 $F(x) = 0$ 和 $F(y) = 0$ 可以得到该系统在二维平面 $\{(x, y), 0 \leqslant x \leqslant 1, 0 \leqslant y \leqslant 1\}$ 上的五个均衡点 $E_1(0, 0)$，$E_2(0, 1)$，$E_3(1, 0)$，

$E_4(1,1)$，$E_5(x^*, y^*)$，下面将对五个均衡点进行逐一分析。

均衡点 $E_1(0,0)$：表示地方政府选择"经济类支出"策略，工业污染企业选择"传统生产"策略。该均衡点意味着地方政府出于经济类支出所带来的高额收益考虑，选择将本该用于激励工业污染企业转型的财政支出转投经济类项目。同时，地方政府为了追求自身利益最大化，会放松对工业污染企业的监管，忽略对违规企业偷排污染的处罚，工业污染企业出于自身减排成本考虑，仍坚持原有的传统生产，表现为"共谋"状态。

均衡点 $E_2(0,1)$：表示地方政府选择"经济类支出"策略，工业污染企业选择"清洁生产"策略。该均衡点意味着地方政府出于监管成本考虑，放松对工业污染企业的监管，且未给工业污染企业任何财政补贴、税收减免等激励政策。工业污染企业此时仍选择清洁生产，以减少过多排放所造成的应缴环境税额的增加。此类情况下，工业污染企业出于自身减排成本考虑以及趋利性的推动，一般难以长期维持。

均衡点 $E_3(1,0)$：表示地方政府选择"环境类支出"策略，工业污染企业选择"传统生产"策略。该均衡点意味着地方政府考虑到本地区环境污染带来的负效应，通过财政补贴、税收减免等激励措施督促工业污染企业进行生产转型，同时加大监管力度，对拒不实施转型的污染企业进行处罚。然而，工业污染企业并不为之所动，仍选择投机行为来谋取额外收益。此类情况下，地方政府投入大量财政支出治理环境，但成效不佳。从长期来看，地方政府可能会加大对企业的处罚力度，或是将本该投入环境类项目的部分支出转向经济效益更为明显的领域，因此，该均衡点也难以维持。

均衡点 $E_4(1,1)$：表示地方政府选择"环境类支出"策略，工业污染企业选择"清洁生产"策略。该均衡点意味着地方政府通过财政支出激励企业转型，而工业污染企业为了能获得政府补贴以及减少应缴环境税额，会积极促进能源转型，清洁生产，表现为"合作"状态。此时，博弈双方精诚合作，共同改善辖区环境。

均衡点 $E_5(x^*, y^*)$ 为该模型的鞍点，意味着地方政府和工业污染企业的策略选择具有不确定性，必须经过长期反复的博弈才能趋向于最终的稳定策略。

综上所述，均衡点 $E_1(0,0)$ 与均衡点 $E_4(1,1)$ 是最有可能的演化结果，即地方政府和工业污染企业要么共同放弃治理环境，产生追求经济利益上的"共谋"，要么合作共赢，共同改善本地区的环境质量。此时，需满足以下条件：

$$\begin{cases} W_0 - \omega\gamma Q - F > 0 \\ 0 < x = (k\gamma Q - \tau\gamma Q)/(\omega\gamma Q + F) < 1 \\ 0 < y = (F - C - W_1)/(\omega\gamma Q + F - W_0) < 1 \end{cases} \tag{1.11}$$

进一步简化为：

$$\begin{cases} k > \tau \\ W_0 - \omega\gamma Q > F \\ \omega\gamma Q + F > (k-\tau)\gamma Q \end{cases} \tag{1.12}$$

均衡点 $E_4(1,1)$ 是中央政府以及公众所希望达到的结果，即地方政府通过偏向环境类支出，提高工业污染企业生产转型的积极性和盈利空间，而工业污染企业则通过技术创新与能源结构调整来实施清洁生产。双方针对本地区的环境污染，积极治理，精诚合作，最终达到最佳的社会效益。图 1 - 1 展示了地方政府与工业污染企业之间的演化博弈区间及均衡点分布。

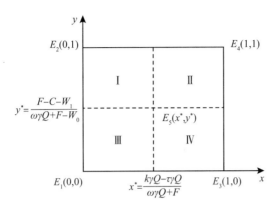

图 1 - 1　演化博弈区间及均衡点分布

1.3.4　模型稳定性分析

我们对 $F(x)$ 和 $F(y)$ 求 x 和 y 偏导，得到雅克比矩阵：

$$J = \begin{bmatrix} \partial F(x)/\partial x & \partial F(x)/\partial y \\ \partial F(y)/\partial x & \partial F(y)/\partial y \end{bmatrix} \tag{1.13}$$

其中，$\partial F(x)/\partial x = (1 - 2x)[y(W_0 - \omega\gamma Q - F) + F - C - W_1]$，$\partial F(x)/\partial y = x(1 - x)(-\omega\gamma Q - F)$，$\partial F(y)/\partial x = y(y - 1)(\omega\gamma Q + F)$，$\partial F(y)/\partial y = (1 - 2y)[x(\omega\gamma Q + F) + \tau\gamma Q - k\gamma Q]$。

将上述表达式重新代入雅克比矩阵，公式（1.13）改写为：

$$J = \begin{bmatrix} (1 - 2x)[y(W_0 - \omega\gamma Q - F) + F - C - W_1] & x(1 - x)(-\omega\gamma Q - F) \\ y(y - 1)(\omega\gamma Q + F) & (1 - 2y)[x(\omega\gamma Q + F) + \tau\gamma Q - k\gamma Q] \end{bmatrix} \tag{1.14}$$

雅克比矩阵 J 的行列式记为 $Det. J$，矩阵 J 的迹记为 $Tr. J$，则有：

$$\begin{aligned} Det. J &= [\partial F(x)/\partial x] \times [\partial F(y)/\partial y] - [\partial F(y)/\partial x] \times [\partial F(x)/\partial y] \\ &= (1 - 2x)[y(W_0 - \omega\gamma Q - F) + F - C - W_1] \times (1 - 2y)[x(\omega\gamma Q + F) + \tau\gamma Q - k\gamma Q] \\ &\quad - y(y - 1)(\omega\gamma Q + F) \times x(1 - x)(-\omega\gamma Q - F) \end{aligned} \tag{1.15}$$

$$\begin{aligned} Tr. J &= \partial F(x)/\partial x + \partial F(y)/\partial y \\ &= (1 - 2x)[y(W_0 - \omega\gamma Q - F) + F - C - W_1] + (1 - 2y)[x(\omega\gamma Q + F) + \tau\gamma Q - k\gamma Q] \end{aligned} \tag{1.16}$$

就模型的均衡点而言，当且仅当雅克比矩阵满足 $Det. J > 0$ 且 $Tr. J < 0$ 时，该均衡点才会处于局部渐进的稳定状态，即演化稳定策略，否则，将是非稳定状态。有鉴于治理工业污染的最理想目标是地方政府通过必要的财税政策倒逼污染企业实施清洁生产，促进节能减排。因此，在表 1 - 3 的 5 个局部均衡点中，$E_4（1，1）$ 是帕累托最优的均衡点，即地方

政府偏好环境类支出，工业污染企业实施清洁生产，此时需满足的条件是：

$$\begin{cases} Det. J(1, 1) = (W_0 - \omega\gamma Q - C - W_1)(\omega\gamma Q + F + \tau\gamma Q - k\gamma Q) > 0 \\ Tr. J(1, 1) = -(W_0 - \omega\gamma Q - C - W_1) - (\omega\gamma Q + F + \tau\gamma Q - k\gamma Q) < 0 \end{cases} \quad (1.17)$$

结合式（1.12）求解式（1.17）得：

$$\begin{cases} k - \omega < \tau < k \\ W_0 - \omega\gamma Q > C + W_1 > F \end{cases} \quad (1.18)$$

利用雅克比矩阵以及公式（1.18），表1-3列出了上述5个局部均衡点的局部稳定性分析结果。其中，均衡点 $E_1(0, 0)$ 与均衡点 $E_4(1, 1)$ 是演化稳定策略点。

表1-3 局部稳定性分析结果

局部均衡点	$Det(J)$	$Tr(J)$	结果
$E_1(0, 0)$	$(F - C - W_1)(\tau\gamma Q - k\gamma Q)$	$(F - C - W_1) + (\tau\gamma Q - k\gamma Q)$	ESS
$E_2(0, 1)$	$-(W_0 - \omega\gamma Q - C - W_1)(\tau\gamma Q - k\gamma Q)$	$(W_0 - \omega\gamma Q - C - W_1) - (\tau\gamma Q - k\gamma Q)$	鞍点
$E_3(1, 0)$	$-(F - C - W_1)(\omega\gamma Q + F + \tau\gamma Q - k\gamma Q)$	$-(F - C - W_1) + (\omega\gamma Q + F + \tau\gamma Q - k\gamma Q)$	ESS
$E_4(1, 1)$	$(W_0 - \omega\gamma Q - C - W_1)(\omega\gamma Q + F + \tau\gamma Q - k\gamma Q)$	$-(W_0 - \omega\gamma Q - C - W_1) - (\omega\gamma Q + F + \tau\gamma Q - k\gamma Q)$	鞍点
$E_5(x^*, y^*)$	—	—	鞍点

图1-2展示了演化博弈的相位图。结果显示，当初始禀赋落在区域 $E_2E_4E_3E_5$ 时，演化博弈系统向均衡点 $E_4(1, 1)$ 收敛，最终地方政府与工业污染企业合作治理将是唯一的演化稳定策略；当初始禀赋落在区域 $E_1E_2E_5E_3$ 时，演化博弈系统向均衡点 $E_0(0, 0)$ 收敛，最终地方政府与工业污染企业均不治理环境将是唯一的演化稳定策略。有鉴于治理工业污染的最理想目标是地方政府通过必要的财税政策倒逼工业污染企业实施清洁生产，促进节能减排，因此希望系统能以更大概率沿着 E_4E_5 路径向 |环境类支出，清洁生产| 的策略演化。鞍点 E_5 的位置越靠近 E_1 点，则区域 $E_2E_4E_3E_5$ 面积越大，地方政府与工业污染企业更可能实现合作治理环境的良性循环。

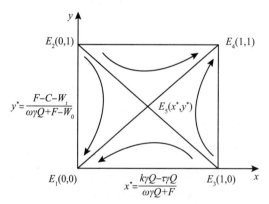

图1-2 演化博弈的相位图

1.3.5　演化博弈的数值模拟

基于复制动态方程，本节讨论了博弈双方的演化稳定策略以及相关参数的临界条件。为了进一步验证模型的稳定性并给读者呈现出可视化的演化结果，将对地方政府与工业污染企业有关治理环境的演化博弈进行数值模拟。有鉴于地方政府与工业污染企业存在 ｜环境类支出，清洁生产｜ 和 ｜经济类支出，传统生产｜ 两种可能的演化稳定策略，但最终实现哪一种稳定策略将由参与双方博弈次序以及初始禀赋的概率所决定。为了更加直观地讨论地方政府与工业污染企业在不同初始禀赋下的博弈路径与演化结果，本节将利用 Matlab 软件进行数值模拟。根据临界条件，并借鉴其他学者的做法，在公式（1.18）的临界条件约束下给参数进行赋值：$\omega = 0.2$，$\gamma = 0.4$，$Q = 50$，$F = 1$，$W_1 = 1$，$\tau = 1.9$，$k = 2$，$C = 2$，$W_0 = 12$（姜珂和游达明，2016；Liu et al.，2020；Su，2020）。

（1）参与者序贯博弈[①]对演化结果的影响。

为了讨论参与双方博弈次序以及初始禀赋对博弈路径与演化结果的影响，绘制如图 1-3 所示的演化曲线，其中 x 表示地方政府选择"环境类支出"策略的概率，y 表示工业污染企业选择"清洁生产"策略的概率。结果表明，在参与对方的初始禀赋给定时，本方的收敛方向由对方的初始禀赋所决定，而本方的收敛速度受自身初始禀赋所影响。例如，当 y 处于低概率区［图 1-3（a）］时，x 无论初始概率为多大，最终都向均衡点 $E_0(0, 0)$ 收敛，x 的初始概率越小，x 向均衡点 $E_0(0, 0)$ 收敛的速度越快；反之，当 y 处于高概率区［图 1-3（b）］时，x 无论初始概率多大，最终都向均衡点 $E_4(1, 1)$ 收敛，x 的

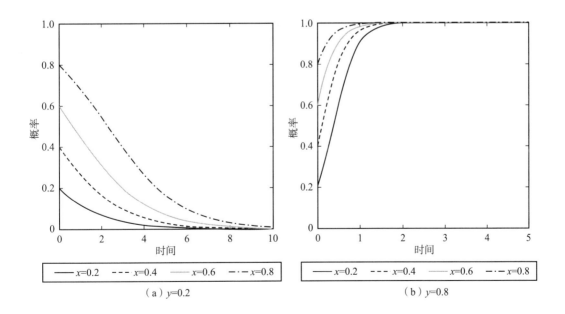

（a）$y=0.2$　　　　　　　　　　（b）$y=0.8$

---

① 序贯博弈（sequential game）是指参与者选择策略存在时间先后顺序的一种博弈形式，即博弈一方可能率先采取行动，而另一方后采取行动，它是一种较为典型的动态博弈。

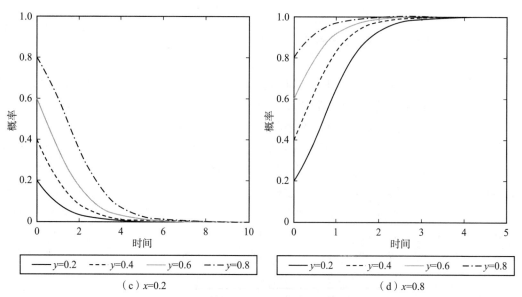

图1-3 初始禀赋对序贯博弈演化结果的影响

初始概率越大，x 向均衡点 $E_4(1, 1)$ 收敛的速度越快。同理，图1-3（c）和图1-3（d）展示了 x 分别处于低概率区和高概率区 y 的收敛情况，其规律与上述一致，这里不再赘述。这说明，当地方政府偏好环境类的财政支出时，工业污染企业最终会选择实施清洁生产，但达到最终的均衡状态是由企业本身的初始禀赋所决定的。同理，当工业污染企业先选择策略时，地方政府的博弈路径与演化结果也是一致的。

（2）参与者同时博弈对演化结果的影响。

表1-4列出了地方政府与工业污染企业同时博弈时，不同的初始禀赋对博弈路径与演化结果的影响。结果发现，若 x 和 y 的取值越大，博弈双方最终越可能达到均衡点 $E_4(1, 1)$，即地方政府采取"环境类支出"策略，工业污染企业采取"清洁生产"策略。反之，若 x 和 y 的取值越小，博弈双方最终越可能达到均衡点 $E_0(0, 0)$，即地方政府采取"经济类支出"策略，工业污染企业采取"传统生产"策略。

表1-4　　　　　　　　　　初始禀赋对同时博弈演化结果的影响

演化结果		工业污染企业								
		$y = 0.1$	$y = 0.2$	$y = 0.3$	$y = 0.4$	$y = 0.5$	$y = 0.6$	$y = 0.7$	$y = 0.8$	$y = 0.9$
地方政府	$x = 0.1$	(0, 0)	(0, 0)	(0, 0)	(0, 0)	(0, 0)	(0, 0)	(1, 1)	(1, 1)	(1, 1)
	$x = 0.2$	(0, 0)	(0, 0)	(0, 0)	(0, 0)	(1, 1)	(1, 1)	(1, 1)	(1, 1)	(1, 1)
	$x = 0.3$	(0, 0)	(0, 0)	(0, 0)	(1, 1)	(1, 1)	(1, 1)	(1, 1)	(1, 1)	(1, 1)
	$x = 0.4$	(0, 0)	(0, 0)	(1, 1)	(1, 1)	(1, 1)	(1, 1)	(1, 1)	(1, 1)	(1, 1)
	$x = 0.5$	(0, 0)	(0, 0)	(1, 1)	(1, 1)	(1, 1)	(1, 1)	(1, 1)	(1, 1)	(1, 1)

演化结果		工业污染企业								
		$y=0.1$	$y=0.2$	$y=0.3$	$y=0.4$	$y=0.5$	$y=0.6$	$y=0.7$	$y=0.8$	$y=0.9$
地方政府	$x=0.6$	(0, 0)	(1, 1)	(1, 1)	(1, 1)	(1, 1)	(1, 1)	(1, 1)	(1, 1)	(1, 1)
	$x=0.7$	(1, 1)	(1, 1)	(1, 1)	(1, 1)	(1, 1)	(1, 1)	(1, 1)	(1, 1)	(1, 1)
	$x=0.8$	(1, 1)	(1, 1)	(1, 1)	(1, 1)	(1, 1)	(1, 1)	(1, 1)	(1, 1)	(1, 1)
	$x=0.9$	(1, 1)	(1, 1)	(1, 1)	(1, 1)	(1, 1)	(1, 1)	(1, 1)	(1, 1)	(1, 1)

（3）财政支出对演化结果的影响。

随着经济分权改革的不断深化，地方政府拥有更多的财政支配权与经济事务自主权，但出于经济增长为核心的单目标激励以及日益严峻的环境压力，地方政府在发展经济与治理环境中难以取舍，这就使得经济类支出与环境类支出占比在不同地方政府间存在差异。为了更好地诠释地方政府不同的财政支出偏好对工业污染企业生产方式的影响，本节通过改变政府相关的支出参数，讨论地方财政支出治理环境的演化结果。由于国家统计局公布的财政预算表中的支出类目众多，理论模型和数值模拟无法逐一囊括，基于此，依据前文假设，对参数进行一些近似处理，即选取模型中两个关键参数 W_1 和 ω 来分别衡量地方政府是更偏好经济类支出还是环境类支出。之所以如此，其原因在于：地方政府若更倾向于发展经济，则会投入更多的经济类支出，很可能会带来更丰厚的经济类收益 W_1；反之，地方政府若更倾向于治理环境，则会投入更多的环境类支出，用于工业污染企业执行清洁生产后的补贴。此外，为了保证不受博弈双方初始状态的影响，本节始终选取 $x=0.6$、$y=0.8$，最终演化均衡点为 E_4（1，1）来讨论，其他各初始状态分析类似，这里不再赘述。

图1-4展示了地方政府经济收益对演化结果的影响。对比图1-4（a）和图1-4（b）可知，扩大地方政府经济类支出规模后所带来的经济收益 W_1 并不会改变演化博弈稳态的最终方向，双方仍收敛于均衡点 E_4（1，1），但从数值模拟结果来看，增加 W_1，地方政府趋向于"环境类支出"策略的速度会减慢，说明地方政府将本该用于环境治理的财政支出转投经济类项目所带来的经济收益会对最终的演化稳定均衡｛环境类支出，清洁生产｝产生一定的负效应。

图1-5展示了政府补贴率 ω 对演化结果的影响。依据前文假设，地方政府会将环境类支出大量用于对工业污染企业实施清洁生产的成本补贴，对比图1-5（a）和图1-5（b）可知，当政府补贴率 ω 增加时，并不会改变演化博弈稳态的最终方向，双方仍收敛于均衡点 E_4（1，1），但从数值模拟结果来看，ω 增加，工业污染企业趋向于"清洁生产"策略的速度会加快，这说明地方政府环境类支出的提高会对最终｛环境类支出，清洁生产｝的演化稳定均衡产生一定的正效应。

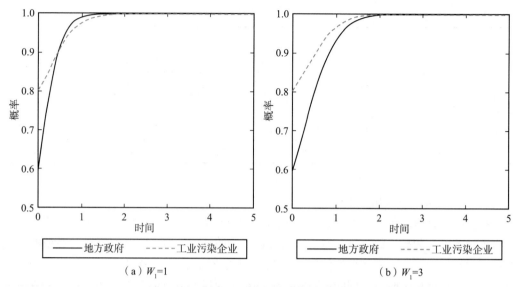

图 1-4　政府经济收益对演化结果的影响

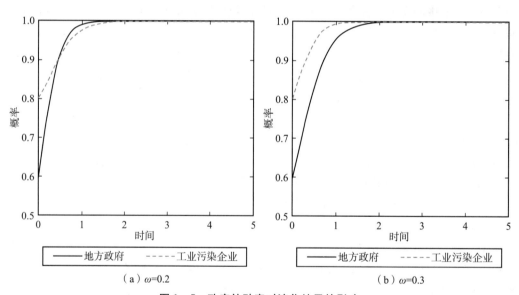

图 1-5　政府补贴率对演化结果的影响

　　数值模拟结果表明，地方政府与工业污染企业最终收敛的方向与速度，不仅和博弈双方的初始禀赋有关，还与地方政府经济类支出产生的经济收益以及环境类支出给予企业实施清洁生产的成本补贴有关。当参与双方均在高概率的初始状态下进行博弈，即地方政府更偏好于环境类支出，而工业污染企业更倾向于实施清洁生产时，双方最终收敛于｛环境类支出，清洁生产｝的稳定策略，从而表现出精诚合作，共同治理环境污染的良性循环。此外，在｛环境类支出，清洁生产｝的稳定策略下，地方政府给予污染企业执行清洁生产的补贴越高，则双方达到｛环境类支出，清洁生产｝均衡的速度越快；反之，地方政府经济类支出产生的经济收益越高，则双方达到 ｛环境类支出，清洁生产｝ 均衡的速度越慢。

由此可见，短期内，地方政府的环境类支出会使企业群体收敛于实施清洁生产策略，但长期而言，地方政府"环境类支出"策略对企业实现"清洁生产"策略的影响较小，这可能是因为：一方面，地方政府若长期对企业实施较高的成本补贴，在增加政府财政负担的同时会不断缩小经济建设、科教文卫等项目的支出规模；另一方面，政府会让企业进入一个无休止转型的"军备竞赛"，即企业为了能获得丰厚的政府补贴，会调用大量的人力、物力去尝试技术研发，甚至通过表面上的清洁生产来谋求政府补贴。因此，从长远来看，当达到 ｛环境类支出，清洁生产｝ 均衡后，地方政府会逐步放松市场干预力度，减少政府补贴，更多地依靠市场手段来使企业在"清洁生产"策略上自我维系。

1.3.6 对演化博弈的进一步探究

（1）参与者序贯博弈对演化结果的影响。

讨论演化博弈的临界条件，对于地方政府利用支出手段督促污染企业实施生产转型具有重要的借鉴意义。公式（1.18）给出了地方政府与工业污染企业达到演化均衡状态的临界条件。依据模型稳定性分析的约束条件，当 $W_0 - \omega\gamma Q > C + W_1 > F$ 且 $k - \omega < \tau < k$ 时，地方政府和工业污染企业最终选择精诚合作，积极治理环境，其表现出的经济学含义如下：其一，地方政府实施环境保护的额外收益 W_0 在扣除给予企业的补贴 $\omega\gamma Q$ 以及自身的监管成本 C 后所得的净收益，要大于其在经济类项目中所获得的收益 W_1，那么，基于自身利益最优考虑，地方政府会更偏好于环境类项目。其二，地方政府获得的企业违规排污的罚金 F 收益要小于地方政府的监管成本以及放弃经济类项目的机会成本 W_1。其三，政府设定的环境税率要介于企业扣除政府补贴后的净成本率 $k - \omega$ 和减排成本率 k 之间。

依据上述参数所满足的临界条件，分别从中央政府、地方政府以及工业污染企业三方群体展开讨论。就中央政府而言，要想让地方政府主动减排，其关键在于增加地方政府治理环境的额外收益 W_0。这里所述的额外收益 W_0 涵盖了地方政府所获得的关于治理环境的资金收益、仕途收益以及形象收益。具体而言，①通过转移支付方式给予地方政府一部分专项资金来治理环境。中国式的财政分权，使得地方政府财权上移、事权增多，在治理环境时，往往会出现资金短缺现象，因此，中央政府给予地方一定的财政补贴，会有效缓解地方政府治理环境时的资金短缺问题，大大增加地方政府治理环境的积极性（刘炯，2015）。②改变当前地方政绩考核机制，重点考察官员任期内的环境状况并将其作为官员晋升的重要指标，防止"逐底竞争"现象的产生（余东华和邢韦庚，2019）。③建立公众对政府形象及环境满意度的评价机制，加大公众的环境参与程度及问责力度。此时，地方政府会通过积极的环境治理而获得良好的形象收益（史丹等，2020）。

就地方政府而言，控制企业实施污染转型的政府补贴率 ω 以及降低自身的监管成本 C 均至关重要。一方面，政府补贴是地方政府给予企业实施生产转型的一种成本补偿，是地方政府激励工业污染企业实施清洁生产的一种重要支出手段（邓志强，2009）。政府补贴是按照企业实际减排量进行发放的，倘若政府补贴率设定越高，在同等减排量下，企业获得的补贴总额就会越大，生产转型的动力就越强，但同时也会造成地方政府过重的财政负担，因此，要合理控制政府补贴率。另一方面，环境治理的监管成本也直接影响着地方政府的行为偏好。监管成本过大，会严重影响地方政府治理环境的净收益，使其失去环境治理意愿，放松监管，甚至出现政府与企业"共谋"的现象。因此，要想控制监管成本，正如张伟等（2014）所说，必须改变环境监管模式，提高监管人员的整体素质，提升监管效率。此外，还可以引入市场机制，充分发挥环境治理的经济效应。理性的地方政府更倾向于将财政支出投入边际经济效应高的基建、房地产以及交通等领域，尤其是存在环境污染的欠发达地区，更容易诱发地方政府放松环境规制，造成污染的跨地区转移（Chen et al.，2018）。反之，如果引入的市场机制能使环境治理产生经济效益，甚至环境治理的经济效益超过了地方经济类支出所带来的经济效应，地方政府可能更愿意投入资金来进行环境治理。

就工业污染企业而言，是否愿意主动减排的关键在于环境成本与环境收益的权衡。环境成本主要涉及两方面：一是政府强加于企业的环境成本，比如环境税及政府罚金；二是企业自身的减排成本（崔也光，2019），比如设备费、研发费以及管理费等。开征环境税有利于推动污染排放的外部负效应内部化，是减少污染排放和促进企业经济转型的有效策略（秦昌波等，2015）。中国的环境税是按照每单位污染排放量开征的，企业排污量越大，需要上缴的环境税总额就越多。政府罚款主要体现地方政府对违规企业的一次性罚金总额，且可变性较大。污染企业在环境税及政府罚款的作用下，往往会被迫减排。然而，环境税率和政府罚金必须选择一个合理范围：如果设定过低，企业违规排污的成本偏小，会使得污染企业铤而走险，竞相追逐"高污染、高能耗、高排放"的粗放式发展模式；但也不宜设定过高，过高的税费会增加企业负担，降低企业的生产活力。

（2）支出效应的探究。

地方政府不同类型的财政支出政策会对工业污染企业的生产转型及减排意愿产生重要影响。这里将从支出策略、稳态均衡以及数值模拟等方面进一步讨论地方财政支出的环境治理效应（简称"支出效应"）。本节选取地方政府最有可能影响环境治理的两方面支出策略，分别是"经济类支出"策略与"环境类支出"策略。从最终的演化稳态均衡来看，当地方政府偏向于"经济类支出"策略，工业污染企业会更倾向于"传统生产"策略，双方最终在环境治理问题上形成"共谋"。这说明，一味地依靠地方政府的支出规模效应来达到治理污染的作用效果，很可能是徒劳的。正如卡尔森和隆史杜姆（Carlsson and Lundström，2001）的解释，政府支出规模越大，对市场经济的干预程度就越高，这很可能导致能源利用效率下降以及环境日趋破坏。余长林和杨惠珍（2016）认为地方财政支出规模对中国环境污染的总体影响是不确定的，但支出规模通过结构效应和替代效应会显著减少环境污染。

当地方政府偏向于"环境类支出"策略，工业污染企业会更倾向于"清洁生产"策略，双方在环境治理问题上最终达成"合作"共识。地方政府的"环境类支出"策略会通过影响企业生产行为达到减排目的。从达到演化均衡后的数值模拟来看，地方政府若投入更多的政府补贴 ω 用于激励企业清洁生产，那么，企业趋向于"清洁生产"策略的速度会明显加快，这说明地方政府环境类支出的提高会对最终｛环境类支出，清洁生产｝的演化稳定均衡产生一定的正效应。反之，地方政府转投经济类的财政支出越大，所产生的

经济收益 W_1 可能越多，此时地方政府趋向于"环境类支出"策略的速度会减慢，说明地方政府将本该用于环境治理的财政支出转投经济类项目所带来的经济收益会对最终的演化稳定均衡 ｛环境类支出，清洁生产｝ 产生一定的负效应。因此，地方政府的支出结构也会对本地区的环境质量产生影响。然而，这里有两点需要说明：一是地方政府的支出结构不仅仅指的是节能环保支出，还包括对减排可能产生间接影响的教育类及科技类支出（Hua et al.，2018）；二是地方政府的环境类支出也并非仅通过政府补贴 ω 来体现，还包括环境保护管理事务支出、环境监测与监察支出以及污染治理支出等。出于简化模型的需要，本节并未对各类支出逐一阐述，仅选取对环境治理最为有效的节能环保支出作为代表来体现地方政府的支出行为，并用政府补贴 ω 来体现地方政府对企业生产转型的激励。

1.4 相关附件与程序

本章主要程序如下：

（1）先固定 y = 0.2，分别作出 x = 0.2、0.4、0.6、0.8 的图像：

```
clear
% 函数
function dxdt = differential(t,x)
dxdt = x(1) * (1 - x(1)) * (7 * 0.2 - 2);
end
% 主函数
% dx/dt - t
for i = 0.2:0.2:0.8            % 通过 if 语句，分别作出 x = 0.2、0.4、0.6、0.8 的图像
    [T,Y] = ode45('differential',[0 10],i);    % [0 10]设置 t 轴取值范围
figure(1)          % 图像取名为 figure1
plot(T,Y(:,1));      % 画 Y 数组中的第一列数随着 T 的变化曲线
hold on            % 在作下一幅图时保留已有图像，即多图共存
end
    set(gca,'XTick',0:2:10)
    set(gca,'YTick',0:0.2:1)
    axis([0 10 0 1]);
```

（2）再固定 y = 0.8，分别作出 x = 0.2、0.4、0.6、0.8 的图像：

```
clear
% 函数
function dxdt = differential(t,x)
```

```
dxdt = x(1) * (1 - x(1)) * (7 * 0.8 - 2);
end
% 主函数
% dx/dt - t
for i = 0.2 : 0.2 : 0.8          % 通过 if 语句,分别作出 x = 0.2、0.4、0.6、0.8 的图像
    [T,Y] = ode45('differential',[0 5],i);     % [0 5]设置 t 轴取值范围
figure(1)              % 图像取名为 figure1
plot(T,Y(:,1));        % 画 Y 数组中的第一列数随着 T 的变化曲线
hold on               % 在作下一幅图时保留已有图像,即多图共存
end
set(gca,'XTick',0:1:5)
set(gca,'YTick',0:0.2:1)
axis([0 5 0 1]);
```

（3）先固定 x = 0.2，分别作出 y = 0.2、0.4、0.6、0.8 的图像：

```
clear
% 函数
function dxdt = differential(t,x)
dxdt = x(1) * (1 - x(1)) * (5 * 0.2 - 2);
end
% 主函数
% dx/dt - t
for i = 0.2 : 0.2 : 0.8          % 通过 if 语句,分别作出 x = 0.2、0.4、0.6、0.8 的图像
    [T,Y] = ode45('differential',[0 10],i);     % [0 10]设置 t 轴取值范围
figure(1)              % 图像取名为 figure1
plot(T,Y(:,1));        % 画 Y 数组中的第一列数随着 T 的变化曲线
hold on               % 在作下一幅图时保留已有图像,即多图共存
end
set(gca,'XTick',0:2:10)
set(gca,'YTick',0:0.2:1)
axis([0 10 0 1]);
```

（4）再固定 x = 0.8，分别作出 y = 0.2、0.4、0.6、0.8 的图像：

```
clear
% 函数
function dxdt = differential(t,x)
dxdt = x(1) * (1 - x(1)) * (5 * 0.8 - 2);
```

```
    end
% 主函数
% dx/dt − t
for i = 0.2:0.2:0.8              % 通过 if 语句,分别作出 x = 0.2、0.4、0.6、0.8 的图像
    [T,Y] = ode45('differential',[0 5],i);    % [0 5]设置 t 轴取值范围
figure(1)          % 图像取名为 figure1
plot(T,Y(:,1));        % 画 Y 数组中的第一列数随着 T 的变化曲线
hold on                % 在作下一幅图时保留已有图像,即多图共存
end
    set(gca,'XTick',0:1:5)
    set(gca,'YTick',0:0.2:1)
    axis([0 5 0 1]);
```

（5）改变经济收益 W_1（从 $W_1 = 1$ 到 $W_1 = 3$）：

```
clear
% 函数
function dxdt = differential(t,x)
dxdt = [x(1) * (1 − x(1)) * (7 * x(2) − 2);x(2) * (1 − x(2)) * (5 * x(1) − 2)];
end
% 主函数
% dx/dt − t
    [T,Y] = ode45('differential',[0 10],[0.6 0.8]);
figure(2)
    grid on
    plot(T,Y(:,1),'−',T,Y(:,2),'− −');
set(gca,'XTick',0:1:5)
set(gca,'YTick',0.5:0.1:1)
axis([0 5 0.5 1]);

clear
% 函数
function dxdt = differential(t,x)
dxdt = [x(1) * (1 − x(1)) * (7 * x(2) − 4);x(2) * (1 − x(2)) * (5 * x(1) − 2)];
end
% 主函数
% dx/dt − t
    [T,Y] = ode45('differential',[0 10],[0.6 0.8]);
```

```
figure(2)
        grid on
        plot(T,Y(:,1),'-',T,Y(:,2),'--');
    set(gca,'XTick',0:1:5)
    set(gca,'YTick',0.5:0.1:1)
    axis([0 5 0.5 1]);
```

（6）改变政府补贴率 ω（从 $\omega=0.2$ 到 $\omega=0.3$）：

```
clear
% 函数
function dxdt = differential(t,x)
dxdt = [x(1)*(1-x(1))*(7*x(2)-2);x(2)*(1-x(2))*(5*x(1)-2)];
end
% 主函数
% dx/dt-t
        [T,Y] = ode45('differential',[0 5],[0.6 0.8]);
figure(2)
        grid on
        plot(T,Y(:,1),'-',T,Y(:,2),'--')
    set(gca,'XTick',0:1:5)
    set(gca,'YTick',0.5:0.1:1)
    axis([0 5 0.5 1]);
```

```
clear
% 函数
function dxdt = differential(t,x)
dxdt = [x(1)*(1-x(1))*(5*x(2)-2);x(2)*(1-x(2))*(7*x(1)-2)];
end
% 主函数
% dx/dt-t
        [T,Y] = ode45('differential',[0 5],[0.6 0.8]);
figure(2)
        grid on
        plot(T,Y(:,1),'-',T,Y(:,2),'--')
    set(gca,'XTick',0:1:5)
    set(gca,'YTick',0.5:0.1:1)
    axis([0 5 0.5 1]);
```

第 2 章

双重差分法及其应用

2.1 前言

长期以来，环境污染的负外部性问题一直是环境经济学领域学者广泛关注的焦点（Oates，1972；Sigman，2005；Cai et al.，2016；Lipscomb and Mobark，2016），也一直困扰着政府应如何对生态环境进行有效治理。这源于生态环境本身的重要性，良好的生态环境不仅关系到当代广大人民群众的福祉和民生改善，也是人类文明存在和发展的基础。然而自改革开放以来，我国在保持经济高速增长的同时，始终面临着严重的环境污染状况。据生态环境部 2017 年发布的《中国生态环境状况公报》显示，全国 338 个地级及以上城市中有 239 个空气质量超标，占比高达 70.7%；32.1% 的地表水超过国家Ⅲ类标准，地下水评级为较差和极差的比重高达 66.6%。此外，在由耶鲁大学和哥伦比亚大学联合发布的《2018 全球环境绩效指数》中，中国仅得 50.74 分，位于全球 180 个经济体中的第 120 位。

我们所面临的严峻污染现状与环境这种具有不可分割性、非竞争性和非排他性的纯公共品属性密切相关。未能清晰界定的公共产权使得市场在环境治理上的作用十分有限，而政府可以通过制定相应的政策来应对和解决市场失灵问题。我国政府针对环境污染问题，先后出台了"双控区"政策①、"十一五"规划能源环境政策②、"大气十

---

① 1995 年 8 月，全国人大常委会通过了新修订的《中华人民共和国大气污染防治法》，其中明确规定要在全国划定酸雨控制区和二氧化硫控制区，以求在双控区内强化对酸雨和二氧化硫污染的控制。
② 2007 年 11 月 22 日发布了《国务院关于印发国家环境保护"十一五"规划的通知》，包括环境形势、指导思想、基本原则和规划目标等六部分内容。

条"①、"水十条"②等政策。这些政策的污染治理效果如何，对企业产生了哪些影响是政策制定者和环境学者们所关心的。

双重差分法是经济学领域常用的一种方法，该方法在一定程度上可以看作政策评估的"标杆"方法，在评估政府环境能源政策的效果时，该方法也被研究者广泛使用。本章我们对双重差分法进行介绍，并以"十一五"规划时期政府所制定的能源规制政策对企业能耗强度以及能源强度的影响为例进行方法的运用说明。

2.2 双重差分法原理

2.2.1 双重差分法的起源与发展

双重差分法（Difference-in-Differences，DID）最初的思想是由英国的公共卫生学家斯诺（Snow，1855）研究伦敦霍乱流行时提出。他猜测19世纪中期伦敦的霍乱传染问题和饮用水的质量密切相关，为了证明自己的观点，他比较了两个水厂的水供应地区霍乱死亡率的变化。当时正好一家水厂从水质较差的地区迁移到水质较好的地区，另一家水厂地址则没有发生变化。斯诺记录下了搬迁前后两个水厂供水地区的霍乱死亡率，并计算了相应的双重差分。他发现，相对于水厂未搬迁的地区，水厂搬迁到水质更好地区的霍乱死亡率急剧下降，从而得出结论：水质状况是导致霍乱传染的重要原因。此后，奥伯纳和宁恩堡（Obenauer and Nienburg，1915）在研究最低工资法的影响效应时将此方法引入了经济学。经过多年发展，双重差分法已经在原来的基础上拓展至多期双重差分、三重差分等，成为评估一项政策推行效果的常用方法，它所估计出来的政策系数较其他方法具有更高的可信度。③

双重差分法在实际使用过程中也面临着一些局限性，相比于最小二乘法或工具变量法，它对数据结构的要求更高，不仅需要数据中同时存在受政策影响的处理组和不受政策影响的控制组，还要求在政策发生前后同时存在可观测样本。此外，在现实中也可能因为个体暂时性冲击、不同的宏观趋势和数据样本构成发生变化等原因使得双重差分法的平行趋势假定得不到满足，从而不能有效识别估计结果。

---

① "大气十条"即国务院大气污染防治十条措施。2013年6月14日，国务院召开常务会议，确定了大气污染防治十条措施，包括减少污染物排放；严控高耗能、高污染行业新增产能；大力推行清洁生产；加快调整能源结构；强化节能环保指标约束；推行激励与约束并举的节能减排新机制，加大排污费征收力度，加大对大气污染防治的信贷支持等。

② 《水污染防治行动计划》简称"水十条"，是为切实加大水污染防治力度，保障国家水安全而制定的法规。2015年4月16日发布，自起实施。

③ 这里的政策是广泛意义上的一种干预，它也可以是一项措施或某项经济活动。比如针对特定群体的职业培训。

2.2.2 双重差分法基本原理

基于潜在因果模型框架，本节对双重差分法的基本原理进行阐述。现在关注最简单的情形：假设只有两个时期，T 代表时期变量，$T = t_0$ 表示政策实施之前，$T = t_1$ 表示政策实施之后。G 代表组别变量，$G = 0$ 表示控制组，组内的个体没有受到政策的影响；$G = 1$ 表示处理组，组内的个体受到政策的影响。D 表示个体是否受到政策影响的虚拟变量，$D = 0$ 表示个体未受到政策的影响，$D = 1$ 表示个体受到政策的影响。表 2 - 1 展示了政策作用状态变量 D 与时期变量 T 以及组别虚拟变量 G 之间的关系，因为属于控制组（$G = 0$）的个体自始至终都没有受到政策的影响，所以对应的 D 取值总为 0。属于处理组（$G = 1$）的个体在 $T = t_1$ 时期受到政策的影响，所以 D 取值为 1；在 $T = t_0$ 时期未受到政策影响，所以对应的 D 取值为 0，即仅当 $T = t_1$ 且 $G = 1$ 时，D 取值才为 1。它们之间的关系还可以通过如下公式来表示：

$$D = G \times T \tag{2.1}$$

表 2 - 1 政策作用状态 D 与时间 T 和组别 G 之间的关系

D 取值	$T = 0$	$T = 1$
$G = 0$	0	0
$G = 1$	0	1

在介绍完 D、G 和 T 这三个变量后，我们可以定义观测到的结果和潜在结果之间的关系。将个体 i 在 t 时期受政策影响的潜在结果表示为 Y_{1it}，未受到政策影响的潜在结果表示为 Y_{0it}，个体 i 在 t 时期观测到的结果表示为 Y_{it}。它们之间的关系可以通过下式表示：

$$Y_{it} = \begin{cases} Y_{1it}, & \text{当 } D_{it} = 1 \\ Y_{0it}, & \text{当 } D_{it} = 0 \end{cases} \tag{2.2}$$

也可以等价地表示为：

$$Y_{it} = D_{it} Y_{1it} + (1 - D_{it}) Y_{0it} \tag{2.3}$$

我们以职工培训为例对以上抽象表述进行说明。假设只有两个时期，培训之前的时期 t_0 和培训之后的时期 t_1。G_i 为组别虚拟变量，若个体 i 参加培训则属于处理组，G_i 取值为 1；不参加培训则属于控制组，G_i 取值为 0。个体 i 在 t 时期是否参加就业培训以 D_{it} 来表示，当个体参加培训时，D_{it} 取值为 1，不参加则取值为 0。Y_{1it} 表示 t 时期个体 i（如果）参加就业培训所获得的潜在收入，Y_{0it} 表示（如果）没有参加就业培训所获得的潜在收入，而 Y_{it} 表示实际观测到的个体 i 在 t 时期的收入。

为后文分析方便，将没有参加培训的潜在收入 Y_{0it} 和参加培训的潜在收入 Y_{1it} 分别采用如下公式来表示：

$$Y_{0it} = \alpha + \varepsilon_{it} \tag{2.4}$$

$$Y_{1it} = \alpha + \tau_i + \varepsilon_{it} \tag{2.5}$$

式（2.4）和式（2.5）中参数 α 为截距项，它等于 Y_{0it} 的期望值 $E(Y_{0it})$，代表个体没有参加培训时的平均收入，ε_{it} 为随机扰动项。τ_i 是我们所关心的因果效应参数，表示参加就业培训个体所取得的额外收入，即参与培训的效果。它可以通过参加培训的潜在收入 Y_{1it} 和没有参加培训的潜在收入 Y_{0it} 相减获得：

$$\tau_i = Y_{1it} - Y_{0it} \tag{2.6}$$

在政策评估中，我们感兴趣的因果效应参数往往是处理组平均处理效应（ATT），即政策对受政策影响的这部分群体的平均影响。具体到职工就业培训效果评估的例子中意味着就业培训对参与者收入的影响，也就是处理组中个体 i 参与培训所获得的期望收益 $E(Y_{1it_1} \mid G_i = 1)$ 与不参与培训时所得到的期望收益 $E(Y_{0it_1} \mid G_i = 1)$ 之差：

$$\tau = E(Y_{1it_1} - Y_{0it_1} \mid G_i = 1) = E(Y_{1it_1} \mid G_i = 1) - E(Y_{0it_1} \mid G_i = 1) \tag{2.7}$$

在现实中，对于处理组个体而言，t_1 期参与培训的潜在结果 Y_{1it_1} 就等于观测到的结果 Y_{it_1}，即 $E(Y_{1it_1} \mid G_i = 1) = E(Y_{it_1} \mid G_i = 1)$。但处理组个体在 t_1 期未参与培训的潜在结果 $E(Y_{0it_1} \mid G_i = 1)$ 却观测不到，我们将这一结果称为"反事实"结果。在政策评估中最为关键的一步就是将这一"反事实"结果合理地估计出来。

在合理估计这一反事实的过程中，我们需要使用到平行趋势假定（common trend assumption）。平行趋势假定是双重差分模型有效识别处理效应的关键。它指的是，在政策没有实施的情况下，处理组和控制组个体的平均结果在时间上的变化趋势是一致的。以职业培训为例，平行趋势假定指参加职业培训的这部分个体如果没有参加职业培训，那么他们的收入变化趋势和那些从未参与职业培训个体的收入在时间上的变化趋势是一致的。

如图 2-1 所示，点 $E(Y_{it_0} \mid G_i = 0)$ 和 $E(Y_{it_1} \mid G_i = 0)$ 分别表示控制组在培训项目实施前后的期望收入；点 $E(Y_{it_0} \mid G_i = 1)$ 和 $E(Y_{it_1} \mid G_i = 1)$ 分别表示处理组在项目实施前后的期望收入；点 $E(Y_{0it_1} \mid G_i = 1)$ 代表未观测到的"反事实"结果。平行趋势假定意味着，点 $E(Y_{it_0} \mid G_i = 0)$ 和点 $E(Y_{it_1} \mid G_i = 0)$ 连成的直线与点 $E(Y_{it_0} \mid G_i = 1)$ 和点 $E(Y_{0it_1} \mid G_i = 1)$ 连成的直线是平行的，即在没有培训的情况下，处理组和控制组在 t_0 期的工资差异与 t_1 期的工资差异相等，这样也就意味着两组的平均收入在时间上的变动趋势是一致的。正式地，

$$E(Y_{it_0} \mid G_i = 1) - E(Y_{it_0} \mid G_i = 0) = E(Y_{0it_1} \mid G_i = 1) - E(Y_{it_1} \mid G_i = 0) \tag{2.8}$$

在平行趋势假定下，将式（2.8）进行恒等变形可以得到"反事实"结果：

$$E(Y_{0it_1} \mid G_i = 1) = E(Y_{it_1} \mid G_i = 0) - E(Y_{it_0} \mid G_i = 0) + E(Y_{it_0} \mid G_i = 1) \tag{2.9}$$

通过式（2.9）可以看出，在平行趋势假设下，我们可以通过可观测的结果 [式（2.9）等号右侧部分] 来构造不可观测的"反事实"结果 $E(Y_{0it_1} \mid G_i = 1)$。将构造出来的"反事实"结果式（2.9）代入项目培训效果 τ 的方程式（2.7）可以得到：

$$
\begin{aligned}
\tau &= E(Y_{it_1} \mid G_i = 1) - E(Y_{0it_1} \mid G_i = 1) \\
&= E(Y_{it_1} \mid G_i = 1) - [E(Y_{it_1} \mid G_i = 1) + E(Y_{it_1} \mid G_i = 0) - E(Y_{it_0} \mid G_i = 0)] \\
&= \underbrace{[E(Y_{it_1} \mid G_i = 1) - E(Y_{it_0} \mid G_i = 1)]}_{\text{处理组结果变化}} - \underbrace{[E(Y_{it_1} \mid G_i = 0) - E(Y_{it_0} \mid G_i = 0)]}_{\text{控制组结果变化}}
\end{aligned} \tag{2.10}
$$

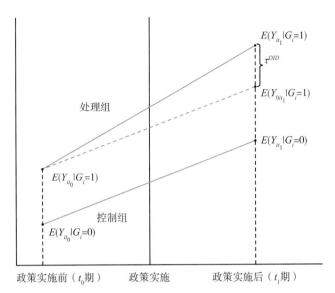

图 2-1 双重差分估计示意图

式（2.10）中第一项为处理组结果变化，第二项为控制组结果变化。为了得到最终的政策效应 τ 需要进行两次差分，因此这种方法也被称为双重差分法（difference-in-differences）。

式（2.10）还可以通过恒等变形表示为：

$$\tau = \underbrace{\left[E\left(Y_{it_1}\mid G_i=1\right)-E\left(Y_{it_1}\mid G_i=0\right)\right]}_{\text{政策实施后两组差异}} - \underbrace{\left[E\left(Y_{it_0}\mid G_i=1\right)-E\left(Y_{it_0}\mid G_i=0\right)\right]}_{\text{政策实施前两组差异}} \tag{2.11}$$

即我们可以通过两种方式对双重差分法进行解读。首先来看式（2.10），$E\left(Y_{it_1}\mid G_i=1\right)-E\left(Y_{it_0}\mid G_i=1\right)$ 同时包含了政策效应和时间趋势效应，在平行趋势假定成立的情况下，它可以通过减去 $E\left(Y_{it_1}\mid G_i=0\right)-E\left(Y_{it_0}\mid G_i=0\right)$ 这部分来剔除时间趋势效应，从而得到政策估计效果。接下来看式（2.11），$E\left(Y_{it_1}\mid G_i=1\right)-E\left(Y_{it_1}\mid G_i=0\right)$ 同时包含了政策效应以及处理组和控制组本身存在的差异，给定平行趋势假定成立，它可以通过减去 $E\left(Y_{it_0}\mid G_i=1\right)-E\left(Y_{it_0}\mid G_i=0\right)$ 这部分来剔除处理组和控制组之间的固有差异，以此得到政策估计效应。

需要注意的是，在上述分析过程中，我们并未对数据结构是面板数据还是重复截面数据做出要求，这意味着双重差分法不仅适用于面板数据，也适用于重复截面数据。

2.2.3 双重差分法的回归表述

（1）回归表述。

在只有两个时期（$T=t_0$ 表示政策实施之前，$T=t_1$ 表示政策实施之后）以及两个组别（$G=0$ 表示控制组，$G=1$ 表示处理组）的简单情形下，我们也可以基于面板数据或者重复截面数据，利用回归的方法来估计双重差分估计量。具体回归方程如下：

$$Y_{it} = \alpha + \beta G_i + \delta T_t + \tau G_i \times T_t + \varepsilon_{it} \tag{2.12}$$

在式（2.12）中有 $E(\varepsilon_{it} \mid G_i, T_t) = 0$ 的假设。时间虚拟变量 T_t 前面的系数 δ 不受组别 G_i 的影响，这意味着处理组和控制组在剥离政策影响后有共同的时间趋势，即双重差分法的平行趋势假设得到满足。通过式（2.12）我们可以计算得出处理组和控制组结果 Y_{it} 的条件期望，相应的结果呈现在表 2-2 中。

表 2-2　　　　　　　　　　　　处理组和控制组在政策发生前后的结果 Y_{it}

条件期望 $E(Y_{it} \mid G_i, T_t)$	政策发生前 $T_t = 0$	政策发生后 $T_t = 1$	政策发生前后差异
控制组 $G_i = 0$	α	$\alpha + \delta$	δ
处理组 $G_i = 1$	$\alpha + \beta$	$\alpha + \beta + \delta + \tau$	$\delta + \tau$
组间差异	β	$\beta + \tau$	τ

由表 2-2 可知，将处理组政策实施前后结果变化 $[E(Y_{it} \mid G_i = 1, T_t = 1) - E(Y_{it} \mid G_i = 1, T_t = 0)]$ 与控制组政策实施前后结果变化 $[E(Y_{it} \mid G_i = 0, T_t = 1) - E(Y_{it} \mid G_i = 0, T_t = 0)]$ 相减，就能够得到政策对处理组所产生的影响效果，即：

$$[E(Y_{it} \mid G_i = 1, T_t = 0) - E(Y_{it} \mid G_i = 1, T_t = 1)]$$
$$- [E(Y_{it} \mid G_i = 0, T_t = 0) - E(Y_{it} \mid G_i = 0, T_t = 0)] \qquad (2.13)$$
$$= [(\alpha + \beta + \delta + \tau) - (\alpha + \beta)] - [(\alpha + \delta) - \alpha] = \tau$$

这意味着回归方程式（2.12）中交互项 $G_i \times T_t$ 前面的参数 τ 正是我们感兴趣的政策效应。

如果平行趋势假定需要在控制协变量 X_{it} 的条件下才能得到满足，且这些协变量自身并未受到政策的影响，那么相应的双重差分模型的回归形式可以表示为：

$$Y_{it} = \alpha + \beta G_i + \delta T_t + \tau G_i \times T_t + \gamma X_{it} + \varepsilon_{it} \qquad (2.14)$$

对于式（2.14），以员工职业培训为例，X_{it} 可以表示个体的学历。个体 i 的学历是既定的，并不会因为是否参加职业培训而发生变化。与此同时，学历所表征的个体受教育程度不仅会直接影响个体的收入水平 Y_{it}，还会影响个体培训参与的状态 G_i，因为不同教育程度的个体对项目培训存在认知差异。在回归模型中，控制个体学历水平能够使控制组和处理组的平行趋势假定更容易得到满足，回归所估计出来的政策效应更具可信度。

（2）平行趋势检验。

平行趋势假定是双重差分模型有效识别处理效应的关键所在。所以检验平行趋势假定是否得到满足成为使用双重差分法时不可或缺的一步。但在实际运用中，因为不能观测到处理组不受政策影响时的反事实结果，所以控制组和处理组的结果变量是否满足平行趋势假定不可直接检验。不过，当政策实施前存在多期数据时，可以通过画图的形式来直观进行检验。分别画出处理组和控制组结果变量随时间变化的趋势，如果两组结果变量的变化趋势相同，则有信心认为平行趋势假定得到满足；如果两组结果变量的变动趋势明显不一样，则认为平行趋势假定被违背，此时采用双重差分法估计出来的政策效应系数是有偏差的。以图 2-2 中的"阿森费尔特沉降"为例，在政策实施之前，参与职业培训的处理组的收入与未参与培训的控制组的收入随时间的变动趋势并不一致。相对于控制组而言，处理组的收入在 1963 ~ 1964 年间出现下降，所以共同趋势假定未能得到满足。值得注意的是，政策实施前控制组和处理组结果变量变化趋势一致只是平行趋势假定成立的必要非充分条件，因为政策实施后控制组结果和处理组反事实结果变化趋势是否也一致并不能够通过数据进行验证。

除了采用图形的方式来检验平行趋势假定是否得到满足外，另一种常用的检验方法是回归分析。它主要运用了格兰杰（Granger，1969）因果关系检验的思想，检验结果变量是否发生在原因变量之前。具体而言，它用来检验在未来发生的政策 D_i 是否对过去的结果 Y_i 产生影响。一旦检验出未来发生的政策 D_i 对过去的结果 Y_i 产生了影响，则个体 i 对未来会发生的政策 D_i 产生了预期，提前做出最有利于自身的反应，导致结果变量 Y_i 也提前发生改变，即政策在正式实施前就产生了效果，处理组的结果变量在政策实施前的变化趋势中不仅包含了时间效应，还包含了政策效应。此时双重差分法估计出来的效应不再具有因果解释。

这种检验方法通常被称为"事件分析法"（Jacobson，1993），它所对应的回归方程如下式：

$$Y_{it} = \alpha + \beta G_i + \delta T_j + \sum_{j=-m}^{q} \tau_j G_i \times T_j + \gamma X_{it} + \varepsilon_{it} \tag{2.15}$$

式（2.15）中，i 表示样本个体，t 表示样本所处的时期，G 表示样本所处的组别；j 表示政策实施前后的若干期，$j < 0$ 表示政策实施前的时期，$j > 0$ 表示政策实施后的时期。例如 $j = -m$ 表示政策实施之前的第 m 期，$j = q$ 表示政策实施之后的第 q 期。T_j 则表示 j 期的时间虚拟变量，该时间在 j 期取值为 1，否则取值为 0。τ_j 是交互项 $G_i \times T_j$ 的回归系数。当 $j \geq 0$ 时，τ_j 反映了政策实施当年及随后年份的效应大小，可以反映出政策效果随时间推移的变化情况；当 $j < 0$ 时，τ_j 可以反映在政策实施前该政策是否被个体提前预期到，从而对结果 Y_{it} 产生显著影响。在使用式（2.15）进行平行趋势检验时，如果在政策实施之前（$j < 0$），模型所估计的政策效果 τ_j 显著异于 0，则可能表示政策被个体提前预期到，此时共同趋势假设被违背。

2.2.4　双重差分法面临的挑战

平行趋势假定是双重差分法能够有效识别处理效应的关键所在，然而在运用过程中该假定却并不一定能够得到满足。本节我们讨论该假定被违背的三种情形。

为了更方便地进行说明，我们将随机扰动项 ε_{it} 分解为三部分：$\varepsilon_{it} = \theta_g + \varphi_t + \varsigma_{it}$。其中 θ_g 代表不随时间变化的组别固定效应，φ_t 代表不随个体变化的时间效应，ς_{it} 代表新的随机扰动项。

（1）个体暂时性冲击。

当无法观测的个体暂时性冲击对样本内个体的项目参与状态产生影响时，ς_{it} 和 G_i 就产生了相关性。组别间系统性的差异可以表示为：$E(\varsigma_{it_1} - \varsigma_{it_0} \mid G_i = 1) \neq E(\varsigma_{it_1} - \varsigma_{it_0} \mid G_i = 0)$。

采用双重差分法估计出来的政策效应可以表示为：

$$\tau_{ATT} = \left[E(Y_{it_1} \mid G_i = 1) - E(Y_{it_0} \mid G_i = 1) \right] - \left[E(Y_{it_1} \mid G_i = 0) - E(Y_{it_0} \mid G_i = 0) \right]$$
$$= \tau + E(\varsigma_{it_1} - \varsigma_{it_0} \mid G_i = 1) - E(\varsigma_{it_1} - \varsigma_{it_0} \mid G_i = 0) \tag{2.16}$$

此时 $\tau_{ATT} \neq \tau$，即使用双重差分法并不能得到处理组平均处理效应（ATT）的无偏估计。

为了更直观地理解这个问题，我们以就业培训项目的效果评估为例。在就业项目培训中，个体自主决定是否参与该项目，从而项目参与状态是个体自选择的结果。阿申菲尔特（Ashenfelter，1978）的发现如图 2-2 所示，参加项目培训的个体（处理组）在培训当年（1964 年）及前一年（1963 年）的平均收入，不仅相比未参与项目的个体（控制组）出现了下降，而且相比自己之前年份（1962 年）也出现了绝对下降，这种现象被称为"阿森费尔特沉降"（Ashenfelter's Dip）。由于预期到参与项目会给自己未来的收入带来增长，所以那些在政策前年份受负向冲击的个体更有可能参与培训，即 ς_{it} 与 G_i 产生相关性。最后，采用双重差分法所估计出来的项目培训效应不仅包含了项目培训的真实效果（τ），而且还包含冲击发生后工资向正常水平恢复的因素，这最终会导致项目培训的效果被高估。

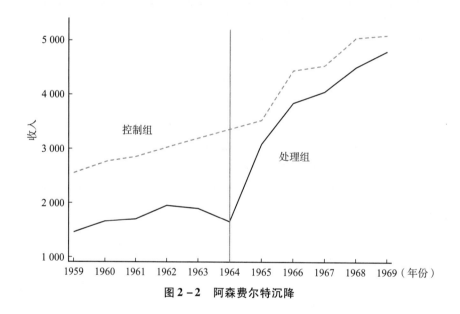

图 2-2　阿森费尔特沉降

（2）不同的宏观趋势。

除了个体暂时性冲击外，处理组和控制组的结果变量如果面临不同的宏观趋势，也会导致平行趋势假定得不到满足。若存在不同的宏观趋势，结构误差项 ε_{it} 可以用如下公式来表示：

$$\varepsilon_{it} = \theta_g + k^g \varphi_t + \varsigma_{it} \tag{2.17}$$

其中，$k^g \varphi_t$ 表示样本个体受到的宏观层面冲击，处理组为 $k^1 \varphi_t$，控制组为 $k^0 \varphi_t$。两组面临的宏观趋势不一致意味着 $k^1 \varphi_t \neq k^0 \varphi_t$。此时双重差分法所估计出来的政策效应可以表示为：

$$\tau_{ATT} = \left[E(Y_{it_1} \mid G_i = 1) - E(Y_{it_0} \mid G_i = 1) \right] - \left[E(Y_{it_1} \mid G_i = 0) - E(Y_{it_0} \mid G_i = 0) \right]$$
$$= \tau + (k^1 - k^0) \times (\varphi_{t_1} - \varphi_{t_0}) \tag{2.18}$$

此时 $\tau_{ATT} \neq \tau$，双重差分法估计出来的政策效应除了真实的政策效应外，也包含了不同的宏观趋势效应。

（3）样本构成发生变化。

在使用双重差分法进行政策评估的过程中，如果数据是混合截面数据，则必须确保数据的构成是稳定的，即在政策实施前后处理组的样本构成与控制组的样本构成基本不发生变化。这保证了同一个组在政策实施前后具有可比性。一旦样本构成发生变化，则无法确保双重差分法能够识别出真实的政策效应。若样本构成在政策前后发生变化，这意味着原先的组别固定效应 θ_g 会随时间发生变化，同一组内不可观测的个体固定效应不再相同：

$$E(\theta_{gt_1} \mid G_i = 1) - E(\theta_{gt_0} \mid G_i = 1) \neq 0 \tag{2.19}$$

$$E(\theta_{gt_1} \mid G_i = 0) - E(\theta_{gt_0} \mid G_i = 0) \neq 0 \tag{2.20}$$

此时双重差分法所估计出的政策效应可以表示为：

$$\tau_{ATT} = \left[E(Y_{it_1} \mid G_i = 1) - E(Y_{it_0} \mid G_i = 1) \right] - \left[E(Y_{it_1} \mid G_i = 0) - E(Y_{it_0} \mid G_i = 0) \right]$$

$$= \tau + \left[E(\theta_{gt_1} \mid G_i = 1) - E(\theta_{gt_0} \mid G_i = 1) \right] - \left[E(\theta_{gt_1} \mid G_i = 0) - E(\theta_{gt_0} \mid G_i = 0) \right] \tag{2.21}$$

可以发现，除非 $E(\theta_{gt_1} \mid G_i = 1) - E(\theta_{gt_0} \mid G_i = 1) = E(\theta_{gt_1} \mid G_i = 0) - E(\theta_{gt_0} \mid G_i = 0)$，否则 $\tau_{ATT} \neq \tau$。这意味着若混合截面数据中样本构成发生变化，采用双重差分法所估计出来的政策效应除了真实的政策效应外，还包括构成群体变化效应。

2.3　双重差分法的应用

本节将以能源规制政策对中国工业企业能耗强度和能源消费结构的影响为例，具体阐述双重差分法的应用。具体而言，我们以 2006 年在全国开始实施的"十一五"规划能源政策为研究对象。分析结果表明，严格的能源规制政策会导致企业的能耗强度显著下降，且对企业的能源消费结构也产生影响。企业将会从使用对环境污染严重的化石能源（即煤炭）转换为相对更清洁的能源（即石油或天然气）。进一步的机制分析结果表明，能源规制政策会激发企业增加研发投入，带来技术创新，进而降低单位能耗强度。此外，在严格的能源规制政策下，企业之间存在能源使用份额重新分配的情况。与低能效企业相比，那些高能效企业将消耗更多比例的化石能源，从而导致企业的平均能耗强度趋于下降。

2.3.1　数据来源与计量模型设定

（1）数据来源。

本节实证研究中所使用的数据主要来源于如下几个方面：首先是 2003～2009 年中国工业企业污染数据库。该数据库的统计对象为全国各地区污染排放类企业，所囊括的内容包括企业能源消耗（煤炭、石油和天然气）和污染物的排放与处理两大类信息。本书的因变量能耗强度和能源结构通过此数据库计算得出。其次是 2003～2009 年中国工业企业数据库，该数据库涵盖了全部国有工业企业以及规模以上（主营业务收入大于 500 万元）非国有工业企业。这一数据库包含了非常丰富的企业层面信息，如企业名称、法人代码、具体地址、所有制类型等企业基本特征以及就业人数、产出利润、资产费用等公司财务指标。我们利用该数据库来收集一些企业层面的控制变量，它们包括资本、就业、债务、年龄、出口和研发投资（R&D）。参照布兰特等（Brandt et al.，2012）的方法，我们首先利用企业法人代码和企业名称构建污染面板数据库。其次，利用这两个信息所形成的唯一识别码将污染面板数据与工业企业面板数据相匹配，最终形成工企—污染非平衡面板数据。再次，我们的核心解释变量——能源规制强度，来源于中央政府在"十一五"规划中设定的各省（区、市）能源规制强度。表 2-3 展示了每个省份 2010 年的产出能源使用强度以及相较于 2005 年的能耗强度下降比例。我们可以发现，在整个"十一五"时期全国的能源强度下降目标为 20%，并且在各个省份之间存在差异，化石能源大省如山西和内蒙古要求的下降比例更高，达到 25%，而海南等化石能源少的省份下降比例则较低，为 12%。最后，在稳健性检验部分，我们利用 R 语言进行分词操作，统计省政府工作报告中与节能或能源相关单词的数量，这些政府工作报告均来自每个省份的官方网站。图 2-3 呈现了 2004～2009 年间节能或能源相关单词在政府工作报告全文中所占比率的核密度，可以发现这些词汇的占比随着年份的推移呈现出上升趋势。

表 2-3　　　　　　　　"十一五"规划时期各省（区、市）能源规制强度

地区	2005 年基数（吨标准煤/万元）	2010 年目标（吨标准煤/万元）	下降幅度（%）	地区	2005 年基数（吨标准煤/万元）	2010 年目标（吨标准煤/万元）	下降幅度（%）
全国	1.22	0.98	20	河南	1.38	1.10	20
北京	0.80	0.64	20	湖北	1.51	1.21	20
天津	1.11	0.89	20	湖南	1.40	1.12	20
河北	1.96	1.57	20	广东	0.79	0.66	16
山西	2.95	2.21	25	广西	1.22	1.04	15
内蒙古	2.48	1.86	25	海南	0.92	0.81	12
辽宁	1.83	1.46	20	重庆	1.42	1.14	20
吉林	1.65	1.16	30	四川	1.53	1.22	20
黑龙江	1.46	1.17	20	贵州	3.25	2.60	20
上海	0.88	0.70	20	云南	1.73	1.44	17
江苏	0.92	0.74	20	西藏	1.45	1.28	12
浙江	0.90	0.72	20	陕西	1.48	1.18	20
安徽	1.21	0.97	20	甘肃	2.26	1.81	20
福建	0.94	0.79	16	青海	3.07	2.55	17
江西	1.06	0.85	20	宁夏	4.14	3.31	20
山东	1.28	1.00	22	新疆	2.11	1.69	20

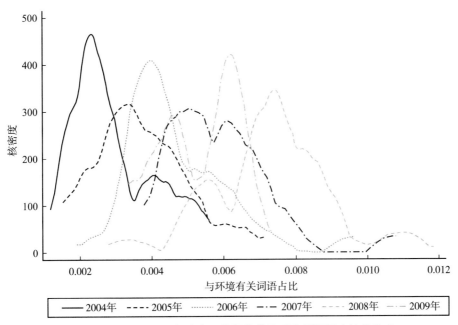

图 2 - 3　2004 ~ 2009 年政府工作报告节能或能源词汇占比核密度

表 2 - 4 给出了本节所使用主要变量的定义及描述性统计。从中可以看出，煤炭在企业的能源消费结构中处于主导地位，石油和天然气的比重则相对小很多。企业是否研发虚拟变量的平均值为 0.0691，这表明所使用样本中只有不到 7% 的企业会进行研发投资。

表 2 - 4　　　　　　　　　　　　　变量定义及描述性统计

变量名	变量定义	单位	样本数	均值	标准差	最小值	最大值
Energy intensity	单位产值能耗	吨标准煤/万元	305 633	0.3898	0.6474	0	4.9921
Coal ratio	煤炭消耗占总能耗比重		223 851	0.8694	0.3272	0	1
Oil ratio	石油消耗占总能耗比重		223 851	0.0894	0.2758	0	1
Natural gas ratio	天然气消耗占总能耗比重		223 851	0.0411	0.1908	0	1
Regulation	能耗强度下降比例		307 670	0.1965	0.0251	0.12	0.3
Capital employment ratio	资本与劳动力的比值	千元/人	307 670	0.0403	0.0641	0	0.9982
Debt capital ratio	债务总量与资本的比值		307 670	0.6018	0.3025	0	3
Employment	企业总雇用劳动力人数	千人取对数	307 670	5.3725	1.17636	0.6931	11.9823
Age	企业从注册之日起年龄	年	307 670	12.7997	13.3891	0	120
Export	企业是否参与进出口	虚拟变量	302 547	0.2740	0.4460	0	1
Report ratio	节能或能源相关词汇占比		273 419	0.0054	0.0020	0.0011	0.0118
R&D	是否存在研发投入	虚拟变量	307 670	0.0691	0.2533	0	1

变量名	变量定义	单位	样本数	均值	标准差	最小值	最大值
R&D expenditure	研发投入金额	千元取对数	307 670	0.4336	1.7046	0	14.314
Exit	企业是否退出市场	虚拟变量	307 670	0.1690	0.3747	0	1
Entry	企业是否进入市场	虚拟变量	307 670	0.0519	0.2219	0	1

（2）计量模型设定。

本节的主要目标是检验"十一五"规划中能源规制政策是否对企业的能耗强度或能源结构产生影响。在"十一五"期间，能耗强度较大的省份通常会面临较高的约束目标，例如内蒙古和山西；能耗强度低的省份则通常面临较低的约束力目标，例如海南和广东。能源规制强度在各个省份之间的差异使我们能够利用双重差分法对"十一五"规划中能源规制政策的效果进行检验。我们预计遭受更大监管压力的省份将有更大的动力来降低企业的能耗强度。

基于上述对"十一五"规划能源规制政策的讨论，本章的双重差分模型如下：

$$Y_{i,t} = \beta Regulation_p \times Post_t + X'_{i,t}\theta + \gamma_t + \eta_c + \alpha_d + \lambda_i + \varepsilon_{i,t} \tag{2.22}$$

下标 i、t、p、c 和 d 分别代表企业、年份、省份、城市和两位数行业。Y 代表企业能耗强度（每单位产出的能源消耗量）的对数或每种能源类型（煤、石油和天然气）的能源消耗占该公司总能源消耗的比重。$Regulation$ 代表能源规制强度，我们采用每个省份"十一五"规划期间能源强度下降的百分比来衡量（参见表 2-3）。$Post$ 是政策实施前后的时间虚拟变量，当政策发生后取值为 1（$t \geq 2006$），政策发生前取值为 0（$t < 2006$）。我们最关心的是 $Regulation$ 和 $Post$ 交互项前面的系数 β，它的符号可以用来表示严格的能源规制政策是否会导致企业降低能源消耗强度或降低相应能源消费的比例。X 代表公司层面的控制变量，这些变量也可能会对公司的能源消耗强度或能源消费结构产生影响，包括资本劳动比、负债率（负债占总资产的比重）、雇用人数、企业年龄和企业商品是否出口。η_c、α_d 和 λ_i 分别代表城市、两位数行业和企业固定效应，表示在城市、两位数行业和企业层面不随时间变化的不可观测因素；γ_t 是年份固定效应，代表在全国层面随时间一致变化的不可观测因素，例如货币和财政政策、商业周期和宏观冲击等；$\varepsilon_{i,t}$ 代表随机扰动项。

2.3.2 主要回归结果

（1）能源规制政策对企业能源消耗强度的影响。

①双重差分法的主回归结果。

基于计量模型式（2.22），我们检验了"十一五"规划中能源规制政策对企业能耗强度的影响，相应的回归结果呈现在表 2-5 中。在该表中，因变量为企业能耗强度的对数，每家企业的能耗强度通过该公司当年的总的能源消耗量除以公司总产值计算得出。由于企业在生产过程中所使用的能源不止一种，主要包括煤炭、石油和天然气，我们将不同能源的消耗量都转换成标准煤，并将它们加总以得到每家企业的能源消耗总量。在表 2－5 的第（1）列中，只加入核心解释变量 $Regulation \times Post$，以及城市固定效应和年份固定效应。$Regulation \times Post$ 前的回归系数显著为负，这表明当企业所面临的能源规制强度上升时，它的能耗强度会不断下降。在第（2）列中，进一步添加了一些企业层面的控制变量，这些变量可能同时与结果变量（能耗强度）和我们感兴趣的解释变量（能源规制强度）相关，它们包括：企业资本劳动比、资产负债率、企业雇用人数、企业年龄以及企业是否为出口企业的虚拟变量。相应的回归结果表明，能源规制政策会导致企业的能耗强度显著下降。进一步在第（3）列中加入企业固定效应和两位数行业固定效应，以捕捉在企业和行业层面不随时间变化的无法观测到的信息。回归结果显示交互项 $Regulation \times Post$ 前面的系数依然显著为负。

表 2－5　　　　　　　　能源规制政策对企业能耗强度的影响

变量	（1）Energy intensity	（2）Energy intensity	（3）Energy intensity
Regulation × Post	− 0. 8465 *** (0. 0590)	− 0. 8455 *** (0. 0492)	− 0. 5803 *** (0. 2056)
Capital labor ratio		− 0. 1267 ** (0. 0546)	− 0. 1680 *** (0. 0357)
Debt capital ratio		0. 1856 *** (0. 0138)	0. 0337 *** (0. 0062)
Employment		0. 0141 *** (0. 0049)	− 0. 0454 *** (0. 0054)
Firm age		− 0. 0002 (0. 0004)	0. 0000 (0. 0001)
Export		− 0. 3304 *** (0. 0139)	− 0. 0165 *** (0. 0051)
企业固定效应	否	否	是
年份固定效应	是	是	是
两位数行业固定效应	否	否	是
城市固定效应	是	是	是
样本量	305 633	300 510	277 028
R²	0. 0155	0. 0738	0. 8756

注：括号中为在地级市层面聚类的稳健标准误，***、**、* 分别表示在 1%、5%、10% 的水平下显著。

为进一步确保双重差分估计结果的可靠性，在接下来的章节中，我们从多个方面对双重差分模型设定的有效性进行检验。

②平行趋势假设检验。

双重差分法有效的一个重要前提是处理组和控制组的结果变量在没有政策干预的条件下满足共同的时间趋势。在本研究中，这意味着整个样本研究时期内，如果没有能源规制政策，那么处理组和控制组企业的能耗强度随时间的变化趋势是一致的。所以我们遵循雅各布森（Jacobson，1993）的方法，采用事件分析的研究框架来评估该政策的动态效应。具体地，我们构建如下回归方程：

$$Y_{i,t} = \sum_{k=-2}^{3} \beta_k Regulation_p \times Year_{2006+k} + X'_{i,t} + \gamma_t + \eta_c + \alpha_d + \lambda_i + \varepsilon_{i,t} \qquad (2.23)$$

在式（2.23）中，$Y_{i,t}$ 代表企业 i 在 t 年的能耗强度。$Regulation_p$ 代表"十一五"规划时期省份 p 所面临的能源规制强度。$Year_{2006+k}$ 为年份虚拟变量。我们以 2003 年作为基准年，所以 2003 年年份虚拟变量并没有被包含在该方程中。采用事件分析法对式（2.23）进行估计的好处在于，首先我们可以检验政策发生前年份，处理组和控制组企业的能耗强度是否存在显著差异，若不存在则说明平行趋势假设条件得到满足。此外，我们还可以考察政策实施后，该政策对企业能耗强度的动态影响效应。

表 2 - 6 的第（1）列展示了相应的回归结果。为了能够更加形象地展示能源规制政策的动态影响，我们将式（2.23）中 β_k 所对应的点估计参数以及 90% 的置信区间呈现在了图 2 - 4 的子图 A 中。观察图形，可以发现在能源规制政策实施前，β_k 的估计系数都不显著，这表明处理组和控制组企业能耗强度并没有显著差异，即平行趋势假设得到了满足。从能源规制政策执行的第二年开始，估计系数在统计上变得显著，且系数绝对值随着时间的推移有逐步增大的趋势。这一分析结果对下文基于双重差分法所做的进一步经验研究提供了坚实的支撑。

表 2 - 6　　　　　　　　能源规制政策对企业能耗强度影响的识别检验

变量	（1） Energy intensity	（2） Energy intensity	（3） Energy intensity
Regulation × Post		− 0.6205 ** (0.2399)	− 0.6081 ** (0.2556)
Regulation × OneYearBefore		− 0.0993 (0.1887)	
Regulation × Year dummy 2004	− 0.4091 (0.3558)		
Regulation × Year dummy 2005	− 0.3366 (0.3552)		
Regulation × Year dummy 2006	− 0.4632 (0.3661)		
Regulation × Year dummy 2007	− 0.9181 ** (0.3616)		
Regulation × Year dummy 2008	− 1.1614 *** (0.4091)		
Regulation × Year dummy 2009	− 1.0574 ** (0.4334)		
Capital labor ratio	− 0.1641 *** (0.0345)	− 0.1679 *** (0.0357)	− 0.1383 ** (0.0688)

续表

变量	（1）	（2）	（3）
	Energy intensity	Energy intensity	Energy intensity
Debt capital ratio	0.0333 *** （0.0045）	0.0337 *** （0.0062）	0.0251 ** （0.0122）
Employment	− 0.0454 *** （0.0043）	− 0.0455 *** （0.0054）	− 0.0264 *** （0.0078）
Firm age	0.0000 （0.0001）	0.0000 （0.0001）	0.0003 * （0.0002）
Export	− 0.0165 *** （0.0043）	− 0.0164 *** （0.0051）	− 0.0162 *** （0.0053）
企业固定效应	是	是	是
年份固定效应	是	是	是
两位数行业固定效应	是	是	是
城市固定效应	是	是	是
样本量	277 028	277 028	66 368
R^2	0.8757	0.8756	0.8567

注：括号中为在地级市层面聚类的稳健标准误，***、**、*分别表示在1%、5%、10%的水平下显著。

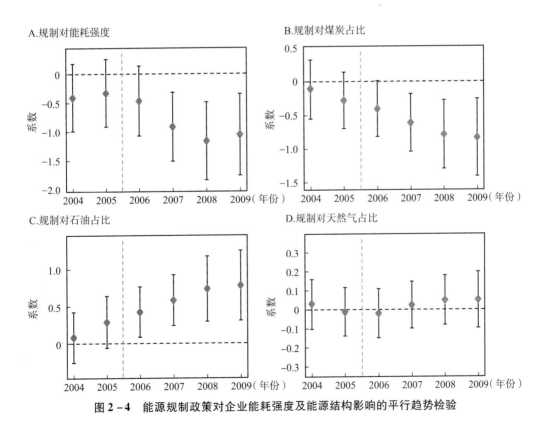

图 2 − 4　能源规制政策对企业能耗强度及能源结构影响的平行趋势检验

③预期效应检验。

为进一步检验企业是否预判到能源规制政策会实施，从而提前对政策做出反应，我们将政策前一年虚拟变量 OneYearBefore 和能源规制强度变量 Regulation 的交互项 Regulation × OneYearBefore 加入计量模型（2.22），以此来检验预期效应是否存在。如果存在预期效应，则处理组和控制组将不再具有可比性，我们的估计结果将会存在偏差。表 2 - 6 第（2）列对应的回归结果表明，Regulation × OneYearBefore 并不显著，这意味着企业并没有对政策提前产生预期。此外，本章感兴趣的交互项 Regulation × Post 前的系数依然为负，且在统计意义上非常显著。

④剔除整个样本研究时期内进入或退出的企业。

"十一五"规划时期严格的能源规制政策可能会导致企业退出当地的市场或转向能源规制政策相对较弱的其他省份，从而对本节的估计结果带来干扰。为了解决企业进入或退出市场的问题，本节将样本限制在 2003 ~ 2009 年整个样本研究期间内一直存在且未发生地址迁移的企业上，将在样本期内进入、退出市场或发生迁移的企业进行剔除。相应的回归结果呈现在表 2 - 6 的第（3）列中。观察 Regulation × Post 的回归系数，我们可以发现它和未剔除样本的回归相比变化很小，且在 5% 的显著性水平上显著，再次说明了本节估计结果的可靠性。

（2）能源规制政策对企业能源消费结构的影响。

本节研究了能源规制政策对企业能源消费结构的影响。探讨在"十一五"规划能源规制政策实施后，企业是否会减少使用对环境污染更严重的化石能源（即煤炭）转而使用更多相对清洁的能源（即石油或天然气）。

具体而言，我们使用三个指标来衡量公司的能源消费结构，它们分别是煤炭消费占总能源消费比重（Coal ratio）、石油消费占总能源消费比重（Oil ratio）和天然气消费占总能源消费比重（Natural gas ratio）。表 2 - 7 展示了"十一五"规划能源规制政策对企业能源消费结构影响的回归结果。在第（1）列中，交互项 Regulation × Post 的系数显著为负，这表明能源规制政策导致企业改变了它们的能源结构，会使用相对更少的煤炭。第（2）列显示了能源规制政策对企业石油消费占比的影响，交互项 Regulation × Post 系数显著为正，这意味着严格的能源规制政策会导致企业转而使用更多相对清洁的化石能源（石油）。第（3）列的结果表明，能源规制政策对企业天然气消费占比有正向影响，但该系数在统计意义上并不显著。

表 2 - 7　　　　　　　　　　能源规制政策对企业能源消费结构的影响

变量	（1）	（2）	（3）
	Coal ratio	Oil ratio	Natural gas ratio
Regulation × Post	− 0. 4781 *** （0. 1663）	0. 4638 *** （0. 1606）	0. 0144 （0. 0483）
Capital labor ratio	− 0. 0353 * （0. 0195）	0. 0068 （0. 0197）	0. 0286 ** （0. 0134）

续表

变量	（1）	（2）	（3）
	Coal ratio	Oil ratio	Natural gas ratio
Debt capital ratio	−0.0011 （0.0020）	0.0016 （0.0017）	−0.0005 （0.0015）
Employment	0.0026 （0.0024）	−0.0051 ** （0.0022）	0.0026 * （0.0014）
Firm age	0.0001 （0.0001）	−0.0001 （0.0001）	−0.0000 （0.0001）
Export	−0.0017 （0.0020）	−0.0006 （0.0015）	0.0023 （0.0015）
企业固定效应	是	是	是
年份固定效应	是	是	是
两位数行业固定效应	是	是	是
城市固定效应	是	是	是
样本量	202 115	202 115	202 115
R^2	0.9188	0.9103	0.8490

注：括号中为在地级市层面聚类的稳健标准误，*** 、** 、* 分别表示在1%、5%、10%的水平下显著。

本节双重差分模型有效的一个重要条件是平行趋势假设得到满足，即如果没有该能源规制政策，那么控制组和处理组企业之间的能源消费结构随时间的变化趋势是一致的。与能源规制政策对企业能耗强度影响这一小节的做法一样，我们采用事件分析法来检验该假设是否成立。表2−8列出了能源规制政策对企业能源消费结构（煤炭消费占比、石油消费占比和天然气消费占比）的平行趋势检验结果。为了更加直观地显示动态效果，将交互项 Regulation × Post 的点估计值画在图2−4中的子图B、C和D中。如回归表格和图形所示，在能源规制政策实施之前（2006年之前），交互项的点估计值在统计上并不显著，这意味着政策前控制组和处理组企业之间的能源消费结构并不存在显著差异，平行趋势假设得到满足。

表 2−8　　　　　能源规制政策对企业能源消费结构影响的平行趋势检验

变量	（1）	（2）	（3）
	Coal ratio	Oil ratio	Natural gas ratio
Regulation × Year dummy 2004	−0.1121 （0.2685）	0.0806 （0.2147）	0.0315 （0.0785）
Regulation × Year dummy 2005	−0.2767 （0.2525）	0.2879 （0.2148）	−0.0112 （0.0791）

续表

变量	（1） Coal ratio	（2） Oil ratio	（3） Natural gas ratio
Regulation × Year dummy 2006	− 0. 4035 （0. 2523）	0. 4242 ** （0. 2066）	− 0. 0206 （0. 0793）
Regulation × Year dummy 2007	− 0. 6121 ** （0. 2664）	0. 5883 *** （0. 2110）	0. 0238 （0. 0756）
Regulation × Year dummy 2008	− 0. 7877 ** （0. 3121）	0. 7389 *** （0. 2673）	0. 0488 （0. 0808）
Regulation × Year dummy 2009	− 0. 8364 ** （0. 3490）	0. 7831 *** （0. 2918）	0. 0533 （0. 0881）
Capital labor ratio	− 0. 0320 ** （0. 0136）	0. 0039 （0. 0115）	0. 0281 ** （0. 0110）
Debt capital ratio	− 0. 0013 （0. 0014）	0. 0018 （0. 0011）	− 0. 0005 （0. 0010）
Employment	0. 0025 （0. 0015）	− 0. 0051 *** （0. 0013）	0. 0025 *** （0. 0009）
Firm age	0. 0001 （0. 0001）	− 0. 0001 （0. 0000）	− 0. 0000 （0. 0001）
Export	− 0. 0017 （0. 0018）	− 0. 0006 （0. 0015）	0. 0023 * （0. 0013）
企业固定效应	是	是	是
年份固定效应	是	是	是
两位数行业固定效应	是	是	是
城市固定效应	是	是	是
样本量	202 115	202 115	202 115
R^2	0. 9189	0. 9105	0. 8490

注：括号中为在地级市层面聚类的稳健标准误，$***$、$**$、$*$分别表示在1%、5%、10%的水平下显著。

2.3.3 机制分析

上述主回归和识别检验的结果表明，"十一五"时期实行的能源规制政策大大降低了企业的能耗强度。此外，企业将会从使用对环境污染更严重的化石能源（即煤炭）转换为相对更清洁的能源（即石油或天然气）。在本节中，我们进一步探讨该政策发挥作用的潜在机制。

贝利等（Baily et al.，1992）与梅莉塔和波朗科（Melitz and Polanec，2015）指出，加总 TFP 的变化可以分解为企业内效应和企业间效应两部分。其中，企业内效应强调企业自身技术效率水平的提升；企业间效应则来源于两个方面：企业间市场份额的变化和企业进入、退出市场。参照这种方法，本节将企业能耗强度分解为三部分：企业自身技术效率水平的提升效应、企业间能源使用份额变化效应以及企业进入退出效应。对于企业自身技术效率水平的提升这一效应，能源规制鼓励企业进行技术创新，提高其能源使用效率，从而减少了总的能耗强度。企业间能源使用份额变化效应是指能源使用效率高的企业在能源规制政策实施后，占有的市场份额更大了，从而市场整体的能耗强度下降。企业进入退出效应，则是指能源规制导致更多的企业退出市场和更少的企业进入市场，而这些进入和退出的企业相对于在位企业而言能源使用效率更低，进而企业进入退出效应也导致了市场平均能源使用效率水平的提升。在本节的以下部分，将对这三种机制分别进行检验。

首先是企业自身技术效率水平的提升。无论是工业企业数据还是企业污染数据都没有关于企业技术水平的直接度量指标。但是，企业的技术创新和它的研发投入（R&D）是密切相关的，所以本节可以采用企业的研发投入作为技术创新的代理变量。表 2 - 9 的第（1）和第（2）列展示了能源规制政策对企业研发投入的估计结果。Regulation × Post 的回归系数显著为正，这表明严格的能源规制政策会倒逼企业进行研发投入，不仅企业进行研发的概率（R&D）提高了，而且研发投入的金额（R&D expenditure）也显著提高，这进而导致企业技术创新的产生。第（3）和第（4）列的估计结果则表明，企业从事研发和研发投入金额的增加均对能耗强度有显著的负向影响。结合第（1）~（4）列的估计结果，我们可以发现企业自身技术效率水平的提升是导致其能耗强度下降的一个重要因素。

表 2 - 9　　　　　能源规制政策的作用机制

变量	（1）	（2）	（3）	（4）	（5）	（6）
	R&D	R&D expenditure	Energy intensity	Energy intensity	Exit	Entry
Regulation × Post	0.0014 ** (0.0007)	0.0097 * (0.0053)			- 0.0004 (0.0019)	- 0.0019 (0.0014)
R&D			- 0.0142 *** (0.0032)			
R&D expenditure				- 0.0021 *** (0.0004)		
Capital labor ratio	0.0685 *** (0.0237)	0.6227 *** (0.1631)	- 0.1734 *** (0.0364)	- 0.1731 *** (0.0364)	0.0401 (0.0342)	- 0.1406 *** (0.0231)
Debt capital ratio	- 0.0000 (0.0032)	0.0121 (0.0208)	0.0337 *** (0.0062)	0.0337 *** (0.0062)	0.0336 *** (0.0062)	- 0.0268 *** (0.0043)
Employment	0.0085 *** (0.0020)	0.0805 *** (0.0137)	- 0.0452 *** (0.0054)	- 0.0452 *** (0.0054)	- 0.0545 *** (0.0045)	- 0.0277 *** (0.0023)

续表

变量	(1)	(2)	(3)	(4)	(5)	(6)
	R&D	R&D expenditure	Energy intensity	Energy intensity	Exit	Entry
Firm age	-0.0002 * (0.0001)	-0.0018 * (0.0010)	0.0001 (0.0001)	0.0001 (0.0001)	0.0006 *** (0.0001)	-0.0035 *** (0.0002)
Export	0.0070 * (0.0042)	0.0514 (0.0314)	-0.0166 *** (0.0051)	-0.0166 *** (0.0051)	-0.0065 (0.0050)	-0.0121 *** (0.0026)
企业固定效应	是	是	是	是	是	是
年份固定效应	是	是	是	是	是	是
两位数行业固定效应	是	是	是	是	是	是
城市固定效应	是	是	是	是	是	是
样本量	279 022	279 022	277 028	277 028	279 022	279 022
R^2	0.4659	0.4763	0.8756	0.8756	0.3478	0.4334

注：括号中为在地级市层面聚类的稳健标准误，*** 、** 、* 分别表示在 1%、5%、10% 的水平下显著。

　　企业进入或退出市场是可能影响能耗强度的另一个渠道。如果高能耗强度企业在能源规制下更有可能退出市场，而新进入企业在能源规制压力下拥有较低的能耗强度，那么整个制造业企业的能耗强度将会下降。接着我们来检验企业进入退出效应是否存在。与迪士尼等（Disney et al.，2010）的做法类似，本节将企业第一年进入工企数据库定义为进入，并将退出定义为企业最后一年在数据库中被观察到。能源规制政策对企业进入、退出市场影响的回归结果呈现在表 2-9 的第（5）和第（6）列中。可以发现，系数均为负且在统计上不显著，表明企业进入、退出市场的效应并非影响企业能耗强度的重要机制。

　　最后我们来验证企业间能源使用份额变化这一效应是否存在。已有文献表明，能源规制可以提高产业集中度，并使较大的企业留在市场中（熊欢欢和邓文涛，2017）。如果大企业的能耗强度低于小企业，则大企业和小企业之间的能源份额重新分配机制也会降低总体能耗强度。图 2-5 展示了企业规模和能源消耗强度之间的关系，从中可以发现，随着企业规模的变大，它的能源消耗强度会随之下降。所以能源规制政策可能通过让大企业占有更多的市场份额这一方式来减少能耗强度。为了验证这一假设，本节将企业按照产出规模的大小分为大中小三类（前 1/3、中 1/3 和后 1/3），比较这三组企业能源消费份额随时间是否发生变化。图 2-6 描绘了 2003~2009 年三组企业能源消费市场份额的变化趋势，从中可以发现规模最大的这部分企业（前 1/3）的能源消费份额逐渐增长，特别是从 2006 年开始，增长幅度愈发明显。而中小企业（中 1/3 和后 1/3）能源消费份额却呈现出下降的趋势。这一结果表明，不同规模企业之间的能源使用份额变化效应在"十一五"能源规制政策实施期间发挥了作用。

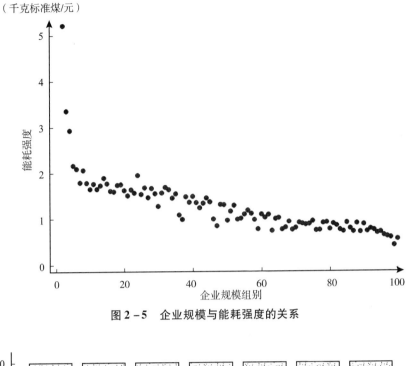

（千克标准煤/元）

图 2 - 5 企业规模与能耗强度的关系

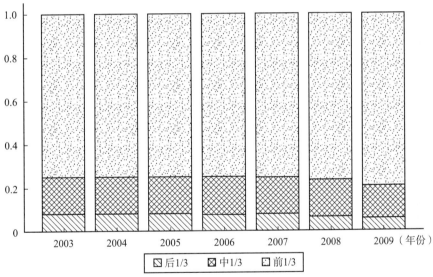

后1/3 中1/3 前1/3

图 2 - 6 2003～2009 年不同规模企业市场占比趋势

总结以上分析结果，我们可以发现企业能耗强度下降主要是通过企业自身技术效率水平的提升和不同规模的企业之间能源使用份额变化这两种方式来实现的。

2.3.4 异质性分析

前面探讨了能源规制政策对企业能耗强度及能源消费结构的影响，并对能源规制导致企业能耗强度下降背后的潜在作用机制进行了检验。本节将研究能源规制对企业能耗强度的异质性影响，以进一步阐明能源规制如何影响能耗强度。

（1）国有企业与非国有企业。

为了探究能源规制政策对不同所有权类型企业的异质性影响，本节将企业分为国有企业和非国有企业两类。中国的国有企业拥有更多的政府资源，它们可以轻松地获得金融信贷和政府补贴（Dollar and Wei，2007）。而非国有企业则普遍面临信贷约束和更少的政府补贴。由于更容易获得资金支持，国有企业可能在早期生产过程中使用清洁的能源和技术，这样其可能本身能耗强度就低，所以受能源规制的影响也更小。但也同时存在另外一种可能，即中国的国有企业受各级国有资产监督管理委员会（以下简称"国资委"）掌控，它们会更加积极地贯彻中央所制定的各项政策，进而能源规制政策对国有企业的作用也会更大。为了验证究竟哪一种情形更符合现实，我们参照黄等（Huang et al.，2017）的方法，将国有企业定义为国有资产拥有的股份比例超过30%的企业，分样本考察能源规制政策对国有企业和非国有企业能耗强度的影响。表2-10第（1）和第（2）列的回归结果显示，非国有企业能源规制政策前的系数为负，且在统计意义上显著，而国有企业能源规制系数虽然为负，但在统计意义上并不显著。这说明非国有企业相较于国有企业而言，更容易受到能源规制政策的影响，能耗强度下降幅度更大，即上文第一种情况成立的可能性更大。

表2-10　　　　　能源规制政策对企业能源消耗强度影响的异质性分析

变量	（1） Energy intensity 国有企业	（2） Energy intensity 非国有企业	（3） Energy intensity 高能耗企业	（4） Energy intensity 低能耗企业
Regulation × Post	-0.1564 (0.2183)	-0.8007*** (0.2370)	-0.0054** (0.0023)	-0.0016*** (0.0004)
Capital labor ratio	-0.0368 (0.0852)	-0.2011*** (0.0419)	-0.3797*** (0.0586)	-0.0167 (0.0107)
Debt capital ratio	0.0406*** (0.0118)	0.0286*** (0.0076)	0.0563*** (0.0076)	0.0019 (0.0018)
Employment	-0.0631*** (0.0114)	-0.0400*** (0.0057)	-0.1282*** (0.0067)	-0.0096*** (0.0012)
Firm age	0.0003 (0.0002)	-0.0000 (0.0002)	0.0002 (0.0002)	0.0000 (0.0000)
Export	-0.0416*** (0.0123)	-0.0102** (0.0048)	-0.0299*** (0.0073)	-0.0014 (0.0012)
企业固定效应	是	是	是	是

变量	(1)	(2)	(3)	(4)
	Energy intensity	Energy intensity	Energy intensity	Energy intensity
	国有企业	非国有企业	高能耗企业	低能耗企业
年份固定效应	是	是	是	是
两位数行业固定效应	是	是	是	是
城市固定效应	是	是	是	是
样本量	57 625	205 238	136 570	129 162
R^2	0.9079	0.8700	0.8852	0.8043

注：括号中为在地级市层面聚类的稳健标准误，***、**、* 分别表示在 1%、5%、10% 的水平下显著。

（2）高能耗企业与低能耗企业。

我们推测能耗强度大的企业更有可能受到地方政府的监管，同等能源规制程度下其能耗强度下降的幅度可能更大。为验证这种可能性是否属实，我们根据企业 2005 年（能源规制政策实施前一年）单位产出能源消耗量的中位数，将企业分为高能耗企业和低能耗企业两类，探讨能源规制政策对这两类企业的异质性影响。表 2-10 的第（3）和第（4）列分别报告了相应的回归结果，从中我们可以发现，能源规制政策导致两类企业的能耗强度显著下降，但高能耗企业的系数（-0.0054）是低能耗企业能源规制系数（-0.0016）的三倍以上，这证明"十一五"期间实施的能源规制政策对高能耗企业更为有效。

2.3.5 稳健性检验

为进一步确保研究结果的可靠性，本节还从如下三个方面进行了稳健性检验。

（1）与"十一五"规划能源规制政策同时发生的其他政策。

如果"十一五"期间还存在其他与本节研究的能源规制政策同时发生的影响企业的能耗强度和能源消费结构的政策，那么本节的估计结果可能存在偏误。通过搜集资料我们发现这一时期政府在全国推行的"千家企业节能计划"和"十项重大节能项目"也会影响企业的能耗强度和能源消费结构。"千家企业节能计划"的目标是降低千家企业的能耗强度，使它们的单位产出能耗达到国内同行业先进水平，甚至有些企业达到国际先进水平或行业领先水平。最终该项目期望达到全社会能源使用减少 1 亿吨标准煤的目标。"十项重大节能项目"的目标是在"十一五"期间节约 2.4 亿吨标准煤，关键行业的能耗强度在 2010 年初达到或接近国际先进水平。我们将这两项政策在企业层面是否发生的虚拟变量（Top-1000 enterprises program 和 Ten major energy conservation projects）分别同政策发生前后的时间虚拟变量 Post 相乘，将两个交互项放入回归方程以控制这两项政策对结果造成的干扰。相应的回归结果呈现在表 2-11 中，我们可以发现即使在考虑这两项政策后结果依然稳健，"十一五"规划能源规制政策依然对企业的能耗强度和能源消费结构具有显著的影响。

表 2－11　　　　　　　　　　　　　　稳健性检验（1）

变量	（1）Energy intensity	（2）Coal ratio	（3）Oil ratio	（4）Natural gas ratio
Regulation × Post	− 0. 4752 **（0. 1926）	− 0. 4838 ***（0. 1659）	0. 4660 ***（0. 1604）	0. 0179（0. 0486）
Top － 1000 enterprises program × Post	− 0. 0068（0. 0171）	0. 0106（0. 0088）	− 0. 0037（0. 0070）	− 0. 0070（0. 0064）
Ten major energy conservation projects × Post	− 0. 0892 ***（0. 0090）	0. 0134 ***（0. 0043）	− 0. 0057（0. 0041）	− 0. 0078 **（0. 0031）
Capital labor ratio	− 0. 1779 ***（0. 0354）	− 0. 0350 *（0. 0196）	0. 0065（0. 0195）	0. 0285 **（0. 0135）
Debt capital ratio	0. 0338 ***（0. 0061）	− 0. 0011（0. 0020）	0. 0016（0. 0017）	− 0. 0005（0. 0015）
Employment	− 0. 0470 ***（0. 0053）	0. 0027（0. 0025）	− 0. 0052 **（0. 0022）	0. 0025 *（0. 0014）
Firm age	0. 0001（0. 0001）	0. 0001（0. 0001）	− 0. 0001（0. 0001）	0. 0001（0. 0001）
Export	− 0. 0176 ***（0. 0050）	− 0. 0016（0. 0020）	− 0. 0006（0. 0015）	0. 0022（0. 0015）
Constant	0. 7275 ***（0. 0373）	0. 9148 ***（0. 0160）	0. 0596 ***（0. 0160）	0. 0256 **（0. 0104）
企业固定效应	是	是	是	是
年份固定效应	是	是	是	是
两位数行业固定效应	是	是	是	是
城市固定效应	是	是	是	是
样本量	277 028	202 115	202 115	202 115
R^2	0. 8764	0. 9189	0. 8764	0. 8764

注：括号中为在地级市层面聚类的稳健标准误，***、**、*分别表示在 1%、5%、10% 的水平下显著。

（2）能源规制采用其他方式测度。

与陈诗一和陈登科（2018）的做法相似，本节选取节能或与能源相关单词占政府工作报告全文字数的比重作为政府能源规制强度的代理变量。政府工作报告作为指导政府行政部门工作的纲领性文件，报告中与节能或能源相关的词汇比例能够充分反映政府对能源议题的重视程度，以此作为政府能源规制强度的度量具有一定的合理性。本节使用上述政府工作报告节能或能源词汇比率来替代"十一五"规划能源规制政策，作为政府能源规制强度的另一种测度方式，检验能源规制强度对企业能耗强度的影响。表 2 – 12 第（1）列的回归结果显示报告比率的系数显著为负，证明了上文回归结果的可靠性。

（3）更换标准差聚类方法。

伯特兰等（Bertrand et al.，2004）指出，如果不对 DID 方法估计系数进行聚类来调整标准误，原来所估计的标准误将会在很大程度上被低估，从而政策的统计意义可能在很大程度上被高估，原来并不起作用的政策在统计意义上也变得显著。本部分则对聚类标准误进行调整，除了上文回归部分所采用的在城市层面进行聚类的方法外，我们参照卡梅隆等（Cameron et al.，2011）的建议，将标准误在省份—年份和企业层面进行双向聚类。这一方法允许同一企业不同年份之间以及同一省份同一年份之间不同企业的标准误存在序列相关。表 2 – 12 第（2）~（5）列的回归结果表明，我们感兴趣的估计系数在统计上依然显著，这也证明了本节估计结果的稳健性。

表 2 – 12　　　　　　　　　　　　　稳健性检验（2）

变量	（1）	（2）	（3）	（4）	（5）
	Energy intensity	Energy intensity	Coal ratio	Oil ratio	Natural gas ratio
Report ratio	− 4. 1245 *** （1. 5467）				
Regulation × Post		− 0. 5038 *** （0. 1812）	− 0. 4781 *** （0. 1423）	0. 4638 *** （0. 1206）	0. 0144 （0. 0428）
Capital labor ratio	− 0. 1693 *** （0. 0372）	− 0. 1650 *** （0. 0344）	− 0. 0353 ** （0. 0153）	0. 0068 （0. 0138）	0. 0286 ** （0. 0123）
Debt capital ratio	0. 0299 *** （0. 0067）	0. 0338 *** （0. 0048）	− 0. 0011 （0. 0016）	0. 0016 （0. 0014）	− 0. 0005 （0. 0012）
Employment	− 0. 0458 *** （0. 0053）	− 0. 0450 *** （0. 0043）	0. 0026 （0. 0016）	− 0. 0051 *** （0. 0014）	0. 0026 ** （0. 0010）
Firm age	0. 0001 （0. 0001）	0. 0000 （0. 0001）	0. 0001 （0. 0001）	− 0. 0001 （0. 0001）	− 0. 0000 （0. 0001）
Export	− 0. 0016 （0. 0019）	− 0. 0165 *** （0. 0051）	− 0. 0017 （0. 0019）	− 0. 0006 （0. 0016）	0. 0023 * （0. 0014）
企业固定效应	是	是	是	是	是
年份固定效应	是	是	是	是	是
两位数行业固定效应	是	是	是	是	是
城市固定效应	是	是	是	是	是
样本量	250 578	283 010	202 115	202 115	202 115
R^2	0. 8755	0. 8753	0. 9188	0. 9103	0. 8490

注：第（1）列括号中为在地级市层面聚类的稳健标准误，第（2）~（4）列括号中为在省份—年份和企业层面进行双向聚类的稳健标准误。*** 、** 、* 分别表示在 1%、5%、10% 的水平下显著。

2.4 相关附件与程序

本章的主要程序如下：

1. 表2-5中能源规制政策对企业能耗强度影响的主回归结果

/＊只包含核心解释变量＊/

```
use Data. dta ,clear
reghdfe lnenergy_intensity c. Regulation#c. Post ,absorb( city year) vce( cluster city)
outreg2 using Energy_intensity. doc ,word excel dec(4) replace
```

/＊放入企业层面其他控制变量＊/

```
Reghdfe lnenergy _intensity  c. Regulation # c. Post Capital _labor _ratio Debt _capital _ratio
Employment Firm_age Export ,absorb( city year) vce( cluster city)
outreg2 using Energy_intensity. doc ,word excel dec(4) append
```

/＊放入企业和两位数行业固定效应＊/

```
Reghdfe lnenergy _intensity  c. Regulation # c. Post Capital _labor _ratio Debt _capital _ratio
Employment Firm_age Export ,absorb( Panel_id Ind2 city year) vce( cluster city)
outreg2 using Energy_intensity. doc ,word excel dec(4) append
```

2. 表2-6中能源规制政策对企业能耗强度影响的识别检验

/＊平行趋势检验＊/

```
gen Y2004 = Regulation * Year2004
gen Y2005 = Regulation * Year2005
gen Y2006 = Regulation * Year2006
gen Y2007 = Regulation * Year2007
gen Y2008 = Regulation * Year2008
gen Y2009 = Regulation * Year2009
```

```
reghdfe lnenergy_intensity    Y2004    Y2005    Y2006    Y2007    Y2008    Y2009
Capital_labor_ratio Debt_capital_ratio Employment Firm_age Export ,absorb( Panel_id Ind2 city
year)    vce( cluster city)
outreg2 using Energy_intensity_Identification. doc ,word excel dec(4) replace
```

/＊预期效应检验＊/

```
reghdfe lnenergy_intensity c. Regulation#c. Post c. Regulation#c. OneYearBefore Capital_labor_
ratio Debt_capital_ratio Employment Firm_age Export,absorb(Panel_id Ind2 city year)    vce
(cluster city)
    outreg2 using Energy_intensity_Identification. doc,word excel dec(4)append


/* 剔除整个样本时期内进入或退出的企业 */
gen Num = 1
bysort Panel_id:egen SUM = sum(Num)
keep if SUM = =7


reghdfe lnenergy_intensity c. Regulation#c. Post Capital_labor_ratio Debt_capital_ratio
Employment Firm_age Export,absorb(Panel_id Ind2 city year)vce(cluster city)
    outreg2 using Energy_intensity_Identification. doc,word excel dec(4)append
```

3. 表 2 - 7 中能源规制政策对企业能源消费结构的影响
/* 煤炭使用比例变化 */

```
use Data. dta,clear
reghdfe Coal_ratio c. Regulation#c. Post Capital_labor_ratio Debt_capital_ratio Employment
Firm_age Export,absorb(Panel_id Ind2 city year)vce(cluster city)
    outreg2 using Energy_structure. doc,word excel dec(4)replace
```

/* 石油使用比例变化 */

```
reghdfe Oil_ratio c. Regulation#c. Post Capital_labor_ratio Debt_capital_ratio Employment
Firm_age Export,absorb(Panel_id Ind2 city year)vce(cluster city)
    outreg2 using Energy_structure. doc,word excel dec(4)append
```

/* 天然气使用比例变化 */

```
reghdfe Natural_gas_ratio c. Regulation#c. Post Capital_labor_ratio Debt_capital_ratio
Employment Firm_age Export,absorb(Panel_id Ind2 city year)vce(cluster city)
    outreg2 using Energy_structure. doc,word excel dec(4)append
```

4. 表 2 - 8 中能源规制政策对企业能源消费结构影响的平行趋势检验
/* 煤炭使用比例变化平行趋势检验 */

```
use Data. dta,clear
gen Y2004 = Regulation * Year2004
gen Y2005 = Regulation * Year2005
gen Y2006 = Regulation * Year2006
```

```
gen Y2007 = Regulation * Year2007
gen Y2008 = Regulation * Year2008
gen Y2009 = Regulation * Year2009


reghdfe Coal_ratio        Y2004        Y2005        Y2006        Y2007        Y2008        Y2009
Capital_labor_ratio Debt_capital_ratio Employment Firm_age Export,absorb(Panel_id Ind2 city
year)    vce(cluster city)
outrg2 using Energy_structure_Identification.doc,word excel dec(4)replace
```

/*油使用比例变化平行趋势检验*/
```
reghdfe Oil_ratio        Y2004        Y2005        Y2006        Y2007        Y2008        Y2009
Capital_labor_ratio Debt_capital_ratio Employment Firm_age Export,absorb(Panel_id Ind2 city
year)    vce(cluster city)
outreg2 using Energy_structure_Identification.doc,word excel dec(4)append
```

/*天然气使用比例变化平行趋势检验*/
```
reghdfe Natural_gas_ratio        Y2004        Y2005        Y2006        Y2007        Y2008
Y2009 Capital_labor_ratio Debt_capital_ratio Employment Firm_age Export,absorb(Panel_id Ind2
city year)    vce(cluster city)
outreg2 using Energy_structure_Identification.doc,word excel dec(4)append
```

5. 表 2 - 9 中能源规制政策的作用机制
/*研发投入机制*/
```
use Data.dta,clear
reghdfe RD c.Regulation#c.Post Capital_labor_ratio Debt_capital_ratio Employment Firm_
age Export,absorb(Panel_id Ind2 city year)vce(cluster city)
outreg2 using Mechanism.doc,word excel dec(4)replace


reghdfe RD_expenditure c.Regulation#c.Post Capital_labor_ratio Debt_capital_ratio Employ-
ment Firm_age Export,absorb(Panel_id Ind2 city year)vce(cluster city)
outreg2 using Mechanism.doc,word excel dec(4)append


reghdfe lnenergy_intensity RD Capital_labor_ratio Debt_capital_ratio Employment Firm_age
Export,absorb(Panel_id Ind2 city year)vce(cluster city)
outreg2 using Mechanism.doc,word excel dec(4)append


reghdfe lnenergy_intensity RD_expenditure Capital_labor_ratio Debt_capital_ratio Employ-
```

ment Firm_age Export, absorb(Panel_id Ind2 city year) vce(cluster city)

　　outreg2 using Mechanism. doc, word excel dec(4) append

/ * 进入退出机制 * /

reghdfe Exit c. Regulation#c. Post Capital_labor_ratio Debt_capital_ratio Employment Firm_ age Export, absorb(Panel_id Ind2 city year) vce(cluster city)

　　outreg2 using Mechanism. doc, word excel dec(4) append

reghdfe Entry c. Regulation#c. Post Capital_labor_ratio Debt_capital_ratio Employment Firm_ age Export, absorb(Panel_id Ind2 city year) vce(cluster city)

　　outreg2 using Mechanism. doc, word excel dec(4) append

6. 表 2 – 10 中能源规制政策对企业能源消耗强度影响的异质性分析

/ * 不同所有制属性 * /

reghdfe lnenergy _ intensity c. Regulation # c. Post Capital _ labor _ ratio Debt _ capital _ ratio Employment Firm_age Export if SOE = = 1, absorb(Panel_id Ind2 city year) vce(cluster city)

　　outreg2 using Mechanism. doc, word excel dec(4) replace

reghdfe lnenergy _ intensity c. Regulation # c. Post Capital _ labor _ ratio Debt _ capital _ ratio Employment Firm_age Export if SOE = = 0, absorb(Panel_id Ind2 city year) vce(cluster city)

　　outreg2 using Mechanism. doc, word excel dec(4) append

/ * 不同能源消耗程度 * /

reghdfe lnenergy _ intensity c. Regulation # c. Post Capital _ labor _ ratio Debt _ capital _ ratio Employment Firm_age Export if Energy_heavy = = 1, absorb(Panel_id Ind2 city year) vce(cluster city)

　　outreg2 using Mechanism. doc, word excel dec(4) append

reghdfe lnenergy _ intensity c. Regulation # c. Post Capital _ labor _ ratio Debt _ capital _ ratio Employment Firm_age Export if Energy_heavy = = 0, absorb(Panel_id Ind2 city year) vce(cluster city)

　　outreg2 using Mechanism. doc, word excel dec(4) append

7. 表 2 – 11 中稳健性检验（1）

use Data. dta, clear

reghdfe lnenergy _ intensity c. Regulation # c. Post Capital _ labor _ ratio Debt _ capital _ ratio Employment Firm_age Export, absorb(Panel_id Ind2 city year) vce(cluster city) outreg2 using Robustness_test_1. doc, word excel dec(4) replace

reghdfe Coal_ratio c. Regulation#c. Post Capital_labor_ratio Debt_capital_ratio Employment Firm_age Export, absorb(Panel_id Ind2 city year) vce(cluster city)
outreg2 using Robustness_test_1. doc, word excel dec(4) append

reghdfe Oil_ratio c. Regulation#c. Post Capital_labor_ratio Debt_capital_ratio Employment Firm_age Export, absorb(Panel_id Ind2 city year) vce(cluster city)
outreg2 using Robustness_test_1. doc, word excel dec(4) append

reghdfe Natural_gas_ratio c. Regulation#c. Post Capital_labor_ratio Debt_capital_ratio Employment Firm_age Export, absorb(Panel_id Ind2 city year) vce(cluster city)
outreg2 using Robustness_test_1. doc, word excel dec(4) append

8. 表 2 - 12 中稳健性检验（2）
/* 采用政府工作报告节能或能源词汇比率作为能源规制代理变量 */
reghdfe lnenergy_intensity Report_ratio Capital_labor_ratio Debt_capital_ratio Employment Firm_age Export, absorb(Panel_id Ind2 city year) vce(cluster prov_year Panel_id)
outreg2 using Robustness_test_2. doc, word excel dec(4) replace

/* 更换标准差聚类方法 */
reghdfe lnenergy_intensity c. Regulation#c. Post Capital_labor_ratio Debt_capital_ratio Employment Firm_age Export, absorb(Panel_id Ind2 city year) vce(cluster prov_year Panel_id)
outreg2 using Robustness_test_2. doc, word excel dec(4) append

reghdfe Coal_ratio c. Regulation#c. Post Capital_labor_ratio Debt_capital_ratio Employment Firm_age Export, absorb(Panel_id Ind2 city year) vce(cluster prov_year Panel_id)
outreg2 using Robustness_test_2. doc, word excel dec(4) append

reghdfe Oil_ratio c. Regulation#c. Post Capital_labor_ratio Debt_capital_ratio Employment Firm_age Export, absorb(Panel_id Ind2 city year) vce(cluster prov_year Panel_id)
outreg2 using Robustness_test_2. doc, word excel dec(4) append

reghdfe Natural_gas_ratio c. Regulation#c. Post Capital_labor_ratio Debt_capital_ratio Employment Firm_age Export, absorb(Panel_id Ind2 city year) vce(cluster prov_year Panel_id)
outreg2 using Robustness_test_2. doc, word excel dec(4) append

第 3 章

工具变量法及其应用

3.1 前言

自 18 世纪工业革命以来，人类的生产力水平得到了大幅度的提升，全球经济迅速发展。但与此相伴随的是人类的经济活动对自然环境和全球气候造成了一系列影响。它们既包括我们能够直接感受到的空气污染、水污染和固体污染，也包括长期存在但变化相对缓慢的全球气候变暖。这些污染又会反过来影响整个社会的经济发展与人类健康（Dockery et al.，1993；Brunekreef and Holgate，2002；Chen et al.，2013；Chang et al.，2019；Aragon et al.，2021；La Nauze and Severnini，2021）。因此环境污染和人类经济活动之间存在互为因果的联立内生性问题。以空气污染和经济发展之间的关系为例。一方面，空气污染可以通过减缓城市化进程以及损害人力资本积累来拖累经济发展质量；另一方面，经济发展质量本身能够通过规模效应、技术效应以及结构效应影响整个社会的空气质量水平。所以在研究污染对经济发展或人类经济活动的影响时，如果忽视污染物的内生性问题将会导致估计结果出现偏误。工具变量法是社会科学定量分析中解决内生性问题的重要手段，它通过寻找与内生解释变量相关但是与随机误差项不相关的变量（我们将该变量称为工具变量），用该工具变量替代模型中的内生解释变量进行参数估计，从而得到变量间的因果关系。

同样的工具变量法也适用于解决环境经济学中所遇到的内生性问题。以空气污染对人类经济活动的影响为例，已有文献通常使用空气通风动力系数和逆温作为城市空气污染水平的工具变量（Broner et al.，2012；Hering and Poncet，2014；Hicks et al.，2017；陈诗一和陈登科，2018；陈帅和张丹丹，2020；关楠等，2021），以此来解决空气污染变量存在的内生性问题。本章对工具变量法进行介绍，并以空气污染对城市房价的影响为例进行方法的运用说明。

3.2 工具变量法理论

3.2.1 工具变量法的起源与发展

相对于统计学而言，经济学对变量之间的因果关系更感兴趣，因果推断往往成为应用计量经济学的代名词。但变量间存在的内生性问题往往会导致回归系数不具有因果解释。"工具变量法"（instrumental variable method）正是处理内生性问题的常用方法，它在经济学中有着悠久的历史。这一方法最早是由莱特（Wright，1928）在研究农产品市场时所提出。莱特所面临的问题是，我们所观察到的市场上农产品价格和数量信息往往是供给曲线和需求曲线相交的均衡结果，很难把市场上农产品的成交量视为需求量，如何去估算需求曲线方程成为一个难题。为了估算出需求曲线方程，就必须剥离出供给的影响。莱特想到的方法是找一个只会影响供给而不会影响需求的变量，用它的变化来推测供给的变化。具体而言，莱特利用天气作为农产品成交价格的工具变量，天气通过影响农作物的生长进而影响其供给，与此同时天气状况一般不会影响家庭对农作物的需求。这意味着天气状况会影响农产品供给曲线的移动，而不会影响需求曲线的移动。在得知每一时期的天气状况后就可以推测出对应每一时期的供给曲线，随着供给曲线的移动，它会和需求曲线形成一个个交点，通过这些点就可以识别出需求曲线中需求量和商品价格之间的因果关系，即估算出需求曲线方程。

在莱特提出这一方法后，工具变量法得到经济学家的青睐，并被广泛运用于经济学研究中。它在表述形式上存在一定的差别，一般而言，广义的工具变量法不仅包括（狭义的）工具变量法、两阶段最小二乘法、广义矩估计法与联立方程组模型，还包括基于处理效应框架下的局部平均处理效应（LATE）和模糊断点回归（Fuzzy RD）。本章主要介绍的是基于经典计量经济学框架表述的工具变量方法。

工具变量法在实际运用过程中也存在一定的局限性，主要表现为以下三点：（1）工具变量的选择存在很大的困难，想找出同时满足与内生变量相关、与误差项无关这两个条件的工具变量十分不容易，这在一定程度上限制了其使用场景。（2）工具变量与误差项不相关这一条件无法运用统计方法进行验证，其合理性容易受到质疑，如果不能够提供有效的证据则后续实证分析会缺乏说服力。（3）通常我们期望得到的是模型的平均处理效应，而工具变量识别出的是局部平均处理效应，所得到的结论仅适用受到工具变量影响的这一部分样本，结论的外推性受到限制，这在一定程度上降低了社会科学分析的政策意义

（Deaton，2010）。

3.2.2　内生性及其原因

（1）内生性导致的估计结果偏误。

我们以一个简单的模型来对内生性问题以及工具变量的作用原理进行说明。考虑以下典型的线性回归模型：

$$Y_i = \alpha + \beta X_i + \varepsilon_i \tag{3.1}$$

其中，i 代表个体；Y_i 代表被解释变量；X_i 代表解释变量；ε_i 为随机扰动项，它表示除 X_i 外所有影响被解释变量 Y_i 的因素，β 代表我们所关心的回归系数。如果解释变量 X_i 和随机扰动项 ε_i 不相关，即 $\mathrm{Cov}(X_i,\ \varepsilon_i)=0$，那么我们可以利用最小二乘法（OLS）对方程进行无偏估计。但是如果 X_i 和 ε_i 相关，即 $\mathrm{Cov}(X_i,\ \varepsilon_i)\neq0$，那么对 β 的最小二乘法估计必然是有偏的。此时 X_i 被称为"内生"解释变量，它所导致的估计结果偏误被称为"内生性"问题。通过以下表达式我们可以清楚地看出 OLS 估计结果 β_{OLS} 是有偏的。

$$\beta_{\mathrm{OLS}} = \frac{\mathrm{Cov}(X_i,\ Y_i)}{\mathrm{Var}(X_i)} = \frac{\mathrm{Cov}(X_i,\ \alpha+\beta X_i+\varepsilon_i)}{\mathrm{Var}(X_i)} = \beta + \frac{\mathrm{Cov}(X_i,\ \varepsilon_i)}{\mathrm{Var}(X_i)} \tag{3.2}$$

（2）内生性产生的原因。

导致内生性问题产生的原因主要分为三类：遗漏变量、测量误差以及联立性问题。

①遗漏变量。

考虑如下线性回归模型：

$$Y_i = \alpha + \beta_1 X_{1i} + \beta_2 X_{2i} + \varepsilon_i \tag{3.3}$$

假定模型（3.3）不存在内生性问题，$\mathrm{Cov}(X_{1i},\ \varepsilon_i)=0$，$\mathrm{Cov}(X_{2i},\ \varepsilon_i)=0$，$\mathrm{Cov}(X_{1i},\ X_{2i})\neq0$ 以及 $\beta_2\neq0$。如果在模型设定的过程中我们遗漏了变量 X_{2i}，将模型设置为：

$$Y_i = \alpha + \beta_1 X_{1i} + \varsigma_i \tag{3.4}$$

其中，新的误差项 $\varsigma_i = \beta_2 X_{2i} + \varepsilon_i$。根据 $\mathrm{Cov}(X_{1i},\ \varepsilon_i)=0$，$\mathrm{Cov}(X_{2i},\ \varepsilon_i)=0$，$\mathrm{Cov}(X_{1i},\ X_{2i})\neq0$ 以及 $\beta_2\neq0$ 的假设，容易得出 $\mathrm{Cov}(X_{1i},\ \varsigma_i)=\beta_2\mathrm{Cov}(X_{1i},\ X_{2i})\neq0$。这表明遗漏变量会导致内生性问题的产生。

②测量误差。

首先介绍被解释变量存在测量误差的情形。令 Y_i 表示存在测量误差的被解释变量，Y_i^* 表示不存在测量误差的被解释变量，它们之间的差值用 e_i 来表示，$e_i = Y_i - Y_i^*$。假定差值 e_i 与解释变量 X_i 不相关，即 $\mathrm{Cov}(X_i,\ e_i)=0$。

在不存在测量误差的情形下，我们估计的是如下线性回归模型：

$$Y_i^* = \alpha + \beta X_i + \varepsilon_i \tag{3.5}$$

假定模型不存在内生性问题，即 $\mathrm{Cov}(X_i,\ \varepsilon_i)=0$。利用 Y_i 替换式（3.5）中的 Y_i^*，可得：

$$Y_i = \alpha + \beta X_i + \varsigma_i \tag{3.6}$$

其中，误差项 $\varsigma_i = e_i + \varepsilon_i$。在上文 $\mathrm{Cov}(X_i,\ e_i)=0$ 和 $\mathrm{Cov}(X_i,\ \varepsilon_i)=0$ 的假定下，可得

$\text{Cov}(X_i, \varsigma_i) = 0$。这意味着如果被解释变量测量误差与解释变量不相关，那么被解释变量测量误差并不会导致内生性问题的产生。

接下来我们介绍解释变量测量误差。令 X_i 表示存在测量误差的解释变量，X_i^* 表示不存在测量误差的解释变量，它们之间的差值用 e_i 来表示，即 $e_i = X_i - X_i^*$。

在不存在测量误差的情形下，我们估计的是如下线性回归模型：

$$Y_i = \alpha + \beta X_i^* + \varepsilon_i \tag{3.7}$$

假定模型不存在内生性问题，即 $\text{Cov}(X_i^*, \varepsilon_i) = 0$。利用 X_i 替换式（3.7）中的 X_i^*，可得：

$$Y_i = \alpha + \beta X_i + \varsigma_i \tag{3.8}$$

其中，误差项 $\varsigma_i = \varepsilon_i - \beta e_i$。在 $\text{Cov}(X_i^*, \varepsilon_i) = 0$ 的假定下，可知 $\text{Cov}(X_i, \varsigma_i) = \text{Cov}(X_i^* + e, \varepsilon_i - \beta e_i) = -\beta \text{Var}(e) \neq 0$，这意味着解释变量如果存在测量误差会导致内生性问题的产生。

③联立性问题。

联立性也会导致解释变量和误差项产生相关性，以某商品的需求—供给模型为例。需求方程和供给方程分别表示为：

$$Q_d = \alpha_d + \beta_d P + \varepsilon_d \tag{3.9}$$
$$Q_s = \alpha_s + \beta_s P + \varepsilon_s \tag{3.10}$$

其中 Q_d 和 Q_s 分别表示商品的需求量和供给量，随机扰动项 ε_d 和 ε_s 分别表示需求冲击和供给冲击。因为供给曲线和需求曲线共同决定了市场上商品的均衡数量和价格，这导致价格 P 和 ε_d 及 ε_s 都存在相关性。为证明这一点，可以通过计算联立方程组式（3.9）和式（3.10）得出市场均衡价格：

$$P = \frac{(\alpha_s - \alpha_d) + (\varepsilon_s - \varepsilon_d)}{(\beta_d - \beta_s)} \tag{3.11}$$

从上式中可以看出，市场均衡价格 P 的表达式中包含了 ε_d 及 ε_s，从而导致均衡价格 P 与 ε_d 和 ε_s 相关，即联立性导致解释变量 P 与误差项相关，内生性问题从而产生。

3.2.3　工具变量法基本原理

要解决回归模型中的内生性问题，需要引入更多的信息来进行无偏估计。工具变量法正是引入一个外生的变量 Z_i 来处理内生性。工具变量 Z_i 能够发挥作用的前提是，以下两个假设条件需要得到满足：

条件 1（工具变量相关性假设）：工具变量 Z_i 必须和"内生"解释变量 X_i 相关，即：

$$\text{Cov}(D_i, Z_i) \neq 0 \tag{3.12}$$

条件 2（工具变量外生性假设）：工具变量 Z_i 必须和随机扰动项 ε_i 无关，即：

$$\text{Cov}(Z_i, \varepsilon_i) = 0 \tag{3.13}$$

这两个条件意味着工具变量 Z_i 仅通过影响"内生"解释变量 X_i 来影响被解释变量 Y_i。在工具变量同时满足相关性和外生性假设的条件下，线性回归模型（3.1）两边同时

计算与 Z_i 的协方差，可得：

$$\text{Cov}(Y_i, Z_i) = \text{Cov}(\alpha, Z_i) + \beta\text{Cov}(X_i, Z_i) + \text{Cov}(\varepsilon_i, Z_i) \tag{3.14}$$

因为工具变量 Z_i 必须和随机扰动项 ε_i 无关，且 Z_i 和常数项 α 的相关系数也为 0。所以我们可以根据式（3.14）整理得到参数 β 的表达式为：

$$\beta = \frac{\text{Cov}(Y_i, Z_i)}{\text{Cov}(X_i, Z_i)} \tag{3.15}$$

故此我们可以对 β 进行无偏估计，相应的样本估计量 $\hat{\beta}$ 可以表示为：

$$\hat{\beta} = \frac{\sum_{i=1}^{n}(Z_i - \bar{Z})(Y_i - \bar{Y})}{\sum_{i=1}^{n}(Z_i - \bar{Z})(X_i - \bar{X})} \tag{3.16}$$

式（3.16）中的 $\hat{\beta}$ 正是工具变量的估计量。

除上述公式证明外，还可以从经济含义上来阐述工具变量的作用原理。工具变量 Z_i 与随机扰动项 ε_i 不相关，与"内生"解释变量 X_i 相关，这两个假设条件意味着工具变量 Z_i 除了通过影响"内生"解释变量 X_i 这一途径来影响被解释变量 Y_i 之外，对于整个回归模型（3.1）是完全外生的。如果工具变量 Z_i 有了增量变化，那么必然会对"内生"解释变量 X_i 产生一个来自模型之外的冲击。如果 X_i 和被解释变量 Y_i 之间真的存在因果关系，那么 Z_i 对 X_i 的冲击也就势必会传导到被解释变量 Y_i。这样只要 Z_i 对 Y_i 的间接冲击能够在统计上证明是显著的，那么我们就可以推断 X_i 对 Y_i 必然有因果关系，推导出 X_i 和 Y_i 之间的真实关系大小 β。

理解式（3.15）工具变量估计量的另一个视角是将其做如下等价变换：

$$\beta = \frac{\text{Cov}(Y_i, Z_i)}{\text{Cov}(X_i, Z_i)} = \frac{\text{Cov}(Y_i, Z_i)/\text{Var}(Z_i)}{\text{Cov}(X_i, Z_i)/\text{Var}(Z_i)} \tag{3.17}$$

式（3.17）能够让我们从回归的角度思考工具变量估计量。其中，分子 $\dfrac{\text{Cov}(Y_i, Z_i)}{\text{Var}(Z_i)}$ 表示 Y_i 对 Z_i 的回归系数，将 Y_i 对 Z_i 的回归方程表示为：

$$Y_i = \gamma_0 + \gamma_1 Z_i + \varsigma_i \tag{3.18}$$

分母 $\dfrac{\text{Cov}(X_i, Z_i)}{\text{Var}(Z_i)}$ 表示 X_i 对 Z_i 的回归系数，将 X_i 对 Z_i 的回归方程表示为：

$$X_i = \delta_0 + \delta_1 Z_i + \omega_i \tag{3.19}$$

因此，工具变量估计量就是 Y_i 对 Z_i 的回归系数 $\dfrac{\text{Cov}(Y_i, Z_i)}{\text{Var}(Z_i)}$ 和 X_i 对 Z_i 的回归系数 $\dfrac{\text{Cov}(X_i, Z_i)}{\text{Var}(Z_i)}$ 的比值。

3.2.4　两阶段最小二乘法

两阶段最小二乘法（Two Stage Least Square，2SLS）是采用工具变量解决内生性问题得到解释变量无偏估计的一种常用方法。顾名思义，两阶段最小二乘回归需要分两个阶段进行。

在第一阶段，将内生变量 X_i 对工具变量 Z_i 进行回归，如式（3.20）所示：

$$X_i = \pi_{10} + \pi_{11} Z_i + \xi_i \tag{3.20}$$

其中，OLS 估计系数 π_{10}、π_{11} 下标第一个数值"1"表示第一阶段回归，ξ_i 为回归误差项，$\hat{X}_i$ 是工具变量 Z_i 对内生变量 X_i 回归的估计值，它等于 $\pi_{10} + \pi_{11} Z_i$。

将第一阶段回归模型式（3.20）代入线性回归模型式（3.1），有：

$$Y_i = \alpha + \beta X_i + \varepsilon_i = \alpha + \beta(\hat{X}_i + \xi_i) + \varepsilon_i = \alpha + \beta\hat{X}_i + \tau\xi_i + \varepsilon_i = \alpha + \beta\hat{X}_i + \varsigma_i \tag{3.21}$$

其中 $\varsigma_i = \beta\xi_i + \varepsilon_i$。容易证明，式（3.21）中 X_i 的估计值 $\hat{X}_i$ 与误差项 ς_i 不相关：

$$\mathrm{Cov}(\hat{X}_i, \varsigma_i) = \mathrm{Cov}(\hat{X}_i, \beta\xi_i + \varepsilon_i) = \beta\mathrm{Cov}(\hat{X}_i, \xi_i) + \mathrm{Cov}(\hat{X}_i, \varepsilon_i) = 0 \tag{3.22}$$

$\mathrm{Cov}(\hat{X}_i, \xi_i) = 0$ 是因为 ξ_i 是回归模型（3.20）中的回归误差项，它和 Z_i 不相关。$\mathrm{Cov}(\hat{X}_i, \varepsilon_i) = 0$ 是因为工具变量 Z_i 满足外生性假定，即 $\mathrm{Cov}(Z_i, \varepsilon_i) = 0$。

在得到第一阶段估计值 $\hat{X}_i$ 后，我们将被解释变量 Y_i 对 $\hat{X}_i$ 进行回归得到两阶段最小二乘回归的第二阶段方程：

$$Y_i = \pi_{20} + \pi_{21}\hat{X}_i + \eta_i \tag{3.23}$$

那么根据总体回归函数的性质，OLS 回归系数 π_{21} 就是估计量 β：

$$\pi_{21} = \beta \tag{3.24}$$

式（3.23）中回归系数 π_{20}、π_{21} 的下标第一个数值"2"表示第二阶段回归，η_i 代表回归误差项。

从上述介绍可以看出，2SLS 的第一阶段回归，是利用工具变量 Z_i 将内生变量 X_i 的信息分成两部分：与误差项 ε_i 不相关且不存在内生性问题的估计值 $\hat{X}_i$，以及与误差项 ε_i 相关且存在内生性问题的回归误差项 ξ_i；第二阶段回归只利用外生性的部分 $\hat{X}_i$，对被解释变量 Y_i 进行回归，从而解决内生性问题，得到相应的无偏估计量。

其实 2SLS 方法在本质上与式（3.17）是一样的。对此，不妨重新整理式（3.21），可得：

$$Y = \alpha + \beta X_i + \varepsilon_i = \alpha + \beta(\pi_{10} + \pi_{11} Z_i + \xi_i) + \varepsilon_i = (\alpha + \beta\pi_{10}) + \beta\pi_{11} Z_i + (\beta\xi_i + \varepsilon_i)$$

$$\tag{3.25}$$

由于工具变量 Z_i 和 $\beta\xi_i + \varepsilon_i$ 不相关，因此将被解释变量 Y_i（即可观测结果）对工具变量 Z_i 进行回归：

$$Y_i = \gamma_0 + \gamma_1 Z_i + \omega_i \tag{3.26}$$

那么回归系数为：

$$\gamma_1 = \beta\pi_{11} \tag{3.27}$$

进行恒等变形有：

$$\beta = \frac{\gamma_1}{\pi_{11}} \equiv \frac{\mathrm{Cov}(Y_i, Z_i)/\mathrm{Var}(Z_i)}{\mathrm{Cov}(X_i, Z_i)/\mathrm{Var}(Z_i)} \tag{3.28}$$

3.2.5　瓦尔德估计量

当工具变量 Z_i 是虚拟变量时，工具变量估计量式（3.17）则可以表示为：

$$\beta = \frac{E(Y_i \mid Z_i = 1) - E(Y_i \mid Z_i = 0)}{E(X_i \mid Z_i = 1) - E(X_i \mid Z_i = 0)} \tag{3.29}$$

此时的估计量 β 被称为瓦尔德估计量（Wald estimator）。瓦尔德估计量能够直观地呈现工具变量识别因果效应的逻辑过程。估计量 β 等于工具变量引起的被解释变量变化 $[E(Y_i \mid Z_i = 1) - E(Y_i \mid Z_i = 0)]$ 除以工具变量引起的 "内生" 解释变量变化 $[E(X_i \mid Z_i = 1) - E(X_i \mid Z_i = 0)]$。下面对式（3.29）给出具体的证明过程。

首先来看工具变量估计量式（3.17）的分子 $\mathrm{Cov}(Y_i, Z_i)$，当工具变量 Z_i 为虚拟变量时，对其进行展开有：

$$
\begin{aligned}
\mathrm{Cov}(Y_i, Z_i) &= E(Y_i Z_i) - E(Y_i) E(Z_i) \\
&= E[E(Y_i Z_i \mid Z_i)] - E[E(Y_i \mid Z_i)] E(Z_i) \\
&= E(Y_i \mid Z_i = 1) \mathrm{Pr}(Z_i = 1) \\
&\quad - [E(Y_i \mid Z_i = 1) \mathrm{Pr}(Z_i = 1) - E(Y_i \mid Z_i = 0) \mathrm{Pr}(Z_i = 0)] \mathrm{Pr}(Z_i = 1) \\
&= [E(Y_i \mid Z_i = 1) - E(Y_i \mid Z_i = 0)] \mathrm{Pr}(Z_i = 0) \mathrm{Pr}(Z_i = 1)
\end{aligned} \tag{3.30}
$$

同样地，对式（3.17）的分母 $\mathrm{Cov}(X_i, Z_i)$ 也进行类似的展开，有：

$$\mathrm{Cov}(X_i, Z_i) = [E(X_i \mid Z_i = 1) - E(X_i \mid Z_i = 0)] \mathrm{Pr}(Z_i = 0) \mathrm{Pr}(Z_i = 1) \tag{3.31}$$

因此，基于式（3.30）和式（3.31）的结果，工具变量估计量式（3.17）可以表示为：

$$\beta = \frac{\mathrm{Cov}(Y_i, Z_i)}{\mathrm{Cov}(X_i, Z_i)} = \frac{E(Y_i \mid Z_i = 1) - E(Y_i \mid Z_i = 0)}{E(X_i \mid Z_i = 1) - E(X_i \mid Z_i = 0)} \tag{3.32}$$

3.2.6　影响工具变量有效性的问题及其检验

本小节介绍影响工具变量有效性的两个问题："弱工具变量" 及 "过度识别"。这两个问题会对工具变量的相关性和外生性这两个假设带来挑战。在具体使用工具变量方法的过程中，我们可以采用一些方法来进行检验，判断工具变量是否真的存在 "弱工具变量" 或 "过度识别" 问题。下面我们分别对这两个问题及对应的检验方法进行说明。

（1）"弱工具变量" 问题及其检验。

① "弱工具变量" 问题。

当工具变量 Z_i 和内生解释变量 X_i 之间存在微弱的相关性时，那么就会出现所谓的 "弱工具变量" 的问题。"弱工具变量" 会导致工具变量估计值 β_{IV} 的方差剧增，从而使得估计精度大幅度下降。此外，即使在工具变量与误差项只存在很小相关性的情形下，弱工具变量问题也会导致工具变量的估计结果大幅度偏离真实值。

我们以工具变量 Z_i 的取值为虚拟变量为例对 "弱工具变量" 问题进行阐述。假设有一个容量为 n 的样本，其样本工具变量的估计值 $\hat{\beta}_{IV}$ 可以表示为：

$$\hat{\beta}_{IV} = \frac{\sum_{i=1}^{n} (Y_i - \bar{Y})(Z_i - \bar{Z})}{\sum_{i=1}^{n} (X_i - \bar{X})(Z_i - \bar{Z})} = \frac{\sum_{i=1}^{n} (\beta X_i + \mu_i - \beta \bar{X})(Z_i - \bar{Z})}{\sum_{i=1}^{n} (X_i - \bar{X})(Z_i - \bar{Z})} = \beta + \frac{\sum_{i=1}^{n} \mu_i (Z_i - \bar{Z})}{\sum_{i=1}^{n} (X_i - \bar{X})(Z_i - \bar{Z})}$$

$$\tag{3.33}$$

基于式（3.33），工具变量估计值 $\hat{\beta}_{IV}$ 的方差可以表示为：

$$
\begin{aligned}
\mathrm{Var}(\hat{\beta}_{IV}) &= \mathrm{Var}\left[\beta + \frac{\sum_{i=1}^{n}\mu_i(Z_i-\bar{Z})}{\sum_{i=1}^{n}(X_i-\bar{X})(Z_i-\bar{Z})}\right] \\
&= \frac{1}{\left[\sum_{i=1}^{n}(X_i-\bar{X})(Z_i-\bar{Z})\right]^2}\mathrm{Var}\left[\sum_{i=1}^{n}\mu_i(Z_i-\bar{Z})\right]
\end{aligned}
\tag{3.34}
$$

通过式（3.34）可以看出，工具变量估计量的方差 $\mathrm{Var}(\hat{\beta}_{IV})$ 与 Z_i 和 X_i 的样本协方差 $\sum_{i=1}^{n}(X_i-\bar{X})(Z_i-\bar{Z})$ 负相关。这意味着如果 Z_i 和 X_i 的相关性很小，则 $\hat{\beta}_{IV}$ 的方差就很大。直观上，这可以理解为，如果工具变量与内生变量的相关性很小，那么工具变量能够捕捉的内生变量的外生变化就很小，从而就很难从观测结果 Y_i 的众多变化中精确识别出内生变量的外生变化所引起的因果效应，从而回归得到的估计值的方差也会很大。

值得强调的是，当工具变量 Z_i 的外生性不满足时，即 Z_i 和 ε_i 存在相关性时，"弱工具变量"问题会导致更为严重的后果。它不仅使工具变量估计值的精度下降，还会导致估计结果出现偏误，这一估计偏差甚至比采用 OLS 回归完全不处理内生性问题所得到的回归系数还要大。为证明这一点，再次计算 Z_i 和 Y_i 的协方差：

$$
\begin{aligned}
\mathrm{Cov}(Y_i,\,Z_i) &= \mathrm{Cov}(\alpha+\beta X_i+\varepsilon_i,\,Z_i) \\
&= \mathrm{Cov}(\alpha,\,Z_i)+\beta\mathrm{Cov}(X_i,\,Z_i)+\mathrm{Cov}(\varepsilon_i,\,Z_i) \\
&= \beta\mathrm{Cov}(X_i,\,Z_i)+\mathrm{Cov}(\varepsilon_i,\,Z_i)
\end{aligned}
\tag{3.35}
$$

进一步整理有：

$$
\frac{\mathrm{Cov}(Y_i,\,Z_i)}{\mathrm{Cov}(X_i,\,Z_i)}=\beta+\frac{\mathrm{Cov}(\varepsilon_i,\,Z_i)}{\mathrm{Cov}(X_i,\,Z_i)}
\tag{3.36}
$$

等式（3.36）的左边为工具变量估计值，它等于真实估计量 β 与估计偏差 $\dfrac{\mathrm{Cov}(\varepsilon_i,\,Z_i)}{\mathrm{Cov}(X_i,\,Z_i)}$ 两者的加总。由此可见，当 $\mathrm{Cov}(\varepsilon_i,\,Z_i)\neq0$ 且 $\mathrm{Cov}(X_i,\,Z_i)$ 趋近于 0 时，工具变量估计量的估计偏差会趋近于无穷大。

与前述类似，通过计算 X_i 和 Y_i 的协方差，能够推导出 OLS 估计系数 β_{OLS}：

$$
\beta_{\mathrm{OLS}}=\frac{\mathrm{Cov}(Y_i,\,X_i)}{\mathrm{Var}(X_i)}=\beta+\frac{\mathrm{Cov}(\varepsilon_i,\,X_i)}{\mathrm{Var}(X_i)}
\tag{3.37}
$$

比较式（3.36）和式（3.37）可知，如果 $\left|\dfrac{\mathrm{Cov}(\varepsilon_i,\,Z_i)}{\mathrm{Cov}(X_i,\,Z_i)}\right|>\left|\dfrac{\mathrm{Cov}(\varepsilon_i,\,X_i)}{\mathrm{Var}(X_i)}\right|$，那么工具变量估计量会比最小二乘估计量存在更大的偏误。

②检验"弱工具变量"。

我们可以通过检验工具变量 Z_i 和内生变量 X_i 之间是否存在显著相关性来判断是否存在"弱工具变量"问题。在实际运用中，具体表现为对 2SLS 的第一阶段回归系数 π_{11} 进行 F 检验：

$$
X_i=\pi_{10}+\pi_{11}Z_i+\varepsilon_{1i}
\tag{3.38}
$$

检验的原假设为 H_0：$\pi_{11} = 0$，备择假设为 H_1：$\pi_{11} \neq 0$。使用 F 统计量检验回归系数 $\hat{\pi}_{11}$ 是否显著不等于 0。在实际运用过程中，判断不存在"弱工具变量"问题的一个经验法则是：如果 F 统计量大于 10，则认为不存在"弱工具变量"问题。

（2）"过度识别"检验。

在上文中我们提到工具变量的外生性假设无法进行统计检验，这主要是针对内生变量个数和工具变量个数相等（模型恰好识别）的情形。而在工具变量个数大于内生变量个数，即过度识别的情形下，则可以对工具变量的外生性假设进行检验。这一针对工具变量外生性假设的检验又被称为过度识别检验。它的基本原理是：如果工具变量是外生有效的，那么利用任何一个工具变量所估计出来的参数都是真实参数的一致估计量，从而在统计上不应该存在显著的差异；若存在显著差异则说明存在工具变量不满足外生性假设。

以一个具体的例子来进行说明。假设内生解释变量 X_i 有两个工具变量 Z_{1i} 和 Z_{2i}，此时工具变量个数大于内生变量个数，我们可以进行过度识别检验来判断工具变量的外生性假定是否得到满足。分别利用这两个工具变量估计出两个不一样的 2SLS 估计量。如果工具变量 Z_{1i} 和 Z_{2i} 都是外生有效的，那么估计量应该会比较接近，但如果两个估计量差别很大，则说明其中至少有一个工具变量存在问题，不满足外生性假设。过度识别检验暗含了这种比较的思想，它的原假设是所有工具变量都是外生的。在工具变量外生的假定下，除了抽样误差外，2SLS 的残差应该与工具变量不相关，即 2SLS 残差在对工具变量的回归中，工具变量的系数应该都不显著，接近于 0。这个假设可以通过 J 统计量进行检验。

J 统计量检验步骤：

第一，假设有两个工具变量 Z_{1i} 和 Z_{2i}，利用两阶段最小二乘方法（2SLS）估计方程 $Y_i = \alpha + \beta X_i + \varepsilon_i$，得到相应的 2SLS 回归残差 $\hat{\varepsilon}_i$。

第二，利用普通最小二乘法（OLS）进行如下回归：

$$\hat{\varepsilon}_i = \delta_0 + \delta_1 Z_{1i} + \delta_2 Z_{2i} + e_i \tag{3.39}$$

令假设检验 $\delta_1 = \delta_2 = 0$ 的同方差适用 F 统计量，则过度识别约束检验适用的统计量为 $J = mF$。J 服从 χ^2_{m-k} 分布，其中 $m - k$ 表示"过度识别度"，是工具变量个数减去内生变量个数的差值。在有一个内生变量和两个工具变量的例子中，$m - k = 1$。如果 J 统计量超过了 χ^2_{m-k} 分布中 10% 的临界值，我们就拒绝所有工具变量都是外生的原假设，并得出至少有一个工具变量不满足外生性假设的结论。

3.3　工具变量法的应用

本节将以空气污染对中国城市房价的影响为例，具体阐述工具变量法的应用。空气污染被普遍认为会影响人类健康以及国家的经济发展。本案例使用 2005～2013 年中国 286 个地级及以上城市的数据，考察空气污染对房价的影响。为处理空气污染（以 PM2.5 浓度来表示）的内生性问题，我们采用空气通风动力系数作为 PM2.5 浓度的工具变量。研究结果表明，PM2.5 浓度每增加 10% 会导致当地房价下降 2.4%。进一步的机制分析表明，空气污染通过阻碍城市化进程、限制人力资本的积累以及改变居民家庭对房价的预期这三个渠道来影响城市的房价。

3.3.1　数据来源与计量模型设定

（1）数据来源。

本书实证研究中所使用的数据主要基于 2005～2013 年全国 286 个地级及以上城市的宏观加总数据。区别于绝大多数文献所采用的净化硫（SO_2）、一氧化碳（CO）、总悬浮颗粒（TSP）、空气污染物（API）以及粒径在 10 微米以下的可吸入颗粒物（PM10）等常规空气污染物，本书选取社会各界最为关注的空气污染元凶 PM2.5，以地级市层面的 PM2.5 浓度来代表该城市的空气污染水平。空气中 PM2.5 的排放主要源于化石能源的燃烧，比如汽车尾气和煤电厂，它是衡量空气污染程度的一个常用指标。具体而言，本节使用的 PM2.5 浓度数据来自相关学者（Ma et al.，2016）的研究，目前该数据已被运用于空气污染的相关研究中（陈诗一和陈登科，2018）。该数据为 0.1°×0.1° 经纬度的卫星栅格数据，它通过将卫星监测数据（气溶胶光学厚度，AOD）与地面监测站数据相结合，采用两阶段空间统计学模型测算得出。尽管卫星数据监测过程会受到气象因素的影响，导致其准确程度可能略低于地面实际监测数据，但 PM2.5 浓度即使在同一座城市也会存在空间分布上的差异，因此地面监测数据只能基于点源数据对某个地区的 PM2.5 浓度提供以点代面的粗略反映，而难以对该地区整体 PM2.5 浓度予以准确度量。相反，作为全球大气化学模拟模型构建的基准和大气污染清单编制的依据，卫星监测数据属于面源数据，能够全貌性地对一个地区的 PM2.5 浓度及其变化趋势予以更为准确的反映，因而能够胜任大气污染问题的研究工作（邵帅等，2016）。进一步地，我们利用 ArcGIS 软件将这一栅格数据解析到地级市层面，得到全国 286 个地级及以上城市的 PM2.5 浓度数据。由于中国政府从 2013 年才开始公布和检测全国 74 座大中城市的 PM2.5 浓度，陈诗一和陈登科（2018）将这一数据和官方公布的 2013 年数据进行了比较，发现这两者的数值呈现出显著的正相关关系，且大多数城市这两者的数值接近，证明了本节所使用 PM2.5 浓度这一数据的可靠性。统计发现，PM2.5 浓度在中国各个城市之间存在较大差异。京津冀地区是全国空气污染最为严重的区域，这与该区域钢铁产量占全球 40%～50%，每年煤炭消耗量超过 10 亿吨的事实密切相关。三亚和呼伦贝尔是全国空气污染最小的城市，PM2.5 年均浓度只有 20 微克/立方米，大约是全国平均浓度（67 微克/立方米）的 1/3。

至于房价数据，我们从环亚经济数据有限公司（CEIC）提供的中国地价数据库中获得。这一数据库包含全国各个城市新建商品房的平均销售价格。商品房销售在我国住房交易中占据主导地位（超过 70%），所以采用商品房价格作为所在城市的房价表征是可靠的（Zhen et al.，2014）。由于未能获得可靠的二手房交易数据，所以我们采用新建商品住宅的价格作为城市房价的代理变量。所有商品房平均价格以 2000 年为不变价，以各个城市的消费者价格指数进行了平减。统计发现，房价在不同城市之间呈现出较大的异质性。以

2013 年为例，东部地区的房价（平均值为 6 386 元/平方米）是西部地区（平均值为 744 元/平方米）的 1.7 倍。四大直辖市（北京、上海、天津、重庆）的房价比数据中房价最低的城市高出 10 倍以上。

为了尽可能地减缓遗漏变量导致的内生性问题，我们也需要对地级市层面可能对 PM2.5 浓度和房价产生影响的变量进行控制，这些变量包括人均工资、人口密度、城市工业结构以及公共服务水平。这些变量均来自 2005 ～ 2013 年由国家统计局出版的《中国城市统计年鉴》。

此外，为了应对由于遗漏变量、测量误差和互为因果等原因造成的内生性问题，我们构建了空气通风动力系数作为 PM2.5 浓度的工具变量（后文会更具体地讨论这一工具变量）。在构建空气通风动力系数指标的过程中我们利用到了风速（wind speed）和大气边界层高度（boundary layer height），这两个变量的相关信息均来自欧洲中期天气预报中心（ECMWF）所发布的 0.1° × 0.1°经纬度栅格气象数据。表 3 - 1 是相关变量的定义和描述性统计。

表 3 - 1　　　　　　　　　　　变量定义与描述性统计

变量名称	度量指标说明	单位	样本	均值	中位数	最小值	最大值	标准差
HPrice	新建房屋均价	元/平方米	2 529	3 183	2 662	643	23 000	2 258
PM	空气中 PM2.5 浓度	微克/立方米	2 556	64.81	62.13	15.99	125.3	21.76
Wage	城市人均年收入	元	2 572	18 000	17 000	5 058	51 000	5 877
Pop_dens	城市人口密度	万人/平方公里	2 573	0.098	0.073	0.001	1.405	0.096
GDPratio2	第二产业占 GDP 比重		2 573	0.497	0.502	0.09	0.910	0.112
GDPratio3	服务业占 GDP 比重		2 572	0.359	0.351	0.086	0.768	0.087
Doctor	城市医生数量	百万人	2 573	0.008	0.006	0	0.086	0.008
Teacher	城市老师数量	百万人	2 519	0.040	0.032	0.002	0.428	0.036
Book	城市图书馆藏书量	十亿本	2 573	0.002	0.001	0	0.137	0.006
Internet	网民数量	百万人	2 572	0.492	0.221	0	51.74	1.366
VC	空气动力系数	无	2 073	25.35	24.31	1.110	71.39	10.90
Human_capital	平均受教育年限	年	2 469	9.799	9.655	6.781	13.79	1.204
Urbanization_rate	城市化率		2 528	0.351	0.296	0.076	0.876	0.191
HPI ratio	新建住房均价与城市人均年收入之比		2 510	0.107	0.099	0.024	0.518	0.043

（2）计量模型设定。

近年来，中国房价出现了大幅上涨，同时空气污染也变得愈发严重。2005 ～ 2013 年，中国各地房价平均上涨了两倍。与此同时，大气污染则日益成为大众关注的重要问题。作为雾霾的元凶，PM2.5浓度在此期间不断攀升。由亚洲发展银行和清华大学联合公布的报告——《迈向环境可持续的未来中华人民共和国国家环境分析》显示，世界上污染最严重的10个城市中，中国占据了7席，不到1%的中国城市符合世界卫生组织（WHO）所制定的空气质量标准。已有研究表明，长期生活在严重的空气污染环境下，特别是细颗粒物PM2.5会导致一些重大疾病（比如心脏病和哮喘）的发生，从而大幅降低生活质量。这预示着空气污染严重的城市房价会下降，换句话说，空气污染会降低房地产价格（Gyourko and Tracy，1991；Rosen，2002；Zheng et al.，2014）。这自然引起了一些疑问——在中国，空气污染对房地产价格的负面影响是否普遍存在？该种影响有多大？图3-1表明空气污染（以PM2.5浓度来表示）和城市房价之间的确存在负向关系，但是由于内生性问题的存在两者的相关性较弱。本节后续部分会在考虑内生性问题的基础上，更深入地探讨PM2.5浓度和城市房价的因果关系。

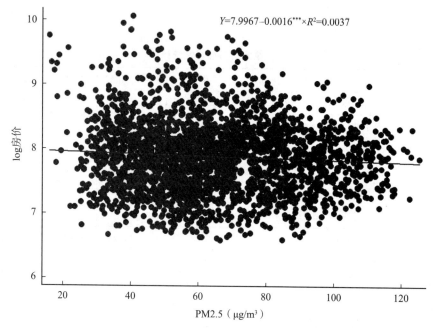

图3-1　中国不同城市PM2.5浓度和房地产价格

注：图3-1中计量方程式系数右上角的 *** 表示系数在1%的水平下显著。

本节利用中国2005～2013年286个地级及以上城市的宏观数据来检验空气污染是否会对房价造成负面影响，并测算影响程度大小。基于此目标，我们所采用的计量模型如下：

$$\ln HP_{i,t} = \beta_0 + \beta_1 \ln PM_{i,t} + X_{i,t}\theta + \gamma_t + \eta_m + \varepsilon_{i,t} \tag{3.40}$$

i 与 t 分别表示对应的地级及以上城市和年份。$\ln HP$ 代表新建商品房平均价格的对数。$\ln PM$ 代表地级市PM2.5浓度的对数。β_1 度量了空气污染对房价的平均影响程度。除了空气污染之外，还有很多因素会影响一座城市的房价。因此我们在地级市层面对这些变量进行控制（由 $X_{i,t}$ 表示），以此来减缓由于遗漏变量所造成的内生性问题。这些变量包括城市人均工资、人口密度、产业结构（以第二产业 GDP 占比和第三产业 GDP 占比来表示）和公共服务。一个城市的公共服务水平决定了居民的居住生活水平，对房价也会产生影响。因此我们加入了所在城市老师数量、医生数量、图书馆藏书数量及网民数量来衡量城市的公共服务水平。所有的控制变量均取对数。

地区固定效应（η_m）捕捉了省级层面随时间变化的不可观测信息，包括气候与自然禀赋等。年份固定效应（γ_t）捕捉了每年国家层面对房价的冲击，比如经济危机。误差项（$\varepsilon_{i,t}$）为随机扰动项，捕捉了地级市层面，随时间变化的不可观测信息。

（3）内生性与工具变量。

有效识别模型（3.40）依赖于空气污染变量与误差项独立的假设是否得到满足。虽然我们尽可能地控制了可能会对空气污染和房价同时产生影响的其他变量，但依然存在如下两个因果识别问题，使独立性假设得不到满足，最终导致估计结果存在偏差。首先，空气污染和房价之间可能互为因果，这会对 β_1 的估计造成或正向或负向的偏误。经济发展迅速的城市房价也普遍高于其他城市，同时这些城市也会有更多的工业活动以及更高的人均汽车拥有量（Zheng et al.，2014）。在此情况下，这类繁荣发展、高房价的城市会面临更为严重的空气污染问题，比如北京和上海。其次，误差项 $\varepsilon_{i,t}$ 中包含的一些遗漏变量可能同时与空气污染和房价相关，例如环境规制。经济越发达的城市房价一般也越高，居民对清洁的空气和舒适的居住环境也会有更强烈的渴望。因此，政府更有可能在这些城市制定严格的环境法规。如果这些环境法规能够有效地降低城市 PM2.5 浓度，那么在其他条件都相同的情况下，仅仅由于实施了环境规制，经济越发达的城市其 PM2.5 浓度也会越低，这就出现了内生性问题（Selden and Song，1995；Zheng et al.，2014），最终会导致我们高估空气污染对房价的作用。

为核心解释变量空气污染寻找恰当的工具变量，是缓解上述内生性问题行之有效的方法，所寻找的工具变量需与内生变量（PM2.5 浓度）高度相关，而又不直接影响被解释变量（城市房价）。与陈诗一和陈登科（2018）的做法类似，考虑到空气污染普遍呈现空间扩散的特性，我们在欧洲中期天气预报中心（ECMWF）所发布的 ERA – Interim 栅格气象数据的基础上，结合大气数量模型构建了中国地级市层面空气流动性指标变量——空气通风动力系数，并将其作为空气污染的工具变量。空气通风动力系数测量了污染物扩散至大气层时的速度。正如阿里亚（Arya，1999）所指出的，空气污染浓度受到空气通风动力系数的负向影响，空气通风动力系数越大代表空气的流动性越强，从而留存在本城市空气中的污染物浓度也就越低，即空气通风动力系数和核心解释变量——PM2.5 浓度存在负相关关系，满足有效工具变量的相关性假定。与此同时，空气通风动力系数受风速和大气边界层高度共同影响，而无论是风速还是大气边界层高度均由复杂的气象系统和地理条件决定，从而很好地满足了有效工具变量的外生性假定（Broner et al.，2012）。此外，空气通风动力系数在截面和时间两个维度上均存在变化，尤其是城市的截面维度，从而有助于在城市层面上识别空气通风动力系数对空气污染的影响。

与布罗内尔等（Broner et al.，2012）与赫林和波嫩特（Hering and Poncent，2014）的研究相似，我们采用以下公式来构建空气通风动力系数：

$$VC_{it} = WS_{it} \times BLH_{it} \tag{3.41}$$

式（3.41）中的 VC_{it} 代表了城市 i 在年份 t 时期的空气通风动力系数。WS 和 BLH 分别代表风速和大气边界层高度，它们分别影响污染物在水平方向和垂直方向的扩散程度。我们从欧洲中期天气预报中心（ECMWF）获得了风速和大气边界层高度的数据。该数据为 $0.1° \times 0.1°$ 经纬栅格数据，本书进一步利用 ArcGIS 软件将此栅格数据解析为 2005~2013 年中 286 个地级及以上城市的数据。最后，将基于式（3.41）计算得到的空气通风动力系数根据其样本最小值进行标准化处理。

在选定空气通风动力系数作为 PM2.5 浓度的工具变量后，我们采用以下公式作为二阶段最小二乘（2SLS）的第一阶段模型：

$$\ln PM_{i,t} = \alpha_0 + \alpha_1 VC_{it} + X_{i,t}\theta + \gamma_t + \eta_m + \varepsilon_{i,t} \tag{3.42}$$

与其他工具变量回归的模型相一致，除空气通风动力系数（VC_{it}）之外，我们在模型（3.42）中还加入了和模型（3.40）一样的控制变量（$X_{i,t}$）。γ_t 代表时间固定效应，η_m 代表省份固定效应，$\varepsilon_{i,t}$ 是误差项。

3.3.2　主要回归结果

（1）最小二乘法估计结果。

表 3-2 呈现了模型（3.40）所对应的最小二乘法所估计的结果。我们在第（1）列中仅加入了 PM2.5 浓度对数这一变量。结果表明，更高的 PM2.5 浓度会导致所在城市的房价下降，这一结果在 1% 的统计显著性水平下显著。平均而言，PM2.5 浓度每增加 10% 会导致当地房价下降 1.12%。我们在第（2）列又加入了城市人均工资（代表家庭的购买能力）、人口密度以及城市的产业结构（由第二产业占 GDP 的比重和第三产业占 GDP 的比重表示）。可以发现 PM2.5 浓度仍然对房价有显著的负向作用，但是系数比第（1）列中稍低。此外，地级市的人均工资越高，购买力会越强，房价也就越贵。城市的人口密度越大意味着一个城市有更多的人口，但相对更少的土地。因此人口密度更大的城市房价通常也会越高。相应的回归结果显示人口密度的系数是 0.5364，这与我们的预期相符。第二产业占 GDP 比重和第三产业占 GDP 比重代表了一个城市的发展水平和工业化程度。我们的回归结果显示，它们均对房价有显著的正向影响。第三产业占比的系数（2.3871）高于第二产业占比的系数（0.8478），这意味着以第三产业服务业为主的城市比以传统第二产业工业为主的城市，具有更高的房价。以上回归的所有系数均在 1% 的统计显著性水平下显著。一个城市的公共服务水平决定了居民的生活居住水平，预期它也会对城市房价产生影响。因此我们在第（3）列额外加入了一些代表城市公共服务水平的变量，包括教师数量、医生数量、图书馆藏书量以及网民数量。回归结果表明以上四个变量对应的系数均为正（虽然只有医生数量和网民数量在统计上显著），这表明城市公共服务的提升也会对房价产生正向推动作用。第（4）列中，我们加入了省份固定效应和年份固定效应，结果依然稳健，即空气污染对城市房价有显著的负向影响。

表 3 - 2   PM2.5 浓度对房价的影响

变量	(1)	(2)	(3)	(4)
	$\ln HP$	$\ln HP$	$\ln HP$	$\ln HP$
$\ln PM$	-0.1117*** (0.0277)	-0.0612*** (0.0177)	-0.1217*** (0.0183)	-0.1085*** (0.0245)
$\ln Wage$		0.9034*** (0.0225)	0.8311*** (0.0233)	0.4930*** (0.0316)
Pop_dens		0.5364*** (0.0659)	0.3386*** (0.0671)	0.1226** (0.0585)
$GDPratio2$		0.8478*** (0.0836)	0.9056*** (0.0842)	1.1847*** (0.0791)
$GDPratio3$		2.3871*** (0.1066)	1.9920*** (0.1125)	2.0358*** (0.1044)
$Doctor$			7.3804*** (1.9468)	12.9889*** (1.5933)
$Teacher$			0.3765 (0.4172)	0.1586 (0.3653)
$Book$			1.3696 (1.3540)	7.1734*** (1.2583)
$Internet$			0.0169*** (0.0053)	0.0127*** (0.0042)
常数项	7.9113*** (0.1142)	-2.4288*** (0.1997)	-1.4167*** (0.2204)	1.1717*** (0.2921)
时间固定效应	N	N	N	Y
省份固定效应	N	N	N	Y
观测值	2 512	2 484	2 398	2 398
调整 R^2	0.0065	0.6698	0.6923	0.8457

注：***、** 和 * 分别表示在 1%、5% 和 10% 的显著性水平下显著，括号内的数字为标准差。

（2）两阶段最小二乘法估计结果。

正确识别式（3.40）中感兴趣的系数所需的关键假设是在给定模型所有协变量的条件下，PM2.5 浓度与误差项 $\varepsilon_{i,t}$ 不相关。但由于"（3）内生性与工具变量"部分所提及的互为因果与遗漏变量问题，采用最小二乘法所估计出来的结果会高估或者低估空气污染对房价的影响，对于这种内生性问题，通过在回归模型中添加控制变量并不能够得到有效解决。为了处理被解释变量和核心解释变量之间互为因果的问题，我们把式（3.40）中的

PM2.5 浓度替换为滞后一期的 PM2.5 浓度（$L. \ln PM$）。在这种情况下，未来的房价显然不会对当下的 PM2.5 浓度造成影响，即反向因果问题得到解决。表 3-3 中的第（1）列回归结果表明，PM2.5 浓度仍然对房价有显著的负向影响。但是将滞后一期 PM2.5 浓度代入回归方程的方法却不能够解决遗漏变量的问题。因此我们进一步将空气通风动力系数作为 PM2.5 浓度的工具变量，进行两阶段最小二乘回归（2SLS）。表 3-3 的第（2）列展示了工具变量回归第一阶段的结果。与我们的预期相符，更大的空气通风动力系数会使得所在城市的 PM2.5 浓度降低。由于第一阶段回归中 F 值达到 93.25，远大于 10，所以我们认为空气通风动力系数这一工具变量和内生解释变量城市的 PM2.5 浓度有很强的相关性，满足工具变量相关性的假定，从而可以排除弱工具变量的问题。

表 3-3　　　　　　　　　　空气污染对房价的影响（考虑内生性问题）

变量	（1） $\ln HP$	（2） $\ln PM$	（3） $\ln HP$
$L. \ln PM$	-0.1020 *** (0.0261)		
VC		-0.0033 *** (0.0006)	
$\ln PM$			-0.2416 * (0.1325)
$\ln Wage$	0.5236 *** (0.0341)	0.1079 *** (0.0307)	0.0138 (0.0343)
Pop_dens	0.1454 ** (0.0669)	0.3483 *** (0.0525)	-0.0050 (0.0586)
$GDPratio2$	1.1215 *** (0.0857)	-0.4375 *** (0.0792)	1.3439 *** (0.1589)
$GDPratio3$	2.0590 *** (0.1135)	-0.5621 *** (0.0993)	1.1577 *** (0.1875)
$Doctor$	12.6509 *** (1.6292)	0.5083 (1.3473)	-1.2076 (1.2793)
$Teacher$	-0.1943 (0.3848)	0.7581 ** (0.3174)	-2.7449 *** (0.9359)
$Book$	7.1331 *** (1.2551)	2.8810 (2.3214)	-1.0505 (2.5032)
$Internet$	0.0130 *** (0.0042)	-0.0012 (0.0036)	0.0028 (0.0022)

变量	(1)	(2)	(3)
	ln*HP*	ln*PM*	ln*HP*
常数项	0.9487 *** (0.3160)	3.4236 *** (0.2586)	8.8624 *** (0.7118)
年份效应	Y	Y	Y
省份效应	Y	Y	Y
观测值	2 128	1 987	1 961
调整 R^2	0.8408	0.7925	0.9601
第一阶段 F 值		93.225	

注：*** 、** 和 * 分别表示在 1%、5% 和 10% 的显著性水平下显著，括号内的数字为标准差。*L.* 代表滞后一期算子。

表 3 - 3 第（3）列展示了工具变量回归第二阶段的回归结果。从这一列中我们有两点重要发现。首先，工具变量的回归系数的符号表明，空气污染对城市房价有显著的负向影响，即空气污染会导致城市房价下跌。其次，工具变量的回归系数（-0.2416）大约是最小二乘法估计出来系数的 2 倍（-0.1085）。这意味着如果仅采用最小二乘法，则会低估空气污染对房价的负向作用。平均而言，PM2.5 浓度每增加 10% 会导致房价下降 2.4%。根据 CEIC 数据库中的地价数据计算得出，2013 年，中国的平均房价为 4 665.5 元/平方米，因此当 PM2.5 浓度上升 10%（平均值从 62.8 微克/立方米升至 69 微克/立方米），房价会下跌 112 元/平方米，降至 4 553.5 元/平方米。这对于家庭和社会来说都是一个巨大的经济损失。此外，对于高房价城市来说，空气污染对房价的负向影响会更大，例如上海每平方米的房价会下跌 388 元。

3.3.3　机制分析

前面的实证分析结果表明空气污染会导致城市的房价出现下降。这一结论即使在考虑空气污染的内生性问题后依然成立。在这一部分中，我们对空气污染导致城市房价下降背后的潜在作用机制进行探讨。具体而言讨论如下三个重要机制：城市化、人力资本和预期房价。已有许多实证研究结果表明城市化是推高房价的重要因素（Saiz，2007；Dege and Fisher，2017；Gonzalez and Ortega，2013；陆铭等，2014）。更高的城市化率意味着更多的人口在城市里工作和生活，这会提高居民对住房的需求，进而推高房价。空气污染会通过城市化这一渠道来影响房价吗？为此我们仅需验证空气污染和城市化之间是否存在显著的关系。

表 3 - 4 第（1）列的回归考察了空气污染对城市化率的影响，相应的结果表明 PM2.5 浓度对城市化的作用显著为负。这与现有文献的发现相一致，现有文献表明空气污染会造成个人的健康问题（Chay and Greenstone，2003；Chen et al.，2013；Greenstone and Hanna，2014；Tanaka，2015；Bombardini and Li，2016）。为了更好的生活环境和身体健康，居民更倾向于居住在有清洁空气的城市。在其他条件保持不变的情况下，更严重的空气污染会降低所在城市的城市化水平，最终对房价带来负向的影响。

表 3 – 4　　　　　　　　　　　空气污染影响房价的机制分析

变量	（1）	（2）	（3）
	Urbanization_rate	*Human_capital*	*HPI_ratio*
ln*PM*	− 0. 0913 ***	− 0. 4298 ***	− 0. 0192 ***
	（0. 0200）	（0. 1150）	（0. 0035）
ln*Wage*	0. 0320	0. 7483 ***	− 0. 0458 ***
	（0. 0258）	（0. 1472）	（0. 0045）
Pop_dens	0. 7506 ***	3. 1485 ***	0. 0101
	（0. 0480）	（0. 2757）	（0. 0083）
GDPratio2	0. 8787 ***	1. 6313 ***	0. 1195 ***
	（0. 0644）	（0. 3699）	（0. 0112）
GDPratio3	0. 8194 ***	5. 0228 ***	0. 2079 ***
	（0. 0844）	（0. 4846）	（0. 0148）
Doctor	5. 3125 ***	10. 4598	1. 8280 ***
	（1. 1734）	（6. 6964）	（0. 2263）
Teacher	− 0. 9599 ***	10. 3024 ***	− 0. 0709
	（0. 2838）	（1. 6199）	（0. 0519）
Book	0. 3089	6. 2169	1. 1978 ***
	（1. 0296）	（5. 8554）	（0. 1787）
Internet	0. 0009	− 0. 0140	0. 0023 ***
	（0. 0034）	（0. 0194）	（0. 0006）
常数项	− 0. 2245	− 2. 2797 *	0. 4242 ***
	（0. 2365）	（1. 3511）	（0. 0415）
年份效应	Y	Y	Y
省份效应	Y	Y	Y
观测值	2 435	2 389	2 399
调整 R^2	0. 5727	0. 4412	0. 5953

注：***、**和*分别表示在1%、5%和10%的显著性水平下显著，括号内的数字为标准差。

一座城市的工业发展程度和劳动生产率是其城市竞争力的重要体现。人力资本在现代工业系统中起到至关重要的作用，它可以促进产业结构转型与升级。陈斌开和张川川

（2016）的研究表明，1999 年开始的高等教育扩招提升了中国的人力资本，加快了城市化进程，从而增加了对住房的需求，最终迅速推高了房价。通常而言，受教育水平更高的群体的工资水平也会更高，因此他们对清洁空气和更好的公共服务有着更迫切的需求。是否空气污染会通过人力资本这一渠道影响房价呢？我们以地级市居民的平均受教育年限代表所在城市的人力资本水平，考察空气污染对人力资本积累的影响。表 3 - 4 第（2）列呈现了相应的回归结果，从中可以看出 PM2.5 浓度对人力资本有着显著为负的影响。平均而言，PM2.5 浓度每提升 10%，会导致居民的平均受教育年限下降 0.43 年。两种可能的渠道会导致这一结果的发生：第一，受教育程度更高的居民对清洁空气的渴望程度更高，他们也更有可能承受迁徙所带来的成本（Chen et al.，2017a）。第二，空气污染可以影响儿童的认知表现，从而限制城市人力资本的形成。研究发现，长时间暴露在污染的环境中，会导致儿童的数学和语文测试成绩表现不佳（Chen et al.，2017b）。

除城市化和人力资本这两个机制之外，空气污染还可能会通过预期效应来影响房价。房地产作为中国居民家庭最重要的资产之一（甘犁等，2013），房价不仅是由供需关系所决定的，它还受到居民家庭对房价预期的影响。居民意识到空气污染会阻碍城市化进程，从而对房价会产生负向影响。与此同时，空气污染是一个相对长期的问题，和当地的自然环境、产业结构等密切相关，在短期内并不能迅速得到解决。居民就会预期未来房价会持续下跌，进而降低他们对房屋的投资需求，并且尽可能地卖掉多余的房屋，这种行为会抑制房价的上涨。已有文献通常采用房价和收入的比值（房价收入比）来衡量居民对房价的预期（陆铭等，2014）。更高的房价收入比意味着居民家庭看好未来的房价，预期房价会继续上涨。这会导致他们对现有住房需求的上升，从而使得房价会更高（陈斌开和张川川，2016）。为考察预期效应是否是空气污染导致房价下跌的一个重要机制，我们检验 PM2.5 浓度对房价收入比是否存在显著的负向影响。表 3 - 4 的第（3）列展示了相应的回归结果，PM2.5 浓度每上升 1% 会导致房价收入比下降 0.0192。考虑到全样本房价收入比的均值为 0.107，这相当于 17.7% 的房价收入比的减小量。实证结果表明预期效应是空气污染降低房价的另一个重要渠道。

3.4　相关附件与程序

本章主要程序如下：

1. 表 3 - 2 中空气污染对房价影响的回归程序

```
/ * 只包含核心解释变量 * /
use Data. dta，clear
reg lnHP lnPM
est store lnHP1
```

```
／＊加入工资、人口密度、产业结构＊／
reg lnHP lnPM lnWage Pop_dens GDPratio2 GDPratio3
est store lnHP2

／＊加入代表城市公共服务水平的控制变量＊／
reg lnHP lnPM lnWage Pop_dens GDPratio2 GDPratio3 Doctor Teacher Book Internet
est store lnHP3

／＊进一步控制省份和年份固定效应＊／
reg lnHP lnPM lnWage Pop_dens GDPratio2 GDPratio3 Doctor Teacher Book Internet i. prov_
id i. year
est store lnHP4
outreg2［lnHP1 lnHP2 lnHP3 lnHP4］using OLS. doc,word excel dec(4)replace
```

2. 表3-3中考虑内生性情形下，空气污染对房价影响的回归程序

```
／＊核心解释变量滞后一期＊／
reg lnHP LlnPM lnWage Pop_dens GDPratio2 GDPratio3 Doctor Teacher Book Internet i. prov_
id i. year
est store LOLS

／＊工具变量回归＊／
＊＊第一阶段＊＊
reg lnPM VC lnWage Pop_dens GDPratio2 GDPratio3 Doctor Teacher Book Internet i. prov_id
i. year
est store IV_1

＊＊第二阶段＊＊
ivreg2 lnHP lnWage Pop_dens GDPratio2 GDPratio3 Doctor Teacher Book Internet i. prov_id
i. year（lnPM = VC）
est store IV_2

outreg2［LOLS IV_1 IV_2］using IV. doc,word excel dec(4)replace
```

3. 表3-4中机制分析部分程序

```
／＊雾霾影响人力资本的积累＊／
reg Humancapital lnPM lnWage Pop_dens GDPratio2 GDPratio3 Doctor Teacher Book Internet
VC i. prov_id i. year
est store Mechanism_1
```

／＊雾霾影响城市化进程＊／

reg Urbanization_ratio lnPM lnWage Pop_dens GDPratio2 GDPratio3 Doctor Teacher Book Internet i. prov_id i. year

est store Mechanism_2

／＊雾霾影响居民对房价的价格预期＊／

reg HPI_ratio lnPM lnWage Pop_dens GDPratio2 GDPratio3 Doctor Teacher Book Internet i. prov_id i. year

est store Mechanism_3

outreg2〔Mechanism_1 Mechanism_2 Mechanism_3〕using Mechanism. doc，word excel dec（4）replace

第 4 章

指数分解理论

4.1　前言

指数分解理论（Index Decomposition Analysis，IDA），也称因素分解理论，一直被用来探讨能源消费、温室气体排放、自然资源需求以及环境污染等变化的驱动因素。相比总体研判能源消费、温室气体排放、自然资源需求以及环境污染等的变化趋势，对它们的变化做出合理的解释往往更具有现实意义且更富有挑战。政策突破口的确定需要以甄别关键驱动因素为前提，而对这些变化的分解也陆续引起了全球众多学者、机构以及政策制定者的研究兴趣。

在能源、气候变化和环境经济与政策领域，区别基于投入—产出数据的结构分解理论（Structural Decomposition Analysis，SDA），系统地探索并广泛应用指数分解理论始于 20 世纪 80 年代初。经过四十余年的发展，大致形成了以迪氏指数（Divisia Index，DI）和拉氏指数（Laspeyres Index，LI）为基础的两种指数分解模型，其中，对数平均迪氏指数分解模型（Logarithmic Mean Divisia Index，LMDI）和优化拉式指数分解模型（Refined Laspeyres Index，RLI）的运用最为广泛。从时间和空间两个维度，基于加法和乘法两种形式，对规模指标、强度指标、弹性指标和不平等指标的分解构成了指数分解的主要内容。简便分解、完全分解、应用限制少以及数理属性良好成为评价指数分解模型优劣的重要准则。

4.2 指数分解理论及模型

4.2.1 指数分解理论的起源及发展

作为揭示和探讨驱动能源消费、温室气体排放、自然资源需求以及环境污染等变化诱因的简易方法，指数分解理论在 20 世纪 80 年代应运而生。最初，各国学者、机构以及政策制定者对整个工业部门能源需求以及每单位工业产值的能源消费（也被称为能源强度）的变化抱有兴趣。为此，他们开发了一些简单的技术将来自工业生产结构变化以及每个工业部门能源强度变化的影响识别和剥离出来。该种涉及因素分解问题的简便方法于 2000 年开始被称为"指数分解理论"（Ang and Zhang，2000），这主要是为了与基于投入—产出数据的结构分解理论相区别。在那之后，"指数分解理论"的表述沿用至今，相关研究大量涌现，相关成果陆续发表在诸如 PNAS 等国际知名期刊以及《经济研究》等国内权威期刊上。截至目前，在能源、气候变化和环境经济与政策领域，每年仍有相当数量的基于指数分解理论的学术论文被刊登，详见图 4-1。

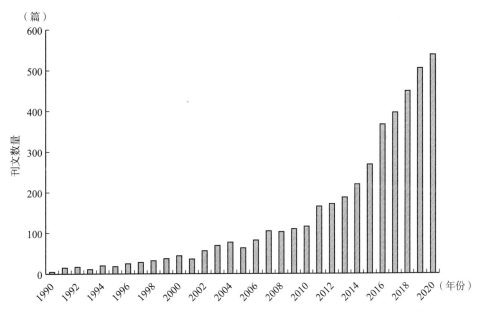

图 4-1 1990~2020 年基于 Web of Science 检索的指数分解理论刊文数量

资料来源：笔者根据 Web of Science 检索统计得到。

指数分解理论的普遍推广一直伴随着能源、气候变化和环境经济与政策领域新问题的出现和解决（Ang，2015）。20 世纪 90 年代之前，全球能源危机的爆发促使各国学者、机构以及政策制定者反思驱动工业部门生产活动中能源需求以及能源强度变化的诱因。随后，这一探讨延伸至交通运输、农业、建筑以及服务等部门。2000 年前后，因化石能源大量消耗产生的过度碳排放问题日益凸显。全球多地高温、干旱、灾害性降水等极端天气接连发生，自然灾害不断，世界各国人民都不得不面临气候异常变化带来的不利影响。为此，各国学者、机构以及政策制定者开始运用指数分解理论找寻驱动碳排放变化的关键因素。进入 21 世纪上半叶，自然资源的高效利用以及生态环境的持续改善引发关注。人们迫切希望理解诸如水资源利用、土地资源开发、非化石能源需求、粮食产品、污染物排放以及有害化学物质释放等变化的影响因素。在最近的十余年，指数分解理论还被进一步用来分析诸如其他温室气体减排、生态净物质生产能力提升等人类社会可持续发展面临的新问题。

指数分解理论的广泛运用离不开指数分解理论自身的发展和完善。四十余年的发展历程大致可以分为三个阶段：

第一阶段是 20 世纪 80 年代中期至 90 年代末的萌芽阶段。该阶段的主要特征在于以简洁的指数形式分解指标的变化。最初，指数分解理论多以拉氏指数形式呈现。随后，马歇尔－埃奇沃思指数（Marshall－Edgeworth Index，MEI）、算术平均迪氏指数（Arithmetic Mean Divisia Index，AMDI）、传统迪氏指数（Conventional Divisa Index，CDI）、优化迪氏指数（Refined Divisa Index，RDI）、适应性权重迪氏指数（Adaptive Weighting Divisa Index，AWDI）、帕氏指数（Paasche Index，PI）等形式的指数分解理论逐步涌现（Hoekstra and van der Bergh，2003）。

第二阶段是 21 世纪初十年的融合阶段。该阶段的主要特征在于对各种形式的指数分解理论进行优劣比较。能否实现完全分解成为评价指数分解形式优劣的首要准则。这是因为分解残留项通常不具有经济含义，一旦该部分对指标变化的影响较大，那么学者、机构以及政策制定者将难以研判指标变化的关键驱动力，换言之，开展这样的指数分解也将随之失灵。满足完全分解性质的指数分解形式大致有三种：昂（Ang，1998）提出的对数平均迪氏指数、孙（Sun，1998）提出的优化拉氏指数以及钟和李（Chung and Rhee，2001）提出的平均变化率指数（Mean Rate of Change Index，MRCI）。由于平均变化率指数是以牺牲权重函数的统一性为代价换回的完全分解，这使得该种指数分解难以与其他指数分解得到的结果直接进行比较，同时，该种指数分解的结果也相对不稳健，所以，平均变化率指数分解理论的应用并不广泛。相比之下，基于对数平均迪氏指数和优化拉氏指数的分解理论不仅可以实现完全分解，而且同时满足时间可逆、因素可逆以及零值稳健三个数理属性，特别是前者，为了提高理论的适用性，昂及其团队先后开发了八种形式的对数平均迪氏指数分解模型。所以，绝大多数学者、机构以及政策制定者对这两种指数分解理论的认可程度更高，实际应用也更广泛。同时，这一阶段也出现了一些评述指数分解理论的文章（代表性的有 Ang and Zhang，2000；Hoekstra and van der Bergh，2003）。

第三阶段是 2010 年至今的成熟阶段。该阶段的主要特征在于根据应用场景和数据结构，完善对数平均迪氏指数和优化拉氏指数的分解理论，并将这两种指数分解的理念与其他实证分析工具相结合。在该阶段，相较于优化拉氏指数的分解理论，学者、机构以及政策制定者更加偏好对数平均迪氏指数分解理论，这可能是因为：其一，基于该理论的分解模型简便易懂、分解过程易于操作、分解因子形式固定；其二，基于该理论的分解模型兼容性较高，特别是第一种对数平均迪氏指数分解模型以及第五种对数平均迪氏指数分解模型（Ang et al.，1998；Ang and Zhang，2000），使得该理论可以较好地与其他实证分析工具相结合，例如，脱钩弹性指数（Moutinho et al.，2018）、基尼系数（Chen et al.，2017）、生产函数（Wang and Jiang，2019）、效率指标（Wang et al.，2018）、计量回归方程（Cheng et al.，2020）、压力指数（Chen et al.，2021）等，从而适于分析和解决更复杂的理论与现实问题；其三，该理论的先驱为了各国学者、机构以及政策制定者能够"无障碍"地使用对数平均迪氏指数分解方法，在理论发展的过程中及时归纳和总结了分解模型的应用重点和难点，并提供应用指南（Xu and Ang，2013；Ang，2015；Ang and Goh，2019）。

4.2.2 指数分解模型的构建及求解

在能源、气候变化和环境经济与政策领域，IPAT 理论和 Kaya 恒等式通常作为指数分解理论分析驱动能源消费和碳排放的社会经济因素的起点。IPAT 理论将人口、财富和技术视作产生能源消费和碳排放的核心诱因；Kaya 恒等式则通过规模效应、结构效应和强度效应来解释能源消费和碳排放的成因。虽然，经过近半个世纪的发展，IPAT 理论已经不断完善，Kaya 恒等式也得到了充分拓展，但是，为了不失指数分解理论的一般性，这里我们仍然以人口、经济产出和技术三因素为基础，以规模效应、结构效应和强度效应为落脚点，呈现能源消费和碳排放的加总指标：

$$E = \sum_{i=1}^{m} E_i = \sum_{i=1}^{m} \frac{E_i}{Y_i} \times \frac{Y_i}{P_i} \times P_i = \sum_{i=1}^{m} ei_i \times y_i \times P_i \tag{4.1}$$

$$C = \sum_{i=1}^{m} C_i = \sum_{i=1}^{m} \frac{C_i}{E_i} \times \frac{E_i}{Y_i} \times \frac{Y_i}{P_i} \times P_i = \sum_{i=1}^{m} ci_i \times ei_i \times y_i \times P_i \tag{4.2}$$

其中，E 和 C 分别表示能源消费量和碳排放量；Y 表示经济产出，以地区生产总值度量；P 表示人口；ci、ei 和 y 依次表示能源碳强度（也被称为碳排放因子）、能源强度以及人均经济产出。假设有 m 个地区（或部门），i 表示第 i 个地区（或部门）。为了呈现能源消费和碳排放的变化，我们依次对公式（4.1）和公式（4.2）关于时间 t 求导，如下所示：

$$\begin{aligned}
\frac{\mathrm{d}E}{\mathrm{d}t} &= \sum_{i=1}^{m} \frac{\mathrm{d}E_i}{\mathrm{d}t} \\
&= \sum_{i=1}^{m} \left(\frac{\partial ei_i}{\partial t} \times y_i \times P_i + ei_i \times \frac{\partial y_i}{\partial t} \times P_i + ei_i \times y_i \times \frac{\partial P_i}{\partial t} \right) \\
&= \sum_{i=1}^{m} \left(\frac{E_i}{ei_i} \times \frac{\partial ei_i}{\partial t} + \frac{E_i}{y_i} \times \frac{\partial y_i}{\partial t} + \frac{E_i}{P_i} \times \frac{\partial P_i}{\partial t} \right)
\end{aligned} \tag{4.3}$$

$$\frac{\mathrm{d}C}{\mathrm{d}t} = \sum_{i=1}^{m} \frac{\mathrm{d}C_i}{\mathrm{d}t}$$

$$= \sum_{i=1}^{m} \left(\frac{\partial ci_i}{\partial t} \times ei_i \times y_i \times P_i + ci_i \times \frac{\partial ei_i}{\partial t} \times y_i \times P_i + ci_i \times ei_i \times \frac{\partial y_i}{\partial t} \times P_i + ci_i \times ei_i \times y_i \times \frac{\partial P_i}{\partial t} \right)$$

$$= \sum_{i=1}^{m} \left(\frac{C_i}{ci_i} \times \frac{\partial ci_i}{\partial t} + \frac{C_i}{ei_i} \times \frac{\partial ei_i}{\partial t} + \frac{C_i}{y_i} \times \frac{\partial y_i}{\partial t} + \frac{C_i}{P_i} \times \frac{\partial P_i}{\partial t} \right) \qquad (4.4)$$

进而，能源消费和碳排放从基期到报告期的变化可写成：

$$\Delta E = E^T - E^0 = \int_0^T \sum_{i=1}^{m} \frac{\mathrm{d}E_i}{\mathrm{d}t} \mathrm{d}t$$

$$= \int_0^T \sum_{i=1}^{m} \left(\frac{E_i}{ei_i} \times \frac{\partial ei_i}{\partial t} + \frac{E_i}{y_i} \times \frac{\partial y_i}{\partial t} + \frac{E_i}{P_i} \times \frac{\partial P_i}{\partial t} \right) \mathrm{d}t \qquad (4.5)$$

$$= \int_0^T \sum_{i=1}^{m} E_i \left(\frac{\partial \ln ei_i}{\partial t} + \frac{\partial \ln y_i}{\partial t} + \frac{\partial \ln P_i}{\partial t} \right) \mathrm{d}t$$

$$\Delta C = C^T - C^0 = \int_0^T \sum_{i=1}^{m} \frac{\mathrm{d}C_i}{\mathrm{d}t} \mathrm{d}t$$

$$= \int_0^T \sum_{i=1}^{m} \left(\frac{C_i}{ci_i} \times \frac{\partial ci_i}{\partial t} + \frac{C_i}{ei_i} \times \frac{\partial ei_i}{\partial t} + \frac{C_i}{y_i} \times \frac{\partial y_i}{\partial t} + \frac{C_i}{P_i} \times \frac{\partial P_i}{\partial t} \right) \mathrm{d}t \qquad (4.6)$$

$$= \int_0^T \sum_{i=1}^{m} C_i \left(\frac{\partial \ln ci_i}{\partial t} + \frac{\partial \ln ei_i}{\partial t} + \frac{\partial \ln y_i}{\partial t} + \frac{\partial \ln P_i}{\partial t} \right) \mathrm{d}t$$

考虑到实际应用中数据的非连续性，公式（4.5）和公式（4.6）需要对各驱动因素的变化进行离散形式的转换。既有研究大多将驱动因素变化的离散形式设定为两种：其一，驱动因素绝对量的变化；其二，驱动因素对数化的变化。前者衍生出了拉式指数分解模型，后者衍生出了迪氏指数分解模型。

据此，公式（4.5）有公式（4.7）和公式（4.8）两种形式的转换：

$$\Delta E = \sum_{i=1}^{m} \left[w_{i,ei} \times (ei_i^T - ei_i^0) + w_{i,y} \times (y_i^T - y_i^0) + w_{i,P} \times (P_i^T - P_i^0) \right] \qquad (4.7)$$

$$\Delta E = \sum_{i=1}^{m} \left(w_i \ln \frac{ei_i^T}{ei_i^0} + w_i \ln \frac{y_i^T}{y_i^0} + w_i \ln \frac{P_i^T}{P_i^0} \right) \qquad (4.8)$$

类似地，公式（4.6）也有公式（4.9）和公式（4.10）两种形式的转换：

$$\Delta C = \sum_{i=1}^{m} \left[v_{i,ci} \times (ci_i^T - ci_i^0) + v_{i,ei} \times (ei_i^T - ei_i^0) + v_{i,y} \times (y_i^T - y_i^0) + v_{i,P} \times (P_i^T - P_i^0) \right]$$

$$(4.9)$$

$$\Delta C = \sum_{i=1}^{m} \left(v_i \ln \frac{ci_i^T}{ci_i^0} + v_i \ln \frac{ei_i^T}{ei_i^0} + v_i \ln \frac{y_i^T}{y_i^0} + v_i \ln \frac{P_i^T}{P_i^0} \right) \qquad (4.10)$$

其中，w 和 v 被称为权重函数。权重函数的不同设定方法衍生出了不同的拉式指数分解模型和迪氏指数分解模型。

当 $w_i = (E_i^T - E_i^0)/(\ln E_i^T - \ln E_i^0)$，$v_i = (C_i^T - C_i^0)/(\ln C_i^T - \ln C_i^0)$ 时，实现了完全分解的迪氏指数分解模型被称为第一类对数平均迪氏指数分解模型；

当　$w_i = \dfrac{(E_i^T/E^T - E_i^0/E^0)/[\ln(E_i^T/E^T) - \ln(E_i^0/E^0)]}{\displaystyle\sum_{i=1}^{m}(E_i^T/E^T - E_i^0/E^0)/[\ln(E_i^T/E^T) - \ln(E_i^0/E^0)]} \times \dfrac{E^T - E^0}{\ln E^T - \ln E^0}$ 、$v_i =$

$\dfrac{(C_i^T/C^T - C_i^0/C^0)/[\ln(C_i^T/C^T) - \ln(C_i^0/C^0)]}{\displaystyle\sum_{i=1}^{m}(C_i^T/C^T - C_i^0/C^0)/[\ln(C_i^T/C^T) - \ln(C_i^0/C^0)]} \times \dfrac{C^T - C^0}{\ln C^T - \ln C^0}$ 时，实现了完全分解的迪氏

指数分解模型被称为第二类对数平均迪氏指数分解模型；

当 $w_{i,ei} = \dfrac{1}{2} \times (y_i^T - y_i^0) \times P_i^0 + \dfrac{1}{2} \times y_i^0 \times (P_i^T - P_i^0) + \dfrac{1}{3} \times (y_i^T - y_i^0) \times (P_i^T - P_i^0)$ 、$w_{i,y} =$

$\dfrac{1}{2} \times (ei_i^T - ei_i^0) \times P_i^0 + \dfrac{1}{2} \times ei_i^0 \times (P_i^T - P_i^0) + \dfrac{1}{3} \times (ei_i^T - ei_i^0) \times (P_i^T - P_i^0)$ 、$w_{i,P} = \dfrac{1}{2} \times (ei_i^T -$

$ei_i^0) \times y_i^0 + \dfrac{1}{2} \times ei_i^0 \times (y_i^T - y_i^0) + \dfrac{1}{3} \times (ei_i^T - ei_i^0) \times (y_i^T - y_i^0)$ ，以及当 $v_{i,ci} = \dfrac{1}{2} \times (ei_i^T - ei_i^0) \times$

$y_i^0 \times P_i^0 + \dfrac{1}{2} \times ei_i^0 \times (y_i^T - y_i^0) \times P_i^0 + \dfrac{1}{2} \times ei_i^0 \times y_i^0 \times (P_i^T - P_i^0) + \dfrac{1}{3} \times (ei_i^T - ei_i^0) \times (y_i^T - y_i^0) \times$

$P_i^0 + \dfrac{1}{3} \times (ei_i^T - ei_i^0) \times y_i^0 \times (P_i^T - P_i^0) + \dfrac{1}{3} \times ei_i^0 \times (y_i^T - y_i^0) \times (P_i^T - P_i^0) + \dfrac{1}{4} \times (ei_i^T - ei_i^0) \times$

$(y_i^T - y_i^0) \times (P_i^T - P_i^0)$ 、$v_{i,ei} = \dfrac{1}{2} \times (ci_i^T - ci_i^0) \times y_i^0 \times P_i^0 + \dfrac{1}{2} \times ci_i^0 \times (y_i^T - y_i^0) \times P_i^0 + \dfrac{1}{2} \times ci_i^0 \times$

$y_i^0 \times (P_i^T - P_i^0) + \dfrac{1}{3} \times (ci_i^T - ci_i^0) \times (y_i^T - y_i^0) \times P_i^0 + \dfrac{1}{3} \times (ci_i^T - ci_i^0) \times y_i^0 \times (y_i^T - y_i^0) + \dfrac{1}{3} \times$

$ci_i^0 \times (y_i^T - y_i^0) \times (y_i^T - y_i^0) + \dfrac{1}{4} \times (ci_i^T - ci_i^0) \times (y_i^T - y_i^0) \times (y_i^T - y_i^0)$ 、$v_{i,y} = \dfrac{1}{2} \times (ci_i^T - ci_i^0) \times$

$ei_i^0 \times P_i^0 + \dfrac{1}{2} \times ci_i^0 \times (ei_i^T - ei_i^0) \times P_i^0 + \dfrac{1}{2} \times ci_i^0 \times ei_i^0 \times (P_i^T - P_i^0) + \dfrac{1}{3} \times (ci_i^T - ci_i^0) \times (ei_i^T - ei_i^0) \times$

$P_i^0 + \dfrac{1}{3} \times (ci_i^T - ci_i^0) \times ei_i^0 \times (P_i^T - P_i^0) + \dfrac{1}{3} \times ci_i^0 \times (ei_i^T - ei_i^0) \times (P_i^T - P_i^0) + \dfrac{1}{4} \times (ci_i^T - ci_i^0) \times$

$(ei_i^T - ei_i^0) \times (P_i^T - P_i^0)$ 、$v_{i,P} = \dfrac{1}{2} \times (ci_i^T - ci_i^0) \times ei_i^0 \times y_i^0 + \dfrac{1}{2} \times ci_i^0 \times (ei_i^T - ei_i^0) \times y_i^0 + \dfrac{1}{2} \times ci_i^0 \times$

$ei_i^0 \times (y_i^T - y_i^0) + \dfrac{1}{3} \times (ci_i^T - ci_i^0) \times (ei_i^T - ei_i^0) \times y_i^0 + \dfrac{1}{3} \times (ci_i^T - ci_i^0) \times ei_i^0 \times (y_i^T - y_i^0) + \dfrac{1}{3} \times ci_i^0 \times$

$(ei_i^T - ei_i^0) \times (y_i^T - y_i^0) + \dfrac{1}{4} \times (ci_i^T - ci_i^0) \times (ei_i^T - ei_i^0) \times (y_i^T - y_i^0)$ 时，实现了完全分解的拉式

指数分解模型被称为优化拉氏指数分解模型。

进一步地，公式（4.5）和公式（4.6）可以被分解为：

$$\Delta E = \Delta E_{ei} + \Delta E_y + \Delta E_P \tag{4.11}$$

$$\Delta C = \Delta C_{ci} + \Delta C_{ei} + \Delta C_y + \Delta C_P \tag{4.12}$$

以上指数分解过程亦被称为时间维度的指数分解理论（temporal decomposition analysis）。

为了呈现地区（或部门）之间能源消费和碳排放的差异，我们依次对公式（4.1）和公式（4.2）关于地区（或部门）i 和地区（或部门）j 做差，如下所示：

$$\Delta E^{MR} = E^i - E^j = w_{ei} \times (ei_i - ei_j) + w_y \times (y_i - y_j) + w_P \times (P_i - P_j) \tag{4.13}$$

或者，

$$\Delta E^{MR} = E^i - E^j = w_{ij}\ln\frac{ei_i}{ei_j} + w_{ij}\ln\frac{y_i}{y_j} + w_{ij}\ln\frac{P_i}{P_j} \tag{4.14}$$

$$\Delta C^{MR} = C^i - C^j = v_{ci} \times (ci_i - ci_j) + v_{ei} \times (ei_i - ei_j) + v_y \times (y_i - y_j) + v_P \times (P_i - P_j) \tag{4.15}$$

或者，

$$\Delta C^{MR} = C^i - C^j = v_{ij}\ln\frac{ci_i}{ci_j} + v_{ij}\ln\frac{ei_i}{ei_j} + v_{ij}\ln\frac{y_i}{y_j} + v_{ij}\ln\frac{P_i}{P_j} \tag{4.16}$$

对于公式（4.14）和公式（4.16），当 $w_{ij} = (E_i - E_j)/(\ln E_i - \ln E_j)$、$v_{ij} = (C_i - C_j)/(\ln C_i - \ln C_j)$ 时，被称为空间对数平均迪氏指数分解模型；

对于公式（4.13）和公式（4.15），当 $w_{i,jei} = \frac{1}{2} \times (y_i - y_j) \times P_j + \frac{1}{2} \times y_j \times (P_i - P_j) + \frac{1}{3} \times (y_i - y_j) \times (P_i - P_j)$、$w_{ij,y} = \frac{1}{2} \times (ei_i - ei_j) \times P_j + \frac{1}{2} \times ei_j \times (P_i - P_j) + \frac{1}{3} \times (ei_i - ei_j) \times (P_i - P_j)$、$w_{ij,P} = \frac{1}{2} \times (ei_i - ei_j) \times y_j + \frac{1}{2} \times ei_i \times (y_i - y_j) + \frac{1}{3} \times (ei_i - ei_j) \times (y_i - y_j)$，以及

当 $v_{ij,ci} = \frac{1}{2} \times (ei_i - ei_j) \times y_j \times P_j + \frac{1}{2} \times ei_j \times (y_i - y_j) \times P_j + \frac{1}{2} \times ei_j \times y_j \times (P_i - P_j) + \frac{1}{3} \times (ei_i - ei_j) \times (y_i - y_j) \times P_j + \frac{1}{3} \times (ei_i - ei_j) \times y_j \times (P_i - P_j) + \frac{1}{3} \times ei_j \times (y_i - y_j) \times (P_i - P_j) + \frac{1}{4} \times (ei_i - ei_j) \times (y_i - y_j) \times (P_i - P_j)$、$v_{ij,ei} = \frac{1}{2} \times (ci_i - ci_j) \times y_j \times P_j + \frac{1}{2} \times ci_j \times (y_i - y_j) \times P_j + \frac{1}{2} \times ci_j \times y_j \times (P_i - P_j) + \frac{1}{3} \times (ci_i - ci_j) \times (y_i - y_j) \times P_j + \frac{1}{3} \times (ci_i - ci_j) \times y_j \times (y_i - y_j) + \frac{1}{3} \times ci_j \times (y_i - y_j) \times (y_i - y_j) + \frac{1}{4} \times (ci_i - ci_j) \times (y_i - y_j) \times (y_i - y_j)$、$v_{ij,y} = \frac{1}{2} \times (ci_i - ci_j) \times ei_j \times P_j + \frac{1}{2} \times ci_j \times (ei_i - ei_j) \times P_j + \frac{1}{2} \times ci_j \times ei_j \times (P_i - P_j) + \frac{1}{3} \times (ci_i - ci_j) \times (ei_i - ei_j) \times P_i^0 + \frac{1}{3} \times (ci_i - ci_j) \times ei_j \times (P_i - P_j) + \frac{1}{3} \times ci_j \times (ei_i - ei_j) \times (P_i - P_j) + \frac{1}{4} \times (ci_i - ci_j) \times (ei_i - ei_j) \times (P_i - P_j)$、$v_{ij,P} = \frac{1}{2} \times (ci_i - ci_j) \times ei_j \times y_j + \frac{1}{2} \times ci_j \times (ei_i - ei_j) \times y_j + \frac{1}{2} \times ci_j \times ei_j \times (y_i - y_j) + \frac{1}{3} \times (ci_i - ci_j) \times (ei_i - ei_j) \times y_j + \frac{1}{3} \times (ci_i - ci_j) \times ei_i^0 \times (y_i - y_j) + \frac{1}{3} \times ci_j \times (ei_i - ei_j) \times (y_i - y_j) + \frac{1}{4} \times (ci_i - ci_j) \times (ei_i - ei_j) \times (y_i - y_j)$ 时，被称为空间优化拉氏指数分解模型。

进一步地，公式（4.13）~公式（4.16）可以被分解为：

$$\Delta E^{MR} = \Delta E_{ei} + \Delta E_y + \Delta E_P \tag{4.17}$$

$$\Delta C^{MR} = \Delta C_{ci} + \Delta C_{ei} + \Delta C_y + \Delta C_P \tag{4.18}$$

以上指数分解过程亦被称为多地区的指数分解理论（multi-regional decomposition analysis），或空间维度的指数分解理论（spatial decomposition analysis）。

4.2.3　指数分解理论的争论及拓展

在探讨能源消费、温室气体排放、自然资源需求以及环境污染等变化的驱动因素时，虽然指数分解理论的应用最为广泛，但是关于指数分解技术的争论也一直伴随着该方法的拓展。如何看待指数分解模型的缺陷？目前针对指数分解技术的改进存在哪些问题？未来的指数分解理论应该朝着什么方向进一步拓展和完善？以下将对这些问题进行探讨，力求全面、客观、积极地看待指数分解理论。

争论一：如何设定指数分解模型中的连乘效应？

在能源、气候变化和环境经济与政策领域，虽然，IPAT 理论和 Kaya 恒等式为设定指数分解模型中的连乘效应提供了理论依据，但是，它们也同时成为探索能源消费、温室气体排放、自然资源需求以及环境污染等指标变化驱动力的理论制约。以人口、经济产出和技术三因素为基础，以规模、结构和强度三效应为落脚点的设定毋庸置疑，然而，影响能源消费、温室气体排放、自然资源需求以及环境污染等变化的驱动因素及效应绝不仅限于此，特别是在指数分解理论应用领域持续扩展的研究背景下。一种思路是把新设定的驱动因素归入规模效应、结构效应或强度效应，通过对这些效应的再分解实现连乘效应的继承和发展；另一种思路是观察连乘效应之间是否存在"驱动"含义，倘若后一个因素能够有经济含义的"驱动"影响前一个因素，直至"驱动"影响待分解的那个指标，那么这样设定的连乘效应就是合理的，且无须受规模、结构和强度三效应的"约束"。

争论二：如何处理嵌套效应的完全分解？

正是因为指数分解理论应用领域的持续扩展，所以，度量那些影响指数分解模型中驱动因素及效应的诱因不容忽视。例如，城乡居民收入是影响居民部门能源消费及碳排放变化的因素，而前者又受到城镇化和城乡居民收入差距的共同影响。假设我们按照以往的对数平均迪氏指数分解模型进行构建和求解，那么，对连乘这种效应形式的打破必将带来指数分解诱因的残留问题。如下所示：

$$C_u = \sum_{i=1}^{n} \frac{C_{ui}}{E_{ui}} \times \frac{E_{ui}}{I_{ui}} \times \frac{I_{ui}}{I_i} \times I_i = \sum_{i=1}^{n} \frac{C_{ui}}{E_{ui}} \times \frac{E_{ui}}{I_{ui}} \times \left(G_{uri} + \frac{P_{ui}}{P_i} \right) \times I_i \tag{4.19}$$

其中，C_{ui} 表示城镇居民的碳排放，E_{ui} 表示城镇居民的能源消费，I_{ui} 表示城镇居民的收入，I_i 表示城乡居民总收入，P_{ui} 表示城镇人口，P_i 表示城乡总人口，G_{uri} 表示城乡居民收入基尼系数。所以，如何在处理嵌套效应的同时保留原有对数平均迪氏指数分解模型的完美分解结果值得思考。一种思路是换用优化拉式指数分解模型，但这种处理方法将在分解乘法形式中失灵。

争论三：如何确定指数分解过程中的报告期？

当能源消费、温室气体排放、自然资源需求以及环境污染等指标的变化趋势不确定时，指数分解过程中的报告期选择问题将非常重要。不同的报告期可能意味着不同的分解结果，如图 4 - 2 所示。

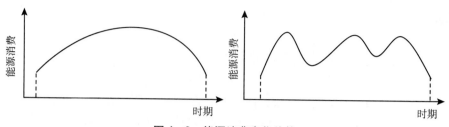

图 4 - 2　能源消费变化趋势

不难发现，图 4 - 2 中的左分图和右分图在基期 b 和报告期 t 的能源消费水平均相等，倘若直接对两个分图中的能源消费变化量进行基期到报告期的分解，那么，两者在基期和报告期之间的差异化的趋势特征将被忽略，分解结果也将失去现实意义。一种思路是同时开展逐年分解和定基分解，以驱动因素的年均影响或累计影响来确定这些驱动因素的相对影响大小和作用方向；另一种思路是以经济含义确定报告期，例如，依据一个固定年份确定一个报告期（通常是 10 年），依据政府的国民经济发展规划确定一个报告期（通常是 5 年），或者将研究时域等分为若干个阶段并确定报告期等。

争论四：如何取舍时间指数分解模型的定基结果与环比结果？

基于时间维度的指数分解模型被提出和发展已有四十余年，然而，如何看待和解读通过指数分解过程得到的定基结果和环比结果始终悬而未决。绝大多数研究倾向于同时汇报指数分解的定基结果和环比结果，却不做深入比对剖析，特别是当环比测算得到的逐年分解结果与定基测算得到的累计分解结果大相径庭时，往往"手足无措"。一种思路是开发一套逐年分解的效应贡献率测度方法，即先按照环比方法测算得到相邻两年内的关键效应，再比较不同相邻年份之间关键效应的差别；另一种思路是开发一套效应的逐年贡献率测度方法，即先按照环比方法测算得到每种效应的逐年影响，再比较哪个相邻年份之间的影响最大（Chen et al. , 2018）。两种思路孰优孰劣，尚无定论。

争论五：如何选择空间指数分解模型的基准比较对象？

基于空间维度的指数分解理论自提出之时就留下了一个关键问题，即如何选择被比较的基准地区（或部门），特别是涉及多个地区（或部门）时。围绕这个难题，已有研究大致经历了三个阶段：第一阶段的研究通常直接对两两地区（或部门）之间的差异进行驱动因素的分解；第二阶段的研究通常选择一个地区（或部门）作为基准地区（或部门），然后将其他地区（或部门）与该基准地区（或部门）之间的差异进行驱动因素的分解；第三阶段的研究通常对每个地区（或部门）与所有地区（或部门）平均之间的差异进行驱动因素的分解。虽然发展至今，空间指数分解模型已经在很大程度上提高了比较多个地区（或部门）之间差距的效率，但是这种将多个地区（或部门）与地区（或部门）平均之间进行比较的研究隐含了各个地区（或部门）存在绝对趋同趋势的假定。倘若各个地区（或部门）因为社会经济发展阶段不同而无法实现绝对趋同，那么，我们就必须考虑多个地区（或部门）之间的相对趋同问题，也即多个地区（或部门）之间的聚类问题。一种思路是通过将多个地区（或部门）与地区（或部门）平均之间的差距拆分为每个地区（或部门）与其所属聚类地区（或部门）平均以及聚类地区（或部门）平均与所有地区（或部门）

平均两个部分。然而，选用什么聚类方法，选取哪些聚类因素，尚无定论。

指数分解理论之所以得到各国学者、机构以及政策制定者的普遍认可和广泛运用，源于它比较清晰的分解思路、比较简洁的分解过程、比较完美的分解结果、比较宽松的应用约束以及比较良好的数理属性。然而，如何设定指数分解模型中的连乘效应？如何处理嵌套效应的完全分解？如何确定指数分解过程中的报告期？如何取舍时间指数分解模型的定基结果与环比结果？如何选择空间指数分解模型的基准比较对象？这些仍然是棘手的理论问题。我们认为，上述方法论难题的解答将有助于指数分解体系的完善、指数分解模型的优化、指数分解方法的改良以及指数分解理论的拓展。

4.3　指数分解理论的应用

在本章的前两节，我们依次介绍了指数分解理论的概况、起源与发展，指数分解模型的构建与求解以及指数分解理论的拓展方向等，本节将以对数平均迪氏指数分解为例介绍指数分解理论在温室气体排放领域实证分析中的一个应用：财政分权对中国省际碳排放差异的潜在影响（Cheng et al.，2021）。

对于存在多层级政府的国家而言，财政支出与碳排放之间的潜在关系受制于中央政府与地方政府之间财政支出责任的分摊。根据分权理论，经济分权与政治集权并存的中国式分权对碳排放的潜在影响体现在三个方面：

第一，碳减排需要中央政府和地方政府的共同支出。决定中央政府和地方政府支出权限的财政分权直接影响碳减排工作的有效性。一方面，碳减排的好处存在外溢性。因此，用于碳减排的财政支出应主要由中央政府承担。另一方面，地方政府比中央政府更有能力监督当地企业和家庭的碳减排行动。在政治集权的体制背景下，地方官员可能通过遵守中央政府的碳减排指导方针，调整地方财政支出的规模和结构，以增加晋升机会。因此，财政分权从根本上影响中央和地方财政支出对碳减排的贡献。

第二，在中国式分权的制度安排下，地方财政支出必须协调碳减排与其他经济发展目标。能源消费与地方财政支出之比的变化是衡量地方财政支出对与能源消费有关的碳减排潜在影响的一个简单指标。为了在政绩考核中获得高分并增加晋升机会，一些地方官员会将地方财政资源用于兼顾碳减排和其他经济发展目标。扩大用于碳减排的支出预算可能有助于减少当地的能源消费。然而，为其他发展目标（如生产和基础设施建设）增加支出预算也有可能刺激经济增长，从而增加能源消费。地方财政支出对碳排放的影响可以通过比较这两个相反的碳排放驱动因素的净效应来评估。能源消费与地方财政支出的比率越低，碳排放越少，地方财政支出对碳减排的潜在积极影响越大。

第三，在中国式分权的制度安排下，碳减排的有效性还在很大程度上取决于中央财政支出。中央政府用于碳减排的预算越高，中央环保部门的支出权限就越大，全国层面碳减排项目获得充足资金的可能性就越大。即便如此，中央政府仍然需要优化资源配置和收入分配（通过财政支出）以实现经济增长。中央财政支出与经济增长之间的这种密切关系意味着中央财政支出的规模和结构将对伴随经济增长的碳排放产生影响。

4.3.1 改进的 Kaya 恒等式

为了刻画财政分权对碳排放的潜在影响，我们将财政分权因素纳入 Kaya 恒等式。Kaya 恒等式是阐述碳排放与社会经济变量之间关系的主流工具。在 Kaya 恒等式中，规模效应、结构效应和强度效应被视作决定碳排放变化的驱动力。既有研究通常将经济增长和人口视作规模效应，将能源结构和产业结构视作结构效应，将能源碳排放强度和能源强度视作强度效应。

虽然碳排放也会受到财政支出的影响，但是这一关系尚未以 Kaya 恒等式的形式呈现。财政支出并非碳排放的主要来源，后者主要源自企业的生产活动以及家庭的日常生活。政府凭借财政支出不仅可以激励企业和家庭开展节能减排行动，而且还能间接通过影响其他社会经济驱动力来实现碳减排。为此，我们将中央财政支出视作规模效应，将人口比重、能源结构和财政分权视作结构效应，并将能源碳排放强度和地方财政支出的能源强度视作强度效应，从而呈现中央和地方财政支出对碳排放的影响，如公式（4.20）所示：

$$C = \sum_i C_i = \sum_i \frac{C_i}{E_i} \times \frac{E_i}{LFE_i} \times \frac{LFE_i/P_i}{CFE/P} \times \frac{P_i}{P} \times CFE = \sum_i CI_i \times LFEI_i \times FD_i \times PS_i \times CFE$$

$$(4.20)$$

其中，C 表示碳排放，E 表示能源消费，LFE 表示地方财政支出，CFE 表示中央财政支出，P 表示人口规模，i 表示第 i 个地区。CI_i 表示第 i 个地区的能源碳排放强度，由于 $C_i/E_i = \sum_j C_{ij}/E_i = \sum_j (C_{ij}/E_{ij}) \times (E_{ij}/E_i)$，即第 i 个地区第 j 种能源的碳排放强度 C_{ij}/E_{ij} 与第 i 个地区的能源结构 E_{ij}/E_i 共同构成了第 i 个地区的能源碳排放强度，前者又被称为第 j 种能源的碳排放因子，通常是固定的，因此，第 i 个地区的能源碳排放强度也能够间接地反映该地区的能源结构。$LFEI_i$ 表示第 i 个地区财政支出的能源强度。FD_i 表示第 i 个地区的财政分权度，PS_i 表示第 i 个地区的人口比重。

4.3.2 基于时间维度的对数平均迪氏指数分解模型构建

借助加法型对数平均迪氏指数分解技术，我们在时间维度将基期 b 至报告期 t 碳排放的变化完全分解为能源碳排放强度效应、财政支出能源强度效应、财政分权效应、人口结构效应以及中央财政支出效应，如公式（4.21）所示：

$$\Delta C = \Delta C_{CI} + \Delta C_{LFEI} + \Delta C_{FD} + \Delta C_{PS} + \Delta C_{CFE} \quad (4.21)$$

其中，五种效应的计算公式依次可以写成：

$$\Delta C_{CI} = \sum_i L(C_i^b, C_i^t) \times \ln(CI_i^t/CI_i^b) \quad (4.22)$$

$$\Delta C_{LFEI} = \sum_i L(C_i^b, C_i^t) \times \ln(LFEI_i^t/LFEI_i^b) \quad (4.23)$$

$$\Delta C_{FD} = \sum_i L(C_i^b, C_i^t) \times \ln(FD_i^t / FD_i^b) \tag{4.24}$$

$$\Delta C_{PS} = \sum_i L(C_i^b, C_i^t) \times \ln(PS_i^t / PS_i^b) \tag{4.25}$$

$$\Delta C_{CFE} = \sum_i L(C_i^b, C_i^t) \times \ln(CFE^t / CFE^b) \tag{4.26}$$

公式（4.22）~公式（4.26）中的 $L(C_i^b, C_i^t) = (C_i^t - C_i^b)/(\ln C_i^t - \ln C_i^b)$ 表示对数平均权重函数。

4.3.3　基于空间维度的对数平均迪氏指数分解模型构建

对于地区之间碳排放差异巨大的国家而言，剖析造成某一时点地区之间碳排放存在巨大差异的原因同样重要。为了提高多个地区之间碳排放差异诱因的对比效率，同时，避免基准地区选择的主观性，我们借鉴昂等（2016）开发的多地区空间分解模型，对同一时点造成多个地区之间碳排放产生差异的诱因进行因素分解，如公式（4.27）所示：

$$\Delta C^{MR} = \sum_i \Delta C_i^{MR} = \sum_i (C_i - C^*) \tag{4.27}$$

其中，C_i^{MR} 表示每个地区碳排放与所有地区平均碳排放之间的差额，C^* 表示所有地区的平均碳排放。我们将每个地区碳排放与所有地区的平均碳排放之间的差异完全分解为能源碳排放强度效应、财政支出能源强度效应、财政分权效应、人口结构效应以及中央财政支出效应，如公式（4.28）所示：

$$\Delta C^{MR} = \sum_i \Delta C_i^{MR} = \sum_i (\Delta C_{i,CI}^{MR} + \Delta C_{i,LFEI}^{MR} + \Delta C_{i,FD}^{MR} + \Delta C_{i,PS}^{MR} + \Delta C_{i,CFE}^{MR}) \tag{4.28}$$

其中，$\Delta C_{i,CI}^{MR}$、$\Delta C_{i,LFEI}^{MR}$、$\Delta C_{i,FD}^{MR}$、$\Delta C_{i,PS}^{MR}$ 和 $\Delta C_{i,CFE}^{MR}$ 分别表示能源碳排放强度、财政支出能源强度、财政分权、人口结构以及中央财政支出对第 i 个地区碳排放与所有地区的平均碳排放之间差距的影响。

上述五种效应的计算公式依次可以写成：

$$\Delta C_{i,CI}^{MR} = L(C_i, C^*) \times \ln(CI_i / CI^*) \tag{4.29}$$

$$\Delta C_{i,LFEI}^{MR} = L(C_i, C^*) \times \ln(LFEI_i / LFEI^*) \tag{4.30}$$

$$\Delta C_{i,FD}^{MR} = L(C_i, C^*) \times \ln(FD_i / FD^*) \tag{4.31}$$

$$\Delta C_{i,PS}^{MR} = L(C_i, C^*) \times \ln(PS_i / PS^*) \tag{4.32}$$

$$\Delta C_{i,CFE}^{MR} = L(C_i, C^*) \times \ln(CFE_i / CFE^*) = 0 \tag{4.33}$$

公式（4.29）~公式（4.33）中的 $L(C_i, C^*) = (C_i - C^*)/(\ln C_i - \ln C^*)$ 表示对数平均权重函数。CI^*、$LFEI^*$、FD^*、PS^* 和 CFE^* 分别表示所有地区的平均能源碳排放强度、财政支出能源强度、财政分权、人口结构以及中央财政支出。

虽然上述基于指数分解理论的多地区空间分解模型为剖析多地区之间碳排放差异的诱因提供了很好的途径，但是该模型并未考虑到地区间碳排放的聚类问题。地区间碳排放的差异通常是地区间经济发展水平、能源消费结构、资源禀赋状况以及产业结构等存在差别的反映。所以，一方面，相较于关注与全国平均碳排放水平之间的差距，各地区的政策制定者可能更倾向于以与本地区经济发展水平、能源消费结构、资源禀赋状况以及产业结构等相近地区的平均碳排放水平为基准，出台和执行相应的节能减排举措。另一方面，相较于关注各个地区与全国平均碳排放水平之间的差距，一国的中央政府可能更倾向于调控不同经济发展水平、能源消费结构、资源禀赋状况以及产业结构等聚类地区的平均碳排放水平与全国平均碳排放水平之间的差距。

据此，为了在基于指数分解理论的多地区空间分解模型中体现不同层级政府之间差异化的减排目标，本书进一步将每个地区碳排放与所有地区平均碳排放之间的差距分解为两个部分：其一，每个地区碳排放与和该地区排放聚类的地区平均碳排放之间的差距；其二，每个排放聚类的地区平均碳排放与所有地区平均碳排放之间的差距。前者被定义为多地区空间组内分解模型，后者被定义为多地区空间组间分解模型。如公式（4.34）所示：

$$\Delta C^{MR} = \sum_i (C_i - C^*) = \sum_i (C_i - C_i^*) + (C_i^* - C^*) = \sum_i \Delta C_i^{MR-within} + \sum_i \Delta C_i^{MR-between}$$

$$(4.34)$$

其中，C_i^* 表示第 i 个地区所属的聚类地区平均碳排放，$\Delta C_i^{MR-within}$ 表示第 i 个地区碳排放与其所属聚类地区平均碳排放的差距，$\Delta C_i^{MR-between}$ 表示第 i 个地区所属的聚类地区平均碳排放与所有地区平均碳排放的差距。

进一步地，$\Delta C_i^{MR-within}$ 可被写成：

$$\Delta C_i^{MR-within} = \Delta C_{i,CI}^{MR-within} + \Delta C_{i,LFEI}^{MR-within} + \Delta C_{i,FD}^{MR-within} + \Delta C_{i,PS}^{MR-within} + \Delta C_{i,CFE}^{MR-within} \quad (4.35)$$

其中，$\Delta C_{i,CI}^{MR-within}$、$\Delta C_{i,LFEI}^{MR-within}$、$\Delta C_{i,FD}^{MR-within}$、$\Delta C_{i,PS}^{MR-within}$ 和 $\Delta C_{i,CFE}^{MR-within}$ 分别表示能源碳排放强度、财政支出能源强度、财政分权、人口结构以及中央财政支出对第 i 个地区碳排放与其所属聚类地区平均碳排放之间差距的影响。

上述五种效应的计算公式依次可以写成：

$$\Delta C_{i,CI}^{MR-within} = L(C_i, C_i^*) \times \ln(CI_i / CI_i^*) \quad (4.36)$$

$$\Delta C_{i,LFEI}^{MR-within} = L(C_i, C_i^*) \times \ln(LFEI_i / LFEI_i^*) \quad (4.37)$$

$$\Delta C_{i,FD}^{MR-within} = L(C_i, C_i^*) \times \ln(FD_i / FD_i^*) \quad (4.38)$$

$$\Delta C_{i,PS}^{MR-within} = L(C_i, C_i^*) \times \ln(PS_i / PS_i^*) \quad (4.39)$$

$$\Delta C_{i,CFE}^{MR-within} = L(C_i, C_i^*) \times \ln(CFE_i / CFE_i^*) = 0 \quad (4.40)$$

公式（4.36）~公式（4.40）中的 $L(C_i, C_i^*) = (C_i - C_i^*) / (\ln C_i - \ln C_i^*)$ 表示空间组内对数平均权重函数。

类似地，$\Delta C_i^{MR-between}$ 可被写成：

$$\Delta C_i^{MR-between} = \Delta C_{i,CI}^{MR-between} + \Delta C_{i,LFEI}^{MR-between} + \Delta C_{i,FD}^{MR-between} + \Delta C_{i,PS}^{MR-between} + \Delta C_{i,CFE}^{MR-between} \quad (4.41)$$

其中，$\Delta C_{i,CI}^{MR-between}$、$\Delta C_{i,LFEI}^{MR-between}$、$\Delta C_{i,FD}^{MR-between}$、$\Delta C_{i,PS}^{MR-between}$ 和 $\Delta C_{i,CFE}^{MR-between}$ 分别表示能源碳排放强度、财政支出能源强度、财政分权、人口结构以及中央财政支出对第 i 个排放聚类的地区平均碳排放与所有地区平均碳排放之间差距的影响。

上述五种效应的计算公式依次可以写成：

$$\Delta C_{i,CI}^{MR-between} = L(C_i^*, C^*) \times \ln(CI_i^* / CI^*) \quad (4.42)$$

$$\Delta C_{i,LFEI}^{MR-between} = L(C_i^*, C^*) \times \ln(LFEI_i^* / LFEI^*) \quad (4.43)$$

$$\Delta C_{i,FD}^{MR-between} = L(C_i^*,\ C^*) \times \ln(FD_i^*/FD^*) \tag{4.44}$$

$$\Delta C_{i,PS}^{MR-between} = L(C_i^*,\ C^*) \times \ln(PS_i^*/PS^*) \tag{4.45}$$

$$\Delta C_{i,CFE}^{MR-between} = L(C_i^*,\ C^*) \times \ln(CFE_i^*/CFE^*) = 0 \tag{4.46}$$

公式（4.42）~公式（4.46）中的 $L(C_i^*,\ C^*) = (C_i^* - C^*)/(\ln C_i^* - \ln C^*)$ 表示空间组间对数平均权重函数。

实现对基于指数分解理论的多地区空间分解模型的组内分解和组间分解还必须解决的另一个关键问题是确定各个地区碳排放的聚类状况。埃弗里特等（Everitt et al.，2001）曾对聚类分析方法进行了详尽的梳理。在聚类分析方法中，两个观测值之间是否聚类，通常取决于它们在所设定的一组变量上的相异性是否显著或者距离是否过大，而相异性和距离又通常以欧氏距离指标来测算，结合本节的研究内容，如公式（4.47）所示：

$$ED_{mn} = \left[\sum_k (C_{km} - C_{kn})^2\right]^{1/2} \tag{4.47}$$

其中，ED_{mn} 表示第 m 个地区与第 n 个地区在碳排放上的距离，C_{km} 和 C_{kn} 分别表示第 m 个地区与第 n 个地区的碳排放。通过不断测算各个地区在碳排放上的欧式距离，并将各个地区进行群组合并，直至所有地区被归属为一个群组，以此获得碳排放的若干聚类群组。埃弗里特等（2001）的研究表明，采用两个群组中观测值的平均相异性来确定是否进行群组合并最为稳健。因此，延续他们的思路，我们选择平均连接聚类分析法来确定各个地区碳排放的聚类状况。

4.3.4　分解结果与讨论

本节的实证研究主要基于中国 30 个省份（西藏、港澳台因数据缺失故不包含在内）1997 ~ 2016 年的相关数据。碳排放数据采用 IPCC 提供的方法 1 获得。平均低位发热量、碳含量、碳氧化因子等相关参数的选取与现有学者的研究一致（Clarke - Sather et al.，2011；Chen et al.，2017；Shan et al.，2018）。本节提及的碳源自燃烧 27 种能源，包括原煤、洗精煤、其他洗煤、煤矸石、焦炭、焦炉煤气、高炉煤气、转炉煤气、其他煤气、其他焦化产品、原油、汽油、煤油、柴油、燃料油、石脑油、润滑油、石蜡、溶剂油、石油沥青、石油焦、液化石油气、炼厂干气、其他石油制品、天然气、液化天然气和其他能源。各地区的能源消费数据来自历年《中国能源统计年鉴》。中央财政支出以及各地区的地方财政支出数据均来自历年《中国财政年鉴》，且做了剔除物价因素处理。物价指数数据来自历年《中国统计年鉴》。各地区的人口数据来自历年《中国统计年鉴》。由于数据缺失，我们暂未考虑西藏、香港、澳门和台湾地区。

表 4 - 1 汇报了 1997 ~ 2016 年中国总体碳排放的走势。由表可知，中国总体碳排放规模由 1997 年的 20.03 亿吨扩张至 2016 年的 53.79 亿吨，年均增幅为 5.5%。除此之外，2012 年以后中国的碳排放还出现了下降趋势。这表明，虽然中国当前仍然是全球最大的能源消费国和碳排放体，但是在各级政府的努力下，中国的节能减排成效已初步显现。这与基于全球碳预算数据（Le Quere et al.，2016）、基于中国多尺度排放数据（MEIC，2017）、

基于 EIA 数据（Bildirici，2017）以及 BP 数据（Chen et al.，2018）等的趋势研判较为接近。据此，中国很可能已经进入了碳排放的下降通道。

表 4 − 1　　　　　　　　　　中国总体碳排放趋势（1997 ~ 2016 年）　　　　　　单位：亿吨

年份	碳排放	年份	碳排放
1997	20. 03	2007	40. 18
1998	20. 38	2008	43. 13
1999	19. 83	2009	45. 96
2000	20. 56	2010	49. 36
2001	21. 35	2011	53. 96
2002	23. 07	2012	56. 05
2003	24. 97	2013	52. 95
2004	27. 93	2014	54. 26
2005	34. 19	2015	54. 19
2006	37. 43	2016	53. 79

　　进一步地，通过对比 1997 年和 2016 年中国 30 个省份的碳排放规模可知，中国各省份的碳排放趋势不尽相同。北京的碳排放呈现出先扩大后缩小的变化趋势，2016 年的碳排放规模（0. 5932 亿吨）已降至低于 1997 年的碳排放水平（0. 5970 亿吨[①]）。而河北、山东和四川等的碳排放走势则与中国总体碳排放走势较为接近。相比之下，甘肃、安徽和江西等的碳排放规模却一直呈现出扩大态势。之所以如此，不仅与各地区差异化的经济发展水平、产业结构、资源禀赋状况以及能源消费结构密切相关，而且还受制于各地区的相对财力差异。在碳税尚未开征的中国，地方政府很大程度上需要依赖财政支出手段来实现其对辖区内企业和居民节能减排行为的影响，例如，增加对企业节能减排技术创新的财政补贴，鼓励居民购买节能的家用电器以及选择低碳的出行方式（见表 4 − 2）。

表 4 − 2　　　　　　　　　　　　2016 年各省碳排放规模　　　　　　　　　单位：百万吨

省份	碳排放	省份	碳排放
北京	5 932	江西	12 429
安徽	17 541	辽宁	27 874
福建	13 124	内蒙古	23 922
甘肃	8 453	宁夏	6 027
广东	26 943	青海	3 291

---

① 国家统计局工业交通统计司编：《中国能源统计年鉴（1997 - 1999）》，中国统计出版社 2001 年版。

省份	碳排放	省份	碳排放
广西	13 616	山东	37 853
贵州	14 994	山西	22 278
海南	1 798	陕西	13 468
河北	47 134	上海	14 754
河南	25 591	四川	24 665
黑龙江	15 844	天津	10 137
湖北	23 589	新疆	13 817
湖南	24 051	云南	14 484
吉林	13 011	浙江	15 971
江苏	30 772	重庆	14 565
		全国平均	17 931

表 4-3 汇报了反映相对财力状况的财政分权对中国碳排放变化的直接影响和间接影响。从相对影响程度来讲，2008 年之前，财政分权对中国碳排放的间接影响大于直接影响，而在此之后，来自财政分权的直接影响逐步超过了间接影响，且两者的相对影响程度差距日益扩大。1997 年，财政分权对中国碳排放的间接影响是其对中国碳排放直接影响的 1.38 倍。这一差距在 2008 年缩小至 1.18 倍。2016 年，财政分权对中国碳排放的直接影响反而是其对中国碳排放间接影响的 4.1 倍。这表明，在与中央政府的财权博弈过程中，地方政府获得的相对财力越来越显著地成为影响中国碳排放变化的主导因素。该因素对中国碳排放变化的影响远超过地方财政支出的能源强度以及中央财政支出的规模这两个因素对中国碳排放变化的影响程度之和。这意味着，在中央政府与地方政府之间科学地确定一个财权配置规则是实现中国节能减排目标不可或缺的关键手段。

表 4-3　　　　　　财政分权对碳排放变化的影响：直接与间接　　　　　单位：百万吨

影响区间	直接效应	间接效应	其他效应	总效应
1997~1998 年	-107.44	148.08	-5.75	34.88
1997~1999 年	-350.21	344.22	-13.62	-19.61
1997~2000 年	-639.62	705.57	-13.13	52.82
1997~2001 年	-249.66	406.13	-24.90	131.57
1997~2002 年	-289.22	624.85	-31.71	303.92
1997~2003 年	-258.10	781.04	-29.08	493.87
1997~2004 年	30.97	788.18	-29.37	789.78
1997~2005 年	266.25	1 177.25	-27.54	1 415.96

续表

影响区间	直接效应	间接效应	其他效应	总效应
1997 ~ 2006 年	470.03	1 288.84	-18.91	1 739.95
1997 ~ 2007 年	562.35	1 469.02	-16.02	2 015.35
1997 ~ 2008 年	1 063.32	1 257.01	-9.89	2 310.44
1997 ~ 2009 年	1 356.32	1 245.35	-8.70	2 592.97
1997 ~ 2010 年	1 838.43	1 082.00	12.84	2 933.27
1997 ~ 2011 年	2 643.68	746.60	2.99	3 393.26
1997 ~ 2012 年	2 771.40	834.55	-3.50	3 602.45
1997 ~ 2013 年	2 749.09	543.31	-0.66	3 291.75
1997 ~ 2014 年	2 709.40	722.30	-8.16	3 423.54
1997 ~ 2015 年	2 770.31	668.65	-23.30	3 415.65
1997 ~ 2016 年	2 752.58	670.64	-46.88	3 376.34

从影响方向来讲，财政分权对中国碳排放的直接影响方向经历了由负到正的过程。1997 ~ 2003 年，财政分权带来了中国碳排放规模的削减，削减量由 107.44 百万吨增加至 258.10 百万吨。2004 ~ 2016 年，财政分权转而诱发中国碳排放的扩张，由 30.97 百万吨增加至 2 752.58 百万吨。这表明，财政分权对中国碳排放的影响是非线性的。伴随财政分权程度的提高，在地方财权偏小的时期，地方相对财力的增加有助于实现节能减排；在地方财力较大的时期，地方相对财力的进一步增加反而会转向刺激碳排放的扩张。这一结果与以往涉及财政分权对环境污染影响的研究结论相悖。

之所以如此，主要是因为污染防治与节能减排的公共品属性存在差别。污染防治可被视作地方公共品，而节能减排可被视作全局公共品。当地民众对环境污染的感知程度更高，从而民众的"用脚投票"行为会激励地方政府在获得相对充裕的财力时尽可能地增加对环境污染的防治支出。与之相反，一方面，当地民众对节能减排的感知程度更低，居民收入水平的提升甚至还可能带来居民用能强度的提高，所以，地方政府并无来自当地居民的节能减排压力；另一方面，虽然节能减排一直是中央政府关注的全国性问题，但是推进节能减排工作却必须下放至各个地区，而中央政府激励和约束地方政府节能减排行为的举措大多需要依靠财力配给来实现，所以，当地方财力极为有限时，为了获得中央政府在财力上的支持，财政分权度的提升必然带来地方政府积极推进节能减排工作；当地方财力较为充沛时，地方政府的议价能力提升，且更倾向于将财政资金用于其他发展地方经济和提升居民福祉的领域。这意味着，对待财力不足和财力充沛的地区，中央政府应该出台有差别的激励举措来实现节能减排目标。

与之不同的是，财政分权对中国碳排放的间接影响方向始终为正。1997 年，地方财政支出的能源强度以及中央财政支出的规模这两个因素共同诱发了中国碳排放扩张了 1.4808 亿吨。2016 年，这一共同影响增加至 6.7064 亿吨。这表明，在财政分权对中国碳排放产生间接影响的因素中，那些刺激碳排放扩张的因素不仅始终占据主导地位，而且完全抵消了那些有益于抑制碳排放增加的因素的作用。这意味着，要想改变那些与财政分权有关的其他财政支出因素对碳排放的刺激作用，各级政府必须找寻到这些因素中有益于抑制能耗和碳排放的因素，并充分发挥这些因素的作用。

表 4-3 还汇报了除财政分权因素之外的其他社会经济因素（包括能源碳强度和相对人口规模）对中国碳排放变化的影响。1997 年，其他社会经济因素带来中国碳排放削减 5.75 百万吨，至 2016 年，这一抑制作用扩大至 46.88 百万吨。不难发现，其他社会经济因素的相对影响程度显著偏低，且基本维持对中国碳排放的负向影响。这意味着，优化能源消费结构以及合理调控人口规模也是实现节能减排目标的重要途径。

表 4-4 汇报了财政分权对中国碳排放间接影响的再分解结果。一方面，从相对影响程度来讲，中央财政支出效应始终略大于财政支出能源强度效应；另一方面，从影响方向来讲，中央财政支出效应始终对中国碳排放产生正向影响，而财政支出能源强度效应始终对中国碳排放产生负向影响。1997~2016 年，中央财政支出效应的正向作用由 441.11 百万吨扩张至 6 908.95 百万吨，同时，财政支出能源强度效应的负向作用由 293.03 百万吨扩张至 6 238.31 百万吨。这表明，之所以财政分权对中国碳排放的间接影响方向始终为正，是因为刺激碳排放扩张的中央财政支出效应的作用一直抵消了抑制碳排放扩张的财政支出能源强度效应的作用。这意味着，要想改变这些与财政分权有关的其他财政支出因素对碳排放的间接刺激作用，各地政府必须着力提高地方财政支出的节能效率，降低每单位地方财政支出所能引导的能源消费量。

表 4-4　　　　　财政分权对碳排放变化的间接影响：进一步的效应分解　　　单位：百万吨

影响区间	财政支出能源强度效应	中央财政支出效应
1997~1998 年	-293.03	441.11
1997~1999 年	-684.14	1 028.35
1997~2000 年	-904.31	1 609.88
1997~2001 年	-1 308.22	1 714.35
1997~2002 年	-1 517.13	2 141.98
1997~2003 年	-1 635.43	2 416.48
1997~2004 年	-1 828.93	2 617.11
1997~2005 年	-1 966.51	3 143.76
1997~2006 年	-2 336.68	3 625.51
1997~2007 年	-2 558.54	4 027.55
1997~2008 年	-3 219.57	4 476.58
1997~2009 年	-3 831.91	5 077.26

续表

影响区间	财政支出能源强度效应	中央财政支出效应
1997～2010 年	−4 254.22	5 336.22
1997～2011 年	−4 800.56	5 547.16
1997～2012 年	−5 195.14	6 029.70
1997～2013 年	−5 498.41	6 041.72
1997～2014 年	−5 671.92	6 394.22
1997～2015 年	−6 097.57	6 766.22
1997～2016 年	−6 238.31	6 908.95

对比中国30个省份1997～2016年财政分权对碳排放的直接影响和间接影响。一方面，虽然从全国层面来讲，财政分权对碳排放的直接影响超过了间接影响，但是从省级层面来讲，来自财政分权的直接影响却未必始终大于间接影响；另一方面，相比省际平均水平，不同省份财政分权对碳排放的直接影响和间接影响也呈现出较大差异（见表4－5）。

表4－5　　各省财政分权对碳排放变化的影响：直接与间接（1997～2016 年）　单位：百万吨

省份	直接效应	间接效应	省份	直接效应	间接效应
北京	2 780.22	−4 324.77	江西	7 800.41	1 052.24
安徽	12 265.75	−627.44	辽宁	5 671.66	12 983.40
福建	3 905.60	5 583.30	内蒙古	13 584.89	5 336.26
甘肃	6 113.95	−566.23	宁夏	2 939.85	1 680.07
广东	5 766.42	5 410.95	青海	1 896.33	506.13
广西	7 712.61	2 657.11	山东	15 088.32	11 151.75
贵州	13 945.15	−3 746.83	山西	11 213.41	401.90
海南	883.95	369.50	陕西	9 842.49	−646.44
河北	19 933.15	11 700.75	上海	256.59	4 872.93
河南	15 804.19	2 060.54	四川	16 540.98	2 725.48
黑龙江	7 738.66	1 749.33	天津	4 262.67	−41.82
湖北	17 671.78	−2 445.53	新疆	7 247.70	36.18
湖南	13 987.14	3 012.42	云南	2 657.62	7 302.37
吉林	7 419.68	221.43	浙江	9 754.79	−1 258.94

省份	直接效应	间接效应	省份	直接效应	间接效应
江苏	18 273.02	773.57	重庆	12 299.00	-865.84
			全国平均	5 140.04	727.60

第一类省份中，财政分权对碳排放的正向直接影响和间接影响均大于省际平均直接影响和间接影响，包括河北、山东、内蒙古、湖南和四川。由于这些省份大多盛产化石燃料，特别是煤炭资源，同时，这些省份经济的增长大多高度依赖于高能耗和高排放的产业，因此，这些省份获得的财力越大，地方政府越倾向于发展那些高能耗和高排放的产业，而非通过扩大财政支出的方式来推进节能减排，从而这些省份财政分权对碳排放的正向直接影响和间接影响均相对偏大。

第二类省份中，财政分权对碳排放的正向直接影响小于省际平均直接影响，同时，正向间接影响大于省际平均间接影响，包括辽宁、上海、福建、广东、广西和云南。由于这些省份大多位于东部沿海地区，虽然地方政府也会凭借财政支出手段保障经济增长所需的能源消费，而非积极的节能减排，但是，相对充沛的财力使得地方政府也会兼顾其他社会经济发展目标，因此，这些省份财政分权对碳排放的正向直接影响相对偏小，而正向间接影响相对偏大。

第三类省份中，财政分权对碳排放的直接影响和间接影响均小于省际平均直接影响和间接影响，包括北京、天津、新疆、青海、宁夏、甘肃、吉林、黑龙江、江西和海南。由于这些省份要么经济相对发达，一方面，其地方政府虽会凭借财政支出手段保障经济增长所需的能源消费，但也会兼顾其他社会经济发展目标；另一方面，经济增长催生的技术进步，促使地方政府鼓励低能耗和低排放产业的发展，提高地方财政支出的节能效率。要么经济相对落后且自然资源贫瘠，一方面，其地方政府会凭借有限的财力鼓励高能耗、高排放产业的发展，继而带动经济增长；另一方面，地方政府也更倾向于提高地方财政支出的节能效率，并以此作为与中央政府财力配给博弈中的重要筹码，因此，这些省份财政分权对碳排放的正向直接影响相对偏小，同时，负向间接影响也相对偏小。

第四类省份中，财政分权对碳排放的直接影响大于省际平均直接影响，同时，间接影响小于省际平均间接影响，包括贵州、重庆、陕西、山西、河南、湖北、安徽、江苏和浙江。由于这些省份中的大多数经济发展水平相对落后，且化石能源储量相对丰沛，地方政府倾向于发展那些高能耗和高排放的产业来支撑当地经济的持续增长，同时，这些地方政府也更倾向于提高地方财政支出的节能效率，并以此作为与中央政府财力配给博弈中的重要筹码，因此，这些省份财政分权对碳排放的正向直接影响相对偏大，而负向间接影响相对偏小。

上述结果意味着，一方面，在节能减排的财力分配中，中央政府适当上收地方政府的财力或许更有助于实现既定的减排目标；另一方面，中央政府还应该关注各地财政支出的去向，制定差异化的举措以推动各地财政支出节能效率的提升。

为了从财政分权角度剖析造成多个地区之间碳排放产生差异的原因，借助 2016 年的数据，以全国平均碳排放水平为基准，表 4 - 6 依次对 30 个省份碳排放与全国平均碳排放之间的差距进行了因素分解。

表 4 - 6　　　　　省际财政分权对碳排放变化的影响：直接与间接（2016 年）　　　　单位：百万吨

与全国平均比较	总效应	直接效应	间接效应	其他效应
河北	292.03	- 100.92	218.37	174.58
山东	199.22	- 68.18	56.58	210.82
江苏	128.41	18.03	- 25.24	135.61
辽宁	99.43	- 13.76	128.51	- 15.32
广东	90.12	26.35	- 108.88	172.65
河南	76.60	- 83.24	- 2.85	162.69
四川	67.34	- 46.92	- 5.69	119.95
湖南	61.20	- 55.97	29.98	87.19
内蒙古	59.91	84.96	89.52	- 114.58
湖北	56.58	- 13.88	20.25	50.21
山西	43.47	- 48.60	123.97	- 31.91
安徽	- 3.90	- 44.36	- 14.13	54.59
浙江	- 19.59	18.04	- 57.66	20.03
黑龙江	- 20.87	- 1.89	15.81	- 34.80
贵州	- 29.37	1.91	6.54	- 37.83
上海	- 31.77	142.99	- 50.47	- 124.29
重庆	- 33.65	33.55	- 10.22	- 56.98
云南	- 34.47	- 22.24	- 21.95	9.72
新疆	- 41.14	55.16	7.24	- 103.54
广西	- 43.15	- 32.70	- 20.44	9.99
陕西	- 44.63	2.68	- 19.47	- 27.83
福建	- 48.07	- 3.17	- 12.77	- 32.14
吉林	- 49.20	22.64	13.59	- 85.44
江西	- 55.02	- 20.59	- 37.56	3.13
天津	- 77.94	101.54	- 26.61	- 152.86
甘肃	- 94.78	- 1.75	- 11.60	- 81.43
宁夏	- 119.04	44.98	39.43	- 203.44

与全国平均比较	总效应	直接效应	间接效应	其他效应
北京	− 119.99	101.25	− 121.27	− 99.97
青海	− 146.40	51.73	− 22.12	− 176.01
海南	− 161.33	18.35	− 55.17	− 124.52

2016 年，中国近63%的省份（包括北京、天津、吉林、黑龙江、上海、浙江、安徽、福建、江西、广西、海南、重庆、贵州、云南、陕西、甘肃、青海、宁夏以及新疆19 个省份）排放的碳规模低于全国平均水平。这一差距的产生源自财政分权直接效应、间接效应以及其他社会经济效应的共同作用。63%的省份的财政分权直接效应为正（除了安徽、黑龙江、云南、广西、福建、江西和甘肃）。这表明，大多数省份的财政分权程度高于全国平均水平。同时，74%省份的财政分权间接效应为负（除了黑龙江、贵州、新疆、吉林和宁夏）。这表明，大多数省份的财政支出能源强度低于全国平均水平，且意味着这些省份每单位地方财政支出的节能效率高于全国平均水平。此外，74%的省份的其他社会经济效应也为负（除了安徽、浙江、云南、广西和江西）。这表明，大多数省份能源碳排放强度和人口结构的综合影响程度低于全国平均水平，且意味着很可能这些省份的能源消费结构更加低碳化、相对人口规模更加适度。

与之相反，余下37%的省份排放的碳规模却高于全国平均水平。这一差距的产生同样源自财政分权直接效应、间接效应以及其他社会经济效应的共同作用。73%的省份的财政分权直接效应为负（除了江苏、广东和内蒙古）。这表明，大多数省份的财政分权程度低于全国平均水平。64%省份的财政分权间接效应为正（除了江苏、广东、河南和四川）。这表明，大多数省份的财政支出能源强度高于全国平均水平，且意味着这些省份每单位地方财政支出的节能效率低于全国平均水平。73%省份的其他社会经济效应也为正（除了辽宁、山西和内蒙古）。这表明，大多数省份能源碳排放强度和人口结构的综合影响程度高于全国平均水平，且意味着很可能这些省份的能源消费结构更加高碳化，人口空间分布更加不合理。

上述结果意味着，中央政府在敦促地方政府实现节能减排的过程中应该制定差异化的举措，特别是关注财政分权直接效应对那些碳排放水平高于全国平均水平省份的影响，以及财政分权间接效应和其他社会经济效应对那些碳排放水平低于全国平均水平省份的影响。具体来讲，一方面，以缩小与全国平均碳排放水平之间的差距为目标，适当赋予那些碳排放水平高于全国平均水平省份更多的财权，使其有能力改变当地高碳化的能源消费结构，同时，优化人口的空间布局。另一方面，以扩大较低碳排放水平的优势为目标，继续鼓励那些碳排放水平低于全国平均水平的省份提升其每单位地方财政支出的节能效率。

为了体现中央政府与地方政府在面对地区之间碳排放差距时的差异化减排目标，仍然借助2016 年的数据，同时以全国平均碳排放水平与省际聚类平均碳排放水平为基准，我们依次对30 个省份碳排放与全国平均碳排放之间的差距进行了排放聚类的组内和组间分解。表4-7列示了2016年中国30个省份碳排放的聚类情况。

表4-7　　　　　　　　　中国30个省份碳排放的聚类（2016年）

聚类组	省份	聚类组	省份
聚类 I	北京	聚类 II	贵州
聚类 I	天津	聚类 II	云南
聚类 I	海南	聚类 II	陕西
聚类 I	甘肃	聚类 II	新疆
聚类 I	青海	聚类 III	山西
聚类 I	宁夏	聚类 III	内蒙古
聚类 II	吉林	聚类 III	辽宁
聚类 II	黑龙江	聚类 III	江苏
聚类 II	上海	聚类 III	河南
聚类 II	浙江	聚类 III	湖北
聚类 II	安徽	聚类 III	湖南
聚类 II	福建	聚类 III	广东
聚类 II	江西	聚类 III	四川
聚类 II	广西	聚类 IV	河北
聚类 II	重庆	聚类 IV	山东

　　进一步地，从排放聚类的组内和组间差距角度对中国30个省份碳排放与全国平均碳排放之间的差距进行分解，2016年，无论各省份的碳排放规模是否高于全国平均水平，从排放聚类来看，聚类分组之间的碳排放差距始终是造成各省碳排放与全国平均碳排放产生差距的主要原因，特别是排放聚类的Ⅳ类地区。这表明，30个省份之所以呈现不同的碳排放，可能是因为各省与能源消费以及碳排放相关的社会经济特征存在显著差别。从长期来讲，各省份的排放水平更可能向与之具有相似社会经济发展特征的聚类省份的平均排放水平趋同，而相异社会经济发展特征的聚类省份之间的排放水平很难实现趋同。倘若中央政府以全国平均碳排放水平为基准，要求各省份执行相应的节能减排政策，那么，这些政策的实施效果很大程度上会事倍功半。另外，也正是由于各省份的碳排放与其所在的排放聚类分组的平均碳排放之间的差距较小，因此，地方政府本身并无特别强烈的动力去推进节能减排工作。

　　表4-8依次报告了财政分权直接效应和间接效应对四个排放聚类分组平均碳排放与全国平均碳排放之间差距的影响。从作用方向来看，不仅平均碳排放低于全国平均水平的排放聚类分组（Ⅰ类地区和Ⅱ类地区）中财政分权直接效应和间接效应的作用方向与平均碳排放高于全国平均水平的排放聚类分组中（Ⅲ类地区和Ⅳ类地区）财政分权直接效应和间接效应的作用方向相反，而且四个排放聚类分组中财政分权直接效应与间接效应的作用方向也均相反。对于Ⅰ类地区和Ⅱ类地区，它们的财政分权程度高于全国平均水平，同时

它们的每单位地方财政支出驱动的能源消费规模小于全国平均水平，这意味着，中央政府对这两个减排领先聚类地区地方政府的监管重点在于评估它们是否能够做到不断提升地方财政支出的节能效率。对于Ⅲ类地区和Ⅳ类地区，它们的财政分权程度低于全国平均水平，同时它们的每单位地方财政支出驱动的能源消费规模大于全国平均水平，这意味着，中央政府对这两个减排落后聚类地区地方政府的监管重点在于评估它们在节能减排工作中所需的财力缺口，并适当增加其财力配额。

表 4 - 8 　　　　聚类组间财政分权对碳排放变化的影响：直接与间接　　单位：百万吨

聚类组	直接效应	间接效应
聚类Ⅰ	- 82.14	129.12
聚类Ⅱ	- 16.55	11.71
聚类Ⅲ	8.13	- 17.64
聚类Ⅳ	58.88	- 44.95

从相对作用大小来讲，排放聚类Ⅰ类地区和Ⅲ类地区的财政分权直接效应大于间接效应，而排放聚类Ⅱ类地区和Ⅳ类地区则相反。这表明，相比同属减排领先聚类地区的Ⅱ类地区，Ⅰ类地区还应关注财政分权直接效应对节能减排的不利影响，中央政府应适度削减Ⅰ类地区的财力配额。此外，相比同属减排落后聚类地区的Ⅲ类地区，Ⅳ类地区还应关注财政支出能耗强度偏高对节能减排的不利影响，中央政府应敦促该类地区的地方政府将有限的财力用于提升地方财政支出节能效率方面。

表 4 - 9 依次报告了财政分权直接效应和间接效应对中国 30 个省份碳排放与各自所属的排放聚类分组平均碳排放之间差距的影响。从作用方向来看，各省份的财政分权直接效应和间接效应差别较大。既有财政分权程度和财政支出能耗强度同时低于所属聚类分组平均财政分权程度和平均财政支出能耗强度的省份，例如，陕西、云南、四川等；也有财政分权程度和财政支出能耗强度同时高于所属聚类分组平均财政分权程度和平均财政支出能耗强度的省份，例如，内蒙古、吉林、辽宁等；还有财政分权程度低于所属聚类分组平均财政分权程度，同时，财政支出能耗强度高于所属聚类分组平均财政支出能耗强度的省份，例如，宁夏、甘肃、福建等；更有财政分权程度高于所属聚类分组平均财政分权程度，同时，财政支出能耗强度低于所属聚类分组平均财政支出能耗强度的省份，例如，北京、上海、浙江等。

表 4 - 9 　　　　聚类组内财政分权对碳排放变化的影响：直接与间接　　单位：百万吨

与所属聚类组平均比较	直接效应	间接效应
河北	- 20.36	120.49
山东	13.18	- 96.86

续表

与所属聚类组平均比较	直接效应	间接效应
江苏	42.88	−45.08
辽宁	4.25	137.59
广东	51.41	−143.30
河南	−79.12	−17.30
四川	−36.43	−20.43
湖南	−47.47	22.15
内蒙古	120.05	92.99
湖北	2.38	10.72
山西	−39.54	134.73
安徽	−47.90	4.74
浙江	8.52	−35.11
黑龙江	−9.32	30.73
贵州	−5.71	21.96
上海	120.72	−29.24
重庆	22.73	6.71
云南	−27.21	−3.83
新疆	42.23	21.93
广西	−36.32	−2.94
陕西	−4.64	−2.15
福建	−9.78	3.65
吉林	13.32	27.15
江西	−25.15	−18.87
天津	15.75	17.23
甘肃	−39.63	22.95
宁夏	−7.81	46.39
北京	23.21	−41.78
青海	2.54	7.09
海南	−9.73	−12.90

从相对作用大小来讲，隶属减排落后聚类地区的省份，其财政分权直接效应和间接效应的影响程度要普遍大于隶属减排领先聚类地区的省份。例如，海南财政分权直接效应和间接效应对该省碳排放与Ⅰ类地区平均碳排放之间差距的影响程度分别仅为 −9.73 百万吨和 −12.90 百万吨，而河北财政分权直接效应和间接效应对该省碳排放与Ⅳ类地区平均碳

排放之间差距的影响程度分别达到 – 20. 36 百万吨和 120. 49 百万吨。

值得关注的是，各省财政分权直接效应和间接效应在表 4 – 6 和表 4 – 9 中呈现的作用差异较大。例如，倘若对比山东碳排放与全国平均碳排放之间的差距，那么，来自财政分权直接效应和间接效应的影响分别是负向和正向，而对比山东碳排放与其所属Ⅳ类地区平均碳排放之间的差距，那么，来自财政分权直接效应和间接效应的影响又分别是正向和负向。

上述结果再次表明，以不同的政策目标来规制各地政府的节能减排行为将呈现不同的政策路径。对于地方政府而言，缩小辖区内碳排放与相应所属聚类分组平均碳排放之间的差距才是它们推行各种节能减排政策的目标。因而，上述多地区组内和组间分解得到的结果比以往多地区分解的结果更具有现实解释力。

4. 4 相关附件

本章实例中涉及的主要数据及计算过程参见电子版教材。

第 5 章

数据包络分析

5.1 前言

数据包络分析（Data Envelopment Analysis，DEA）是一种基于多投入、多产出的同类型决策单元（Decision Making Unit，DMU）之间相对比较的非参数技术效率分析方法。DEA 的特征包括：第一，研究目标是对一组同类型的 DMU 进行效率评价，评价的准则是投入固定时产出最大或是产出固定时投入最小；第二，适用范围主要集中于多投入或多产出的同类型 DMU，可以将 DEA 简单理解为将单投入、单产出的工程效率概念推广到多投入、多产出的效率评价方法；第三，操作方法属于一种广义的数理统计方法，而非回归分析，因为 DEA 是通过 DMU 构造生产前沿面，并基于 DMU 与生产前沿面的距离进行效率评价，而非基于最小方差准则确定生产函数，因此 DEA 是一种非参数的统计估计方法。

世界上第一个 DEA 模型是由美国学者查恩斯、库珀和罗兹（Charnes，Cooper and Rhodes）3 人于 1978 年首次提出的，因此第一个 DEA 模型也被命名为 CCR 模型（Charnes et al.，1978）。经过数年的发展，当前 DEA 已被广泛应用于教育、农业、环境、宏观经济、金融、税务、医疗卫生、体育、公共交通、企业管理等诸多领域（成刚，2014）。据不完全统计，国际上公开发表的 DEA 论文数量在 2007 年就超过了 4 000 篇（Emrouznejad et al.，2008）。本章将在介绍 DEA 相关基础知识的基础上，重点介绍近年来 DEA 在能源环境领域的应用，并结合笔者在该领域发表的期刊论文进行实例解析。

5.2 数据包络分析

5.2.1 基础知识

DEA 是一种基于多投入、多产出的效率测度方法。效率可以简单理解为投入产出比：在投入既定的情况下，效率由产出最大化的程度来衡量；在产出既定的情况下，效率由投入最小化的程度来衡量。DEA 将效率的测度对象称为决策单元（DMU），DMU 可以是任何具有可测量投入、产出（或输入、输出）的部门，如厂商、学校、医院、项目执行单位，也可以是个人，如教师、学生、医生等。

需要注意的是，DMU 之间必须具有同质性，即所有的 DMU 均具有可比性。另外，在生产过程中，DMU 的投入和产出应当具有生产上的因果关系，即投入对应产出的投入，产出对应投入的产出。投入和产出的因果关系不仅指狭义上企业生产的资本、劳动投入与对应产出的关系，也可指广义上如地区财政投入与该地区基本公共服务之间的关系。虽然基于不具有生产上因果关系的投入和产出也能计算对应 DMU 的技术效率，但这种技术效率不具有现实意义。

5.2.2 CCR 模型与 BCC 模型

CCR 模型假设规模收益不变，其得出的效率通常被称为综合效率。在实际生产中，由于许多生产单位并没有处于最优规模的生产状态，因此 CCR 模型得出的效率同时包含了规模效率和技术效率两部分。查恩斯等（Charnes et al.，1978）指出，任何一个 DMU 的效率均可表示为给定条件下权重产出与权重投入的比值最大化，给定的条件是：对于任何一个 DMU，权重产出与权重投入的比值均小于或等于 1，即：

$$\max h_o = \frac{\sum_{r=1}^{s} \mu_r y_{ro}}{\sum_{i=1}^{m} \nu_i x_{io}}$$

$$\text{s. t. } \frac{\sum_{r=1}^{s} \mu_r y_{rj}}{\sum_{i=1}^{m} \nu_i x_{ij}} \leq 1 \text{ ; } j=1, 2, \cdots, n; \tag{5.1}$$

$$\mu_r \text{、} \nu_i \geq 0; \ r=1, \cdots, s; \ i=1, 2, \cdots, m$$

其中，y_{rj}、x_{ij}（y_{rj}、$x_{ij} > 0$）为第 j 个 DMU 的第 r 类产出与第 i 类投入的已知数量；μ_r、$\nu_i \geq 0$ 为满足约束条件且使得目标函数最大化的对应类型的产出与投入的待解可变权重

（variable weights），通过该组权重，所有的 DMU 被用于构造衡量效率大小的参照集（reference set），任一个 DMU 的效率值均是相比其他 DMU 的相对效率；下标 o 用于区分待衡量效率的 DMU；r、s 分别代表第 r 类产出及产出的数量；i、m 分别代表第 i 类投入及投入的数量；j、n 分别代表第 j 个 DMU 及 DMU 的总量。

由于将投入和产出均扩大 t 倍时（规模收益不变意味着投入扩大 t 倍，则产出也扩大 t 倍），式（5.1）的目标函数求解不变，因此式（5.1）衡量的是规模报酬不变时的效率。

式（5.1）为非线性规划，可进一步转化为线性规划表达式[①]：

$$
\begin{aligned}
\max\ & z_o \\
\text{s. t. } & -\sum_{j=1}^{n} \lambda_j y_{rj} + z_o y_{ro} \leq 1 \text{ , } r = 1,\ 2,\ \cdots,\ s\text{；} \\
& \sum_{j=1}^{n} \lambda_j x_{ij} \leq x_{io} \text{ , } i = 1,\ 2,\ \cdots,\ m\text{；} \\
& \lambda_j \geq 0
\end{aligned}
\tag{5.2}
$$

其中，λ_j 表示 DMU 的线性组合系数（也称为强度变量 intensity variables），模型的最优解 z_o^* 代表在给定条件下，DMU_o 的产出可扩大的比例，DMU_o 的效率为 $\dfrac{1}{z_o^*} \in (0,\ 1]$。

如何理解式（5.2）呢？简单而言，式（5.2）中 $\sum_{j=1}^{n} \lambda_j x_{ij}$ 与 $\sum_{j=1}^{n} \lambda_j y_{rj}$ 构成一个虚拟的 DMU，其投入不高于 DMU_o 的投入，产出不低于 DMU_o 的产出，该虚拟的 DMU 即为被评价 DMU_o 的目标值。如果 DMU_o 恰好与该虚拟 DMU 重合，则 $z_o^* = 1$，即 DMU_o 完全有效率；否则，$z_o^* > 1$，即 DMU_o 存在效率损失。

在 CCR 模型的基础上，班克等（Banker et al.，1984）进一步提出了估计规模收益可变的 DEA 模型，也称 BCC 模型。BCC 模型基于规模收益可变，得出的效率排除了规模的影响，因此其得出的效率通常也被称为"纯技术效率"。

BCC 模型在式（5.2）的基础上增加了约束条件 $\sum_{j=1}^{n} \lambda_j = 1$，该约束条件代表 DMU_o 在参照集上的投影点的生产规模与 DMU_o 的生产规模处于同一水平。图 5-1 展示了 CCR 模型和 BBC 模型在构造生产前沿面和效率测度方面的区别。

图 5-1 的横纵坐标分别代表投入 x 和产出 y，A、B、C 是需要被评价的 DMU，O 为原点，AM 垂直于横坐标。如果是 CCR 模型，则 A、B、C 构成的生产前沿面为通过原点和 B 点的射线 OBD，此时仅有 B 位于生产前沿面，A、C 均存在效率损失；如果是 BCC 模型，则 A、B、C 构成的生产前沿面为 $MABC$，A、B、C 均位于生产前沿面，效率值均为 1。

[①] 关于式（5.1）到式（5.2）的转换可参见数据包络分析方法与 MaxDEA 软件 [M]. 北京：知识产权出版社，2014.

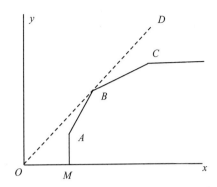

图 5 - 1　产出导向的 CCR 模型与 BCC 模型基本原理

5.2.3　环境生产技术与方向距离函数

数据包络分析是能源环境领域常用的研究方法。将数据包络分析引入能源环境领域的关键是将非期望产出（如污染物排放、碳排放）纳入常规的 DEA 模型，这就需引入含非期望产出的环境生产技术以及方向距离函数。污染的基本问题是在一定投入的基础上，"好"产出如 GDP 通常不可避免伴随着"坏"产出如废气、废水排放。"好"产出也常被称为期望产出，"坏"产出常被称为非期望产出。期望产出与非期望产出通常是联合决定的，减少非期望产出需付出一定成本，该成本以期望产出的减少量衡量。

关于环境生产技术的定义为（Chung et al.，1997）：假设期望产出为 $y \in \mathbb{R}_+^s$，非期望产出为 $b \in \mathbb{R}_+^K$，投入为 $x \in \mathbb{R}_+^m$，则以产出集表示的环境生产技术为：

$$P(x) = \{(y, b): x \text{ 能够产出}(y, b)\} \tag{5.3}$$

对于环境生产技术，减少非期望产出需要额外成本[①]（这也称为非期望产出的弱可处置性）：

$$(y, b) \in P(x) \text{ 且当 } 0 \leqslant \theta \leqslant 1 \text{ 时，} (\theta y, \theta b) \in P(x) \tag{5.4}$$

非期望产出的弱可处置性意味着，投入固定时，减少非期望产出的唯一途径是减少期望产出。

另外，假设期望产出是自由可处置的（或强可处置性）：

$$(y, b) \in P(x) \text{ 且当 } y` \leqslant y \text{ 时，} (y`, b) \in P(x) \tag{5.5}$$

期望产出与非期望产出具有零结合性，可表示为：

如果 $(y, b) \in P(x)$，则当 $b = 0$ 时，$y = 0$。　　　　　　　　　　(5.6)

期望产出与非期望产出的零结合性意味着将非期望产出降至零的唯一办法是将期望产出降至零。换言之，如果期望产出大于零，则非期望产出不可避免地也大于零。

相比传统的生产技术如 CCR 模型或 BCC 模型，环境生产技术与之相同的点在于：都

---

①　此处是指对于位于生产前沿面的 DMU 而言，减少非期望产出需要额外成本。如果 DMU 与生产前沿面存在一定距离，则理论上通过提升效率可实现零成本降低非期望产出。

假定生产集为有界闭集，投入和期望产出具有强可处置性；区别在于：环境生产技术增加了非期望产出，并增加了弱可处置性和零结合性两个公理。

为了衡量环境生产技术，就需要引进方向距离函数（Directional Distance Function，DDF）。DDF 是相对于谢泼德距离函数（Shephard distance function）而言的。就式（5.3）中的生产集 $P(x)$ 而言，谢泼德距离函数的定义为：

$$D_o(x, y, b) = \inf\{\theta: [(y, b)/\theta] \in P(x)\} \tag{5.7}$$

由于式（5.7）表示期望产出与非期望产出在环境生产技术可行的范围内同时扩大，因此谢泼德距离函数是将期望产出与非期望产出同等对待，无法反映出期望产出更高、非期望产出更低的效率改进方式。为此，有学者（Chung et al., 1997）提出 DDF 的定义：

$$\vec{D}(x, y, b; g) = \sup\{\beta: (y, b) + \beta g \in P(x)\} \tag{5.8}$$

其中，"g" 是产出的方向向量。通常可假设 $g = (y, -b)$，即代表期望产出增加，非期望产出减少。

令 $g = (y, b)$，则依据式（5.8）可得[①]：

$$
\begin{aligned}
\vec{D}(x, y, b; y, b) &= \sup\{\beta: D_o[x, (y, b)] + \beta(y, b) \leq 1\} \\
&= \sup\{\beta: (1+\beta)D_o(x, y, b) \leq 1\} \\
&= \sup\{\beta: \beta \leq \frac{1}{D_o(x, y, b)} - 1\} \\
&= 1/D_o(x, y, b) - 1
\end{aligned}
\tag{5.9}
$$

式（5.9）表明谢泼德距离函数只是 DDF 的一个特例，即谢泼德距离函数为方向 $g = (y, b)$ 的 DDF。两者的关系为：

$$\vec{D}(x, y, b; y, b) = [1/D_o(x, y, b)] - 1 \tag{5.10}$$

或等价为：

$$D_o(x, y, b) = 1/[1 + \vec{D}(x, y, b; y, b)] \tag{5.11}$$

已有的 CCR 模型或 BCC 模型不能直接用于求解 DDF。有学者（Chung et al., 1997）构建了新的线性规划式求解 DDF。

假设有 $j = 1, 2, \cdots, n$ 个具有投入和产出的 DMU：

$$(x^j, y^j, b^j), j = 1, 2, \cdots, n \tag{5.12}$$

在式（5.12）所表示的样本基础上，满足式（5.3）~式（5.6）的产出集为：

---

① 关于式（5.8）的另一种容易理解的推导方式为：$\vec{D}(x, y, b; y, b) = \sup\{\beta: (y, b) + \beta(y, b) \in P(x)\} = \sup\{\beta: (1+\beta)(y, b) \in P(x)\} = \sup\{1+\beta: (1+\beta)(y, b) \in P(x)\} = \inf\left\{\frac{1}{1+\beta}: \frac{(y, b)}{\frac{1}{1+\beta}} \in P(x)\right\}$。令 $\theta = \frac{1}{1+\beta}$ 则结合式（5.7）可得：$D_o(x, y, b) = 1/[1 + \vec{D}_o(x, y, b; y, b)]$ 或 $\vec{D}_o(x, y, b; y, b) = [1/D_o(x, y, b)] - 1$。

$$P(x) = \begin{cases} (y,\, b): \sum_{j=1}^{n} \lambda_j y_{rj} \geqslant y_r,\ r = 1,\, 2,\, \cdots,\, s; \\[2mm] \sum_{j=1}^{n} \lambda_j b_{kj} = b_k,\ k = 1,\, 2,\, \cdots,\, K; \\[2mm] \sum_{j=1}^{n} \lambda_j x_{ij} \leqslant x_i,\ i = 1,\, 2,\, \cdots,\, m; \\[2mm] \lambda_j \geqslant 0,\ j = 1,\, 2,\, \cdots,\, n \end{cases} \tag{5.13}$$

式（5.13）满足规模报酬不变假设，即：

$$P(zx) = zP(x),\ z > 0 \tag{5.14}$$

同时也满足投入的强可处置性，即：

$$x' \geqslant x \Rightarrow P(x') \supseteq P(x) \tag{5.15}$$

式（5.13）中的不等号意味着期望产出与投入具有强可处置性，等号意味着非期望产出具有弱可处置性。强度变量 λ_j 的非负性使得式（5.13）满足规模报酬不变的假设。而规模报酬不变假设是使得生产率指数等于全要素生产率的关键条件（Färe and Grosskopf, 1996）。

对于每一个 DMU，可通过求解相应的线性规划式得到该 DMU 的方向距离函数。如对于第 o 个 DMU，对应的 DDF 求解方式为：

$$\vec{D}_o(x^o,\, y^o,\, b^o;\, y^o,\, -b^o) = \max \beta_o$$

$$\text{s. t.} \sum_{j=1}^{n} \lambda_j y_{rj} \geqslant (1+\beta) y_{ro},\ r = 1,\, 2,\, \cdots,\, s;$$

$$\sum_{j=1}^{n} \lambda_j b_{ki} = (1-\beta) b_{io},\ k = 1,\, 2,\, \cdots,\, K; \tag{5.16}$$

$$\sum_{j=1}^{n} \lambda_j x_{ij} \leqslant x_{io},\ i = 1,\, 2,\, \cdots,\, m;$$

$$\lambda_j \geqslant 0,\ j = 1,\, 2,\, \cdots,\, n$$

令 β_o^* 为式（5.16）的最优解。若 $\beta_o^* = 0$，则 DMU_o 位于生产前沿，即不存在效率损失；若 $\beta_o^* > 0$，则 DMU_o 存在效率损失。效率值通常表示为 $1 - \beta_o^*$。

5.2.4 非径向方向距离函数

式（5.8）描述的 DDF 是以相同的比率 β 同时减少非期望产出和增加期望产出，这也被称为径向 DDF。但当存在松弛值时，径向 DDF 可能会高估效率值。[①] 据此，有学者（Zhou et al.，2012）提出了考虑松弛值的方向距离函数，即非径向 DDF（Non‑radial DDF，NDDF）。NDDF 的定义如下：

---

① 当以相同的比率 β 同时减少非期望产出和增加期望产出时，若非期望产出或期望产出仍有减少或扩大空间时，则此时非期望产出或期望产出就存在松弛值。径向 DDF 没有考虑到这个松弛值，因此潜在地减少了无效率值，即高估了效率值。

$$\overrightarrow{ND}_o(x, y, b; g) = \sup\{w^T\beta : [(x, y, b) + g \times \mathrm{diag}(\beta)] \in P(x)\} \tag{5.17}$$

其中，$w = (w_i^x, w_r^y, w_k^b)^T$ 为与投入和产出相关的标准化权重向量，$g = (-g_i^x, g_r^y, -g_k^b)$ 为方向向量。$\beta = (\beta_i^x, \beta_r^y, \beta_k^b)^T \geq 0$ 为尺度因子向量。结合环境生产技术以及 NDDF 的定义，可通过求解下面的 DEA 模型计算 NDDF。

$$\overrightarrow{ND}_o(x, y, b; g) = \max w_i^x\beta_i^x + w_r^y\beta_r^y + w_k^b\beta_k^b$$

$$\text{s. t. } \sum_{j=1}^{n} \lambda_j x_{ij} \leq x_{io} - \beta_i^x g_i^x, \quad i = 1, 2, \cdots, m;$$

$$\sum_{j=1}^{n} \lambda_j y_{rj} \leq y_{ro} + \beta_r^y g_r^y, \quad r = 1, 2, \cdots, s; \tag{5.18}$$

$$\sum_{j=1}^{n} \lambda_j b_{kj} \leq b_{ko} - \beta_k^b g_k^b, \quad k = 1, 2, \cdots, K;$$

$$\lambda_j \geq 0, \quad j = 1, 2, \cdots, n$$

$$\beta_i^x, \beta_r^y, \beta_k^b > 0$$

如果 $\overrightarrow{ND}_o(x, y, b; g) = 0$，则 DMU$_o$ 位于生产前沿。

相比 DDF，NDDF 除了能考虑松弛值外，还可分别计算出投入、期望产出、非期望产出的效率值。假设式（5.18）最优解对应的尺度因子向量为 $\beta_o^* = (\beta_{io}^{x*}, \beta_{ro}^{y*}, \beta_{ko}^{b*})$。

DMU$_o$ 的综合效率值可基于 β_o^* 灵活构建。比如，假设 $g = (0, y, -b)$，$w = \left(0, \dfrac{1}{2}, \dfrac{1}{2}\right)^T$，则 DMU$_o$ 的综合效率值可表示为：

$$EPI_o = \frac{1 - \beta_{ko}^{b*}}{1 + \beta_{ro}^{y*}} \tag{5.19}$$

β_{ro}^{y*}、β_{ko}^{b*} 越大，则意味着期望产出、非期望产出可扩张、缩小的比例越大，对应 DMU$_o$ 距离生产前沿面越远，效率值越低，相应地，式（5.19）中的 EPI_o 越小；反之，EPI_o 越大。

5.2.5　非径向效率模型——SBM

传统的 CCR 模型和 BCC 模型都是径向效率测度模型（radial-efficiency measure）。与 DDF 相似，径向效率测度模型的一个缺点是高估实际效率值，另一个缺点是只能提供一个效率值。托纳（Tone, 2001）提出了非径向效率模型 SBM（slacks-based measrue）以弥补径向效率模型的这两个缺陷。托纳（2003）将非期望产出纳入 SBM 模型。不含非期望产出的 SBM 模型为：

$$\rho^* = \min \frac{1 - (1/m)\sum_{i=1}^{m}(s_{oi}^-/x_{oi})}{1 + (1/s)\sum_{r=1}^{s}(s_{or}^+/y_{or})} \tag{5.20}$$

$$\text{s. t. } x_o = X\lambda + s_{oi}^-$$

$$y_o = Y\lambda - s_{or}^+$$

$$s_{oi}^- \geq 0, \quad s_{or}^+ \geq 0, \quad \lambda \geq 0$$

含非期望产出的 SBM 模型为：

$$\phi^* = \min \frac{1 - (1/m) \sum_{i=1}^{m} (s_{oi}^-/x_{oi})}{1 + [1/(s+K)][(\sum_{r=1}^{s} (s_{or}^+/y_{or}) + \sum_{k=1}^{K} (s_{ok}^b/b_{ok}))]}$$

$$\text{s. t. } x_o = X\lambda + s_{oi}^-$$

$$y_o = Y\lambda - s_{or}^+$$

$$b_o = b\lambda + s_{ok}^b$$

$$s_{oi}^-, \ s_{or}^+, \ s_{ok}^b, \ \lambda \geqslant 0$$

(5.21)

在式（5.20）和式（5.21）中，投入为 $x \in \mathbb{R}_+^m$，期望产出为 $y \in \mathbb{R}_+^s$，非期望产出为 $b \in \mathbb{R}_+^K$；$X = (x_1, \ x_2, \ \cdots, \ x_m)$，$Y = (y_1, \ y_2, \ \cdots, \ y_s)$，$b = (b_1, \ b_2, \ \cdots, \ b_K)$；$s_{oi}^-$，$s_{or}^+$，$s_{ik}^b$ 分别为对应投入、期望产出、非期望产出的松弛变量；$\lambda = (\lambda_1, \ \cdots, \ \lambda_n)$ 为强度向量。

5.2.6　Malmquist 生产率指数

当被评价的 DMU 数据为包含多个时间点观测值的面板数据时，就可引入 Malmquist 生产率指数进行分析。Malmquist 生产率指数的概念最早源于瑞典经济学家马尔姆奎斯特（Malmqusit，1953），该指数属于全要素生产率（Total Factor Productivity，TFP）的范畴。[①] 在早期的研究中，卡韦斯等（Caves et al.，1982）、法勒等（Färe et al.，1994）等学者为 Malmquist 生产率指数的发展做出了诸多贡献，后续学者在此基础上不断改进和优化，提出了诸多类型的 Malmquist 生产率指数。

假设存在 $j = 1, \ 2, \ \cdots, \ n$ 个 DMU 以及 $t = 1, \ 2, \ \cdots, \ T$ 时期。每个 DMU 使用投入 $x \in \mathbb{R}_+^m$ 生产期望产出 $y \in \mathbb{R}_+^s$。定义同期基准技术（contemporaneous benchmark technology）为 $T_c^t = \{(x^t, \ t^t) \mid x^t \text{ 可以产出 } y^t\}$ 且 $\lambda T_c^t = T_c^t, \ t = 1, \ 2, \ \cdots, \ T; \ \lambda > 0$。下标 "$c$" 代表基准技术满足规模报酬不变假设。

同期 Malmquist 生产率指数以技术 $T_c^s, \ (s = t, \ t+1)$ 为参照集，表达式为 $M_c^s(x^t, \ y^t, \ x^{t+1}, \ y^{t+1}) = \frac{D_c^s(x^{t+1}, \ y^{t+1})}{D_c^s(x^t, \ y^t)}$。法勒等（1994）用两期指数的几何平均定义同期 Malmquist 生产率指数：

$$M_c(x^t, \ y^t, \ x^{t+1}, \ y^{t+1}) = [M_c^t(x^t, \ y^t, \ x^{t+1}, \ y^{t+1}) \times M_c^{t+1}(x^t, \ y^t, \ x^{t+1}, \ y^{t+1})]^{1/2}$$

$$= \left[\frac{D_c^{t+1}(x^{t+1}, \ y^{t+1})}{D_c^{t+1}(x^t, \ y^t)} \times \frac{D_c^t(x^{t+1}, \ y^{t+1})}{D_c^t(x^t, \ y^t)}\right]^{1/2}$$

(5.22)

该指数可进行两因素分解：

---

① 目前有四种方法进行 TFP 变动的测度：增长核算法、生产函数法、随机前沿分析法以及数据包络分析法（Malmquist 生产率指数法）。

$$M_c(x^t, \; y^t, \; x^{t+1}, \; y^{t+1}) = \frac{D_c^{t+1}(x^{t+1}, \; y^{t+1})}{D_c^t(x^t, \; y^t)}$$

$$\times \left[\frac{D_c^t(x^{t+1}, \; y^{t+1})}{D_c^{t+1}(x^{t+1}, \; y^{t+1})} \times \frac{D_c^t(x^t, \; y^t)}{D_c^{t+1}(x^t, \; y^t)}\right]^{1/2} \tag{5.23}$$

$$= EC \times TC$$

其中，$EC = \dfrac{D_c^{t+1}(x^{t+1}, \; y^{t+1})}{D_c^t(x^t, \; y^t)}$ 为效率变化，$TC = \left[\dfrac{D_c^t(x^{t+1}, \; y^{t+1})}{D_c^{t+1}(x^{t+1}, \; y^{t+1})} \times \dfrac{D_c^t(x^t, \; y^t)}{D_c^{t+1}(x^t, \; y^t)}\right]^{1/2}$ 为技术进步。

帕斯特尔和洛弗尔（Pastor and Lovell, 2005）认为法勒等（1994）提出的同期 Malmquist 生产率指数存在三大缺陷：计算结果通常不一致、线性规划可能无法求解、求得的结果不具有乘法完备性。因此他们构造了全局（global）Malmquist 生产率指数。

在法勒等（1994）的同期基准技术 T_c^t 的基础上增加全局基准技术 $T_c^G = \{T_c^1 \cup \cdots \cup T_c^T\}$。全局 Malmquist 生产率指数以技术 T_c^G 为参照集，定义为：

$$M_c^G(x^t, \; y^t, \; x^{t+1}, \; y^{t+1}) = \frac{D_c^G(x^{t+1}, \; y^{t+1})}{D_c^G(x^t, \; y^t)} \tag{5.24}$$

其中，产出距离函数 $D_c^G(x, \; y) = \min\{\varphi > 0 \mid (x, \; y/\varphi) \in T_c^G\}$。

该指数可进行两因素分解：

$$M_c^G(x^t, \; y^t, \; x^{t+1}, \; y^{t+1}) = \frac{D_c^{t+1}(x^{t+1}, \; y^{t+1})}{D_c^t(x^t, \; y^t)} \times \left[\frac{D_c^G(x^{t+1}, \; y^{t+1})}{D_c^{t+1}(x^{t+1}, \; y^{t+1})} \times \frac{D_c^t(x^t, \; y^t)}{D_c^G(x^t, \; y^t)}\right]$$

$$= \frac{D_c^{t+1}(x^{t+1}, \; y^{t+1})}{D_c^t(x^t, \; y^t)} \times \left\{\frac{D_c^G[x^{t+1}, \; y^{t+1}/D_c^{t+1}(x^{t+1}, \; y^{t+1})]}{D_c^G[x^t, \; y^t/D_c^t(x^t, \; y^t)]}\right\}$$

$$= EC_c \times \left[\frac{BPG_c^{G,t+1}(x^{t+1}, \; y^{t+1})}{BPG_c^{G,t}(x^t, \; y^t)}\right]$$

$$= EC_c \times BPC_c \tag{5.25}$$

其中，EC_c 是常规的效率变化指标，$BPG_c^{G,s} \leqslant 1$ 是技术 T_c^G 与 T_c^s 之间分别沿着 $(x^s, \; y^s)$，$(s = t, \; t+1)$ 的差距。BPC_c 衡量 $BPG_c^{G,s}$ 的变化，并提供一个新的测量技术变化的指标。

包括全局 Malmquist 生产率指数在内的许多 Malmquist 生产率指数都将所有 DMU 置于技术可比的范畴内，忽视了不同群组之间的技术异质性对效率变化的影响。为此，欧和李（Oh and Lee, 2010）提出了可解决技术异质性问题的 Metafrontier Malmquist 生产率指数。

假设在生产集 T_c^t 内存在 J 个使用不同技术的群组 R_j，群组 j 的跨期基准技术为 $T_{R_j}^t = \{T_{R_j}^1 \cup \cdots \cup T_{R_j}^T\}$。所有群组的全局基准技术为 $T^G = \{P_{R_1}^T \cup \cdots \cup P_{R_J}^T\}$。$T_{R_j}^t$ 与 T^G 的区别是：前者是基于群组 R_j 内所有观测值在所有时期构建的单一生产集，后者是基于组内所有观测值在所有时期构建的单一生产集。

欧和李（2010）基于 T^G 定义了共同前沿（metafrontier）Malmquist 生产率指数：

$$M^G(x^t, \; y^t, \; x^{t+1}, \; y^{t+1}) = \frac{D^G(x^{t+1}, \; y^{t+1})}{D^G(x^t, \; y^t)} \tag{5.26}$$

其中，产出距离函数 $D^G(x, y) = \inf\{\varphi > 0 \mid (x, y/\varphi) \in T^G\}$ 定义于全局基准技术 T^G。共同前沿 Malmquist 生产率指数可分解为三因素：

$$M^G(x^t, y^t, x^{t+1}, y^{t+1}) = \frac{D^G(x^{t+1}, y^{t+1})}{D^G(x^t, y^t)}$$

$$= \frac{D^{t+1}(x^{t+1}, y^{t+1})}{D^t(x^t, y^t)} \times \left\{ \frac{D^t(x^t, y^t)}{D^{t+1}(x^{t+1}, y^{t+1})} \times \frac{D^G(x^{t+1}, y^{t+1})}{D^G(x^t, y^t)} \right\}$$

$$= \frac{D^{t+1}(x^{t+1}, y^{t+1})}{D^t(x^t, y^t)} \times \left\{ \frac{D^t(x^t, y^t)}{D^{t+1}(x^{t+1}, y^{t+1})} \times \frac{D^t(x^{t+1}, y^{t+1})}{D^t(x^t, y^t)} \right\}$$

$$\times \left\{ \frac{D^t(x^t, y^t)}{D^t(x^{t+1}, y^{t+1})} \times \frac{D^G(x^{t+1}, y^{t+1})}{D^G(x^t, y^t)} \right\}$$

$$= \frac{D^{t+1}(x^{t+1}, y^{t+1})}{D^t(x^t, y^t)} \times \frac{D^t[x^{t+1}, y^{t+1}/D^{t+1}(x^{t+1}, y^{t+1})]}{D^t[x^t, y^t/D^t(x^t, y^t)]}$$

$$\times \frac{D^G[x^{t+1}, y^{t+1}/D^t(x^{t+1}, y^{t+1})]}{D^G[x^t, y^t/D^t(x^t, y^t)]}$$

$$= EC \times \frac{BPG^{t,t+1}}{BPG^{t,t}} \times \frac{TGR^{t+1}}{TGR^t}$$

$$= EC \times BPC \times TGC \tag{5.27}$$

其中，EC 衡量基于同期基准技术 T^s，$(s = t, t+1)$ 的效率变化，BPC 衡量同期基准技术 T^s，$(s = t, t+1)$ 与群组跨期基准技术 $T^t_{R_j}$ 之间差距的变化，TGC 衡量群组跨期基准技术 $T^t_{R_j}$ 与全局基准技术 T^G 之间的差距，即衡量技术领导者的变化。

5.2.7　绿色全要素生产率

传统的 Malmquist 生产率指数未考虑非期望产出，因此不能直接应用于衡量绿色全要素生产率。有学者在方向距离函数的基础上定义了含非期望产出的 Malmquist 生产率指数，命名为 Malmquist – Luenberger（ML）生产率指数，该指数可用于衡量绿色全要素生产率（Chung et al.，1997）。

ML 生产率指数与同期 Malmquist 生产率指数相对应，同样采用两期指数的几何平均值：

$$ML_t^{t+1} = \left\{ \frac{[1 + \vec{D}_o^t(x^t, y^t, b^t; y^t, -b^t)]}{[1 + \vec{D}_o^t(x^{t+1}, y^{t+1}, b^{t+1}; y^{t+1}, -b^{t+1})]} \times \frac{[1 + \vec{D}_o^{t+1}(x^t, y^t, b^t; y^t, -b^t)]}{[1 + \vec{D}_o^{t+1}(x^{t+1}, y^{t+1}, b^{t+1}; y^{t+1}, -b^{t+1})]} \right\}^{1/2} \tag{5.28}$$

当方向距离函数中的方向向量 $g = (y, b)$ 时，ML 生产率指数与同期 Malmquist 生产率指数等价。与同期 Malmquist 生产率指数类似，ML 生产率指数也可分解为两部分：

$$ML_t^{t+1} = \frac{1 + \vec{D}_o^t(x^t, y^t, b^t; y^t, -b^t)}{1 + \vec{D}_o^{t+1}(x^{t+1}, y^{t+1}, b^{t+1}; y^{t+1}, -b^{t+1})}$$

$$\times \left\{ \frac{1 + \vec{D}_o^{t+1}(x^t, y^t, b^t; y^t, -b^t)}{1 + \vec{D}_o^{t}(x^t, y^t, b^t; y^t, -b^t)} \times \frac{1 + \vec{D}_o^{t+1}(x^{t+1}, y^{t+1}, b^{t+1}; y^{t+1}, -b^{t+1})}{1 + \vec{D}_o^{t}(x^{t+1}, y^{t+1}, b^{t+1}; y^{t+1}, -b^{t+1})} \right\}^{1/2}$$

$$= MLEFFCH_t^{t+1} \times MLTECH_t^{t+1} \qquad (5.29)$$

其中，$MLEFFCH_t^{t+1}$ 代表效率变化，$MLTECH_t^{t+1}$ 代表技术变化。

由于 ML 生产率可能存在不可解的问题，欧（2010）提出了全局 ML 生产率指数（GML）：

$$GML^{t,t+1}(x^t, y^t, b^t, x^{t+1}, y^{t+1}, b^{t+1}) = \frac{1 + D^G(x^t, y^t, b^t)}{1 + D^G(x^{t+1}, y^{t+1}, b^{t+1})} \qquad (5.30)$$

其中，方向距离函数 $D^G(x, y, b) = \max\{\beta \mid (y + \beta y, b - \beta b) \in T^G(x)\}$ 定义于全局技术集 $T^G(x)$。

$GML^{t,t+1}$ 可分解为效率变化和技术变化两部分：

$$GML^{t,t+1}(x^t, y^t, b^t, x^{t+1}, y^{t+1}, b^{t+1})$$

$$= \frac{1 + D^G(x^t, y^t, b^t)}{1 + D^G(x^{t+1}, y^{t+1}, b^{t+1})} = \frac{1 + D^t(x^t, y^t, b^t)}{1 + D^{t+1}(x^{t+1}, y^{t+1}, b^{t+1})}$$

$$\times \left\{ \frac{[1 + D^G(x^t, y^t, b^t)] / [1 + D^t(x^t, y^t, b^t)]}{[1 + D^G(x^{t+1}, y^{t+1}, b^{t+1})] / [1 + D^{t+1}(x^{t+1}, y^{t+1}, b^{t+1})]} \right\} \qquad (5.31)$$

$$= EC \times \frac{BPG_{t+1}^{t,t+1}}{BPG_t^{t,t+1}}$$

$$= EC \times BPC^{t,t+1}$$

其中，EC 为效率变化，BPC 为技术变化。

为了解决群组之间的异质性，欧（2010）提出了共同前沿 ML 生产率指数（MML）：

$$MML(x^t, y^t, b^t, x^{t+1}, y^{t+1}, b^{t+1}) = \frac{1 + \vec{D}^G(x^t, y^t, b^t)}{1 + \vec{D}^G(x^{t+1}, y^{t+1}, b^{t+1})}$$

$$= \frac{1 + \vec{D}^t(x^t, y^t, b^t)}{1 + \vec{D}^{t+1}(x^{t+1}, y^{t+1}, b^{t+1})} \times \frac{[1 + \vec{D}^t(x^t, y^t, b^t)] / [1 + \vec{D}^t(x^t, y^t, b^t)]}{[1 + \vec{D}^t(x^{t+1}, y^{t+1}, b^{t+1})] / [1 + \vec{D}^{t+1}(x^t, y^t, b^t)]}$$

$$\times \frac{[1 + \vec{D}^G(x^t, y^t, b^t)] / [1 + \vec{D}^t(x^t, y^t, b^t)]}{[1 + \vec{D}^G(x^{t+1}, y^{t+1}, b^{t+1})] / [1 + \vec{D}^t(x^t, y^t, b^t)]}$$

$$= EC \times BPC \times TGC \qquad (5.32)$$

其中，EC、BPC、TGC 的含义同式（5.27）。

5.2.8　关于 DEA 方法的一些改进

以上介绍了有关 DEA 的基础知识及其在能源环境领域的一些重要应用，本节简要介绍关于 DEA 方法的一些改进，具体包括三部分内容：超效率 DEA、三阶段 DEA、零和DEA。

（1）超效率 DEA。

在 DEA 模型的分析结果中，通常会出现多个 DMU 的效率值为 1 的情况（当投入和产出的指标数量较多时，效率值为 1 的 DMU 的数量通常较多）。由于传统 DEA 模型得出的效率值最大为 1，因此效率值为 1 的 DMU 的效率高低无法被进一步区分。为了解决这一问题，安徒生和彼得森（Andersen and Petersen，1993）提出了对效率值为 1 的 DMU 进一步区分效率程度的方法，这一方法后来被称为"超效率"模型（Super Efficiency Model，SEM）。超效率模型的核心是把被评价 DMU 从参考集中剔除，即被评价 DMU 的效率是参考其他 DMU 构成的前沿得出的，DMU 的效率值可以大于 1。在许多效率分析的应用中，需要对效率的影响因素进一步分析。由于传统 DEA 模型的效率值最大为 1，被认为是截尾数据，所以在文献中多采用 Tobit 回归模型。而超效率模型不存在效率值的截尾问题，因此无须采用专门的处理截尾数据的 Tobit 回归模型。

以产出导向的 CRS 模型为例，超效率模型的线性规划式为：

$$\max z_o$$

$$\text{s. t. } -\sum_{j=1, j\neq o}^{n} \lambda_j y_{rj} + z_o y_{ro} \leq 1 , \quad r = 1, 2, \cdots, s; \tag{5.33}$$

$$\sum_{j=1, j\neq o}^{n} \lambda_j x_{ij} \leq x_{io} , \quad i = 1, 2, \cdots, m;$$

$$\lambda_j \geq 0 , \quad j = 1, \cdots, n (j \neq o)$$

比较式（5.2）和式（5.33），CRS 模型与对应超效率模型的区别在于被评价 DMU 从参考集中剔除。

与 CRS 的超效率模型的原理相同，方向距离函数的超效率模型也是在原方向距离函数模型的基础上将被评价的 DMU 从参考集中剔除：

$$\vec{D}_o(x^o, y^o, b^o; y^o, -b^o) = \max \beta$$

$$\text{s. t. } \sum_{j=1, j\neq o}^{n} \lambda_j y_{rj} \geq (1+\beta) y_{ro} , \quad r = 1, 2, \cdots, s;$$

$$\sum_{j=1, j\neq o}^{n} \lambda_j b_{kj} = (1-\beta) b_{ko} , \quad k = 1, 2, \cdots, K; \tag{5.34}$$

$$\sum_{j=1, j\neq o}^{n} \lambda_j x_{ij} \leq x_{io} , \quad i = 1, 2, \cdots, m;$$

$$\lambda_j \geq 0 , \quad j = 1, \cdots, n (j \neq o)$$

SBM 的超效率模型较为复杂，并非仅仅是将被评价 DMU 从参考集中剔除，有关 SBM 超效率模型的介绍请参考托纳（2002）。

（2）三阶段 DEA。

弗瑞德等（Fried et al.，1999；2002）指出，传统的 DEA 模型没有考虑环境因素和随机噪声对 DMU 效率评价的影响，并据此提出了同时考虑环境因素和随机噪声的 DEA 模型，也称为三阶段 DEA 模型。所谓的三阶段，关键在于第二阶段如何剔除环境因素和随机噪声。

三阶段 DEA 模型的第一阶段，即应用传统 DEA 模型分析初始效率。以 CCR 模型为例，则第一阶段采用的线性规划式即为式（5.2）。弗瑞德等（Fried et al.，2002）认为，DMU 的效率评价受到管理无效率（managerial inefficiencies）、环境因素（environment effects）和统计噪声（statistical noise）的影响，而对 DMU 的效率评价应当只评价其管理无效率水平，即应从效率评价中剔除环境因素和统计噪声。

第二阶段是应用随机前沿分析（Stochastic Frontier Analysis，SFA）将第一阶段中的投入或产出松弛值分解为管理无效率、环境因素以及统计噪声三部分。以式（5.2）的产出导向模型为例，令 $S_o^y = \lambda Y - y_{ro}$，$\left(\lambda Y = \sum_{j=1}^{n} \lambda_j y_{rj}, \ r = 1, 2, \cdots, s \right)$ 为 DMU_o 的产出松弛值。第二阶段 SFA 模型的解释变量是 Q 个外部环境变量 $Z = (Z_1, \cdots, Z_Q)$，对应的 SFA 模型为：

$$S = f(Z; \beta) + v + u \tag{5.35}$$

其中，$S = (S_1^y, \cdots, S_n^y)$，$Z = (Z_1^1, \cdots, Z_Q^n)^T$，$\beta = (\beta_1, \cdots, \beta_Q)$ 为外部环境变量 Z 的待估参数矩阵，$v \sim N^+(0, \sigma^2)$ 服从在零点截断的正态分布，$u \sim N(0, \sigma^2)$ 服从标准正态分布。

在式（5.35）中，$f(Z, \beta)$ 衡量环境因素；v 代表管理无效率；u 为随机误差，代表统计噪声。因此，通过式（5.35）可以将第一阶段的 DEA 松弛变量值分解为管理无效率、环境因素以及统计噪声三部分。依据分解的结果对原产出值 y_{ro} 进行调整：

$$y_{ro}' = y_{ro} - [\max\{Z_j \beta\} - Z_o \beta] - [\max\{u_j\} - u_o], \ (j = 1, 2, \cdots, n) \tag{5.36}$$

其中，y_{ro}'，y_{ro} 分别为调整后和调整期（初始）的产出值，$[\max\{Z_j \beta\} - Z_o \beta]$ 代表将所有生产者置于同一生产环境中生产，$[\max\{u_j\} - u_o]$ 代表将所有生产者都遇到同一"运气"（即相同的统计噪声）。

第三阶段即是将式（5.36）中调整后的 y_{ro}' 代替初始的 y_{ro}，再次运用 DEA 模型对式（5.2）进行效率评估，由此得到的各 DMU 的效率值即为剔除了环境因素和随机误差影响的效率值。

（3）零和 DEA。

传统 DEA 模型假设各 DMU 的投入或产出之间是相互独立的，某一 DMU 的投入或产出变动量不会影响其他 DMU 的投入或产出量。但在投入或产出的总量为一固定常数条件下，某一 DMU 减少投入或增加产出，必然有其他 DMU 增加投入或减少产出。这种情况类似于零和博弈。针对 DMU 之间投入或产出之间的相关性，林斯等（Lins et al.，2003）以衡量国家奥林匹克竞赛获奖效率为例提出了零和 DEA（Zero-sum Gains DEA，ZSG – DEA）模型，具体以产出导向的 BCC 模型为例构建 ZSG – DEA 模型。

$$\max h_o$$

$$\text{s. t.} \quad \sum_{j=1}^{n} \lambda_j x_{POPj} \leqslant x_{POP_o}$$

$$\sum_{j=1}^{n} \lambda_j x_{GDP_j} \leqslant x_{GDP_o}$$

$$h_o y_{G_o} \leqslant \sum_{j=1}^{n} \lambda_j y_{G_j} \left(1 - \frac{y_{G_o}(h_o - 1)}{\sum_{j \neq o}^{n} y_{G_j}} \right) - \gamma_1$$

$$h_o y_{S_o} \leqslant \sum_{j=1}^{n} \lambda_j y_{S_j} \left(1 - \frac{y_{S_o}(h_o - 1)}{\sum\limits_{j \neq o} y_{S_j}} \right) + \gamma_1 - \gamma_2$$

$$h_o y_{B_o} \leqslant \sum_{j=1}^{n} \lambda_j y_{B_j} \left(1 - \frac{y_{B_o}(h_o - 1)}{\sum\limits_{j \neq o} y_{B_j}} \right) + \gamma_2$$

$$\sum_{j=1}^{n} \lambda_j = 1 , \quad \lambda_j , \ \gamma_1 , \ \gamma_2 \geqslant 0 \tag{5.37}$$

其中，x_{POP_j}、x_{GDP_j}、y_{G_j}、y_{S_j}、y_{B_j} 分别代表第 j 个国家的总人口，（经价格平整后）GDP，奥运金牌、银牌、铜牌的数量（总人口和 GDP 为投入变量，各类奖牌数量为产出）；h_o、x_{POP_o}、x_{GDP_o}、y_{G_o}、y_{S_o}、y_{B_o} 分别代表待评价国家（以下标 "o" 表示）相比前沿面的产出可增加比例，总人口，GDP，奥运金牌、银牌、铜牌的数量；γ_1、γ_2 代表不同奖牌的权重；λ_j，$(j = 1, \cdots, n)$ 代表各国在前沿面的权重（即强度变量）。

以金牌数量为例，令 $A = \dfrac{y_{G_o}(h_o - 1)}{\sum\limits_{j \neq o} y_{G_j}}$，如何理解 $y_{G_j}(1 - A)$ 的含义？

首先，"零和" 意味着，金牌的总量固定，待评价国家 o 的金牌数量增加，则其他国家 $j \neq o$ 的金牌数量需等量减少。为了避免出现金牌数量减少后有些国家的金牌数量为负的不合理情形，林斯等（2003）假设其他国家均按自身产出（金牌数量）的特定比例减少金牌数量。

其次，由式（5.37）可知，待评价国家 o 的金牌数量应增加 $(h_o - 1)y_{G_o}$，因此其他国家的金牌数量应总共减少 $(h_o - 1)y_{G_o}$。又因为其他国家金牌数量的减少比例（减少量与原数量的比值）均相等，由此可得其他每个国家的金牌减少量为 $y_{j \neq o} \times \dfrac{y_{G_o}(h_o - 1)}{\sum\limits_{j \neq o} y_{G_j}}$ [①]，其他

每个国家的金牌最终数量为 $y_{j \neq o} \times \left[1 - \dfrac{y_{G_o}(h_o - 1)}{\sum\limits_{j \neq o} y_{G_j}} \right]$。

在能源环境领域，ZSG – DEA 常用于碳排放权分配的研究。碳排放权的总量固定，某个 DMU 减少碳排放，则其他 DMU 需增加碳排放以维持总碳排放权固定（林坦和宁俊飞，2011；王文举和陈真玲，2019）。

5.2.9　应用 DEA 估计非期望产出的影子价格

DEA 主要应用于效率评价，但依据其对偶模型也可以估计相应投入或产出的影子价格。在能源环境领域，可应用 DEA 估计非期望产出如污染物、二氧化碳的影子价格，从

---

① 假设其他国家为 DMU_A 和 DMU_B，初始金牌数量分别为 a，b；各自需减少的金牌数量分别为 α，β，总共需减少的总量为 δ，各自需减少的金牌比例相等，即 $\dfrac{a}{\alpha} = \dfrac{b}{\beta}$。从而有：$\alpha = \alpha\delta/a + b$，$\beta = b\delta/a + b$。

而为污染税、碳税的确定，为碳价的合理性判断，为环境规制强度的衡量等提供理论参考依据。法勒等（1993）通过构造产出距离函数并基于对偶理论，提供了计算产出（包括非期望产出）影子价格的替代方法。该方法反映了潜在的生产技术，两种产出的影子价格的比例反映了产出之间的相对机会成本。当部分产出（如污染物）的市场价格缺失时，法勒等（1993）所提供的方法同样能计算出该项产出的影子价格。

法勒等（1993）指出，由于利润函数是产出距离函数的对偶式，因此可以依据产出距离函数获取期望及非期望产出的影子价格（即增加一单位期望或非期望产出所对应的利润变动量）。当期望产出的影子价格等于市场价格时，非期望产出的影子价格可表示为：

$$r_b = r_g \times \frac{\partial D_o(x, y, b)/\partial b}{\partial D_o(x, y, b)/\partial y} \tag{5.38}$$

其中，r_b 为非期望产出的影子价格，r_g 为期望产出的影子价格，$r_g = p_g$。

法勒等（1993）采用参数方法（具体位置超越对数函数）来估计产出距离函数 $D_o(x, y, b)$ 的相关参数。考虑到参数方法可能存在函数形式误设的风险，博伊德等（Boyd et al. , 1996）提出改进方法，采用非参数方法即 DEA 方法估计非期望产出的影子价格。采用 DEA 方法估计非期望产出的影子价格时，非期望产出的影子价格可以看成是生产前沿面上非期望产出与期望产出的转换比例。

假设方向距离函数 $D_o[\beta \,|\, (y + \beta y, \ b - \beta b) \in P(x)]$[①]，简单假设只有一项投入 x，一项期望产出 y，一项非期望产出 b，在规模收益不变的假设下，估计非期望产出的 DEA 模型为：

$$\max r_y y_o - r_x x_o - r_b b_o$$
$$\text{s. t. } r_y y_j - r_x x_j - r_b b_j \leq 0, \ j = 1, \ 2, \ \cdots, \ n \tag{5.39}$$
$$r_y \geq \frac{1}{2y_o}, \ r_b \geq \frac{1}{2b_o}$$
$$r_x, \ r_y, \ r_b \geq 0$$

其中，r_x、r_y、r_b 为对应投入、期望产出、非期望产出的待求价格参数，r_y、r_b 对应式（5.38）中的 $\partial D_o(x, y, b)/\partial y$、$\partial D_o(x, y, b)/\partial b$。结合式（5.38）即可获得非期望产出的影子价格。

5.2.10　总结：DEA 的特性及局限

DEA 是一种最常用的非参数效率评价方法。DEA 本质上是以数据包络前沿面为比较基准，对同类型的 DMU 的效率进行相对评价。相比其他参数或半参数的效率评价模型，DEA 的显著特性在于不需要提前假设任何生产前沿面的形式和技术无效项的分布，由此可以避免对相关模型形式误设的分析。另外，基于 DEA 不仅可以获取效率评价，还可以给出各 DMU 在各项投入、产出方面存在的改进空间，从而有助于给各 DMU 提供改善经营管理的建议。

---

① 　具体含义同式（5.8）。方向距离函数不同时，求解影子价格的 DEA 模型也不同，式（5.39）仅是举例说明。

但 DEA 也存在一些不可避免的缺点。首先，如果用于构建 DEA 模型的样本量较少，则难以构建有效的数据包络前沿面；其次，DEA 构建的数据包络前沿面对样本的变动较敏感，样本选择不同，所构造的前沿面也不同；最后，被评价 DMU 到前沿面的投影规则也会影响 DEA 模型的最优解。

在实际应用中，应当综合考量 DEA 的特性和局限，具体问题具体分析，选择合适的 DEA 模型进行效率评估。

5.3　应用实例：中国区域碳排放权分配及碳交易

本部分将以中国区域碳排放权分配及碳交易为例讲解 DEA 的应用及具体操作。本部分提供的应用实例的特色之处在于：基于拟解决的实际问题构建多样化的 DEA 模型进行分析。

5.3.1　简介

在应对全球气候变暖危机方面，生态平衡和碳汇经济逐渐受到越来越多的关注。下文将展示 2005~2015 年中国各地区的净初级生产力（Net Primary Productivity，NPP），并据此计算各地区的生态承载压力。为了维持生态平衡，本书提出可依据维持生态平衡的原则确定各地区或区域的碳减排目标，引入碳排放权交易市场有助于降低碳减排成本。进一步地，结合各地区的 NPP 资源可推测各地区发展碳汇经济的潜力。将碳抵消机制引入碳排放权交易市场不仅有助于降低碳减排成本，还有助于激励碳汇资源丰富的地区积极发展碳汇经济。

5.3.2　方法

（1）含非期望产出的环境生产技术。

研究者通常将含有非期望产出（如环境污染）的生产技术称为环境生产技术（Zhou et al.，2014）。将资本（k）、劳动（l）及能源（e）视为生产投入，地区生产总值 GDP（y）视为期望产出，二氧化碳排放（u）视为非期望产出。此时环境生产技术可表示为：

$$T = \{(k, l, e, y, u) : (k, l, e) \text{可以产出} (y, u)\} \tag{5.40}$$

一旦确定生产技术，参数或非参数方法（如 DEA）均可用于评价环境生产效率。相比参数方法，非参数方法中 DEA 具有无须提前设定具体生产函数形式的优点，因此 DEA 被更广泛地应用于相关研究（Ma et al.，2018；Zhu et al.，2018）。

（2）多种 DEA 模型的构建与应用。

第一，参考相关学者的研究，环境生产效率可通过径向方向距离函数测量（Chung et

al.，1997）。具体而言，计算径向方向距离函数 $\vec{D}_o(k^o, l^o, e^o, y^o, u^o; y^o, -u^o)$ 的 DEA 模型如式（5.41）所示。

$$\vec{D}_o(k^o, l^o, e^o, y^o, u^o; y^o, -u^o) = \max\eta_o$$

$$\text{s. t.} \quad \sum_{j=1}^{n} \lambda_j k_j \leqslant k_o$$

$$\sum_{j=1}^{n} \lambda_j l_j \leqslant l_o$$

$$\sum_{j=1}^{n} \lambda_j e_j \leqslant e_o \tag{5.41}$$

$$\sum_{j=1}^{n} \lambda_j y_j \geqslant (1 + \eta_o) y_o$$

$$\sum_{j=1}^{n} \lambda_j u_j = (1 - \eta_o) \mu_o$$

$$\lambda_j \geqslant 0, \quad j = 1, 2, \cdots, n$$

其中，下标"o"代表待估计的 DMU，η_o、$\lambda_j(j=1, 2, \cdots, n)$ 为待解未知变量，分别代表径向方向距离函数与生产前沿面上各 DMU_j 的线性组合系数，n 为样本中 DMU 的个数。

方向距离函数 η_o 的取值范围介于 0 与 1 之间（$0 \leqslant \eta_o < 1$）。η_o 越小则代表 DMU_k 离生产前沿面越近，环境生产效率越高，反之，则离生产前沿面越远，环境生产效率越低。

第二，在给定环境生产技术和投入量的基础上，每个 DMU_o 都存在一个能够实现 GDP 最大化的最优碳排放量。求解该最优碳排放量（Feng et al.，2015）的 DEA 模型如式（5.42）所示。

$$\max y_o^{(1)}$$

$$\text{s. t.} \quad \sum_{j=1}^{n} \lambda_j k_j \leqslant k_o$$

$$\sum_{j=1}^{n} \lambda_j l_j \leqslant l_o$$

$$\sum_{j=1}^{n} \lambda_j e_j \leqslant e_o \tag{5.42}$$

$$\sum_{j=1}^{n} \lambda_j y_j \geqslant y_o^{(1)}$$

$$\sum_{j=1}^{n} \lambda_j u_j = u_o^{(1)}$$

$$y_o^{(1)}, u_o^{(1)}, \lambda_j \geqslant 0, \quad j = 1, 2, \cdots, n$$

其中，$y_o^{(1)}$、$u_o^{(1)}$、$\lambda_j(j=1, 2, \cdots, n)$ 为待解参数，分别代表在给定环境生产技术和投入量的基础上，DMU_o 能够实现的 GDP 最大值，以及对应的碳排放量和生产前沿面上各 DMU_j 的线性组合系数。

令 $y_o^{(1)*}$、$u_o^{(1)*}$ 分别为式（5.42）中 $y_o^{(1)}$、$u_o^{(1)}$ 的最优解，则与真实的 GDP 和碳排放相比，$y_o^{(1)*} \geqslant y_o$，但 $u_o^{(1)*}$ 与 u_o 的关系不确定，这意味着碳排放并非"越多越好"或"越少越好"，而是存在一个最优值（Feng et al.，2015）。如果 $u_o^{(1)*} \leqslant u_o$，则可认为 DMU$_o$ 未位于环境生产前沿面，即环境生产效率小于 1。理论上，通过提高环境生产效率降低碳排放无须以降低 GDP 为经济代价。

第三，假设各 DMU$_o$ 均面临一定的碳减排任务，则各 DMU$_o$ 的碳减排成本可通过 GDP 的减少幅度衡量（He et al.，2018），即：

$$c_o = \frac{y_o^{(22)*} - y_o^{(2)*}}{y_o^{(22)*}} \tag{5.43}$$

其中，c_o、$y_o^{(22)*}$ 和 $y_o^{(2)*}$ 分别为 DMU$_o$ 的碳减排成本、无须减排时所能实现的最大 GDP 以及实现既定减排目标时所能实现的最大 GDP。

求解 $y_o^{(22)*}$，$y_o^{(2)*}$ 的 DEA 模型如式（5.44）所示。

$$
\begin{aligned}
\max\, & y_o^{(2)} \\
\text{s. t.}\ & \sum_{j=1}^{n} \lambda_j k_j \leqslant k_o \\
& \sum_{j=1}^{n} \lambda_j l_j \leqslant l_o \\
& \sum_{j=1}^{n} \lambda_j e_j \leqslant e_o \\
& \sum_{j=1}^{n} \lambda_j y_j \geqslant y_o^{(2)} \\
& \sum_{j=1}^{n} \lambda_j u_j = u_o - b_o^{task} \\
& y_0^{(2)},\ \lambda_j \geqslant 0,\ j = 1,\ 2,\ \cdots,\ n
\end{aligned} \tag{5.44}
$$

其中，b_o^{task} 为事先给定的 DMU$_o$ 的碳减排目标，$y_o^{(2)}$，$\lambda_j (j = 1,\ 2,\ \cdots,\ n)$ 为待解参数，分别代表基于 b_o^{task}，DMU$_o$ 可实现的最大 GDP 及环境生产前沿面上各 DMU$_j$ 的线性组合系数。当 $b_o^{task} = 0$ 时，$y_o^{(2)}$ 的最优解为 $y_o^{(22)*}$；当 b_o^{task} 为既定的碳减排目标时，$y_o^{(2)}$ 的最优解为 $y_o^{(2)*}$。

第四，如果存在碳排放权交易市场，各 DMU$_o$ 可通过碳交易实现总和的碳减排目标，而各 DMU$_o$ 的碳排放可依据碳减排成本进行增减。当存在碳排放权交易市场时，各 DMU$_o$ 可通过碳交易实现既定碳减排目标下的 GDP 总和最大化。对应的 DEA 模型如式（5.45）所示。

$$
\begin{aligned}
\max\, & \sum_{j=1}^{n} y_o^{(3)} \\
\text{s. t.}\ & \sum_{j=1}^{n} \lambda_j k_j \leqslant k_o \\
& \sum_{j=1}^{n} \lambda_j l_j \leqslant l_o
\end{aligned}
$$

$$\sum_{j=1}^{n} \lambda_j e_j \leqslant e_o \tag{5.45}$$

$$\sum_{j=1}^{n} \lambda_j y_j \geqslant y_o^{(3)}$$

$$\sum_{j=1}^{n} \lambda_j u_j = u_o - b_o^{(3)}$$

$$\sum_{j=1}^{n} b_o^{(3)} \geqslant B^{Task}$$

$$y_o^{(3)} \geqslant 0, \ 0 \leqslant b_o^{(3)} \leqslant u_o, \ \lambda_j \geqslant 0, \ j = 1, \ 2, \ \cdots, \ n$$

其中，B^{Task} 为实现给定的总和碳减排目标，$y_k^{(3)}$、$b_k^{(3)}$ 分别代表在碳交易市场中 DMU_o 可实现最大 GDP 及对应的碳减排量。令 $y_k^{(3)}$、$b_k^{(3)}$ 的最优解分别为 $y_o^{(3)*}$、$b_o^{(3)*}$，对应的碳排放量为 $u_o^{(3)*} = u_o - b_o^{(3)*}$。

如果式（5.45）中的 $u_o^{(3)*}$ 大于式（5.44）中的 $u_o^{(2)*}$，则意味着 DMU_o 是碳排放权的购买方；如果 $u_o^{(3)*}$ 小于 $u_o^{(2)*}$，则意味着 DMU_o 是碳排放权的出售方。

即便存在碳交易市场，如果一些 DMU_o 的碳排放受到特定限制（如为了实现碳中和，要求地区碳排放量不得超过该地区的生态固碳量），则需对式（5.45）增加新的约束条件 $\sum_{s?S} b_S^{(3)} \geqslant F_S^T$，$F_S^T$ 代表对属于区域 S 的 DMU 的碳排放总和的约束。增加新的约束条件后的 DEA 模型为式（5.46）。

$$\max \sum_{j=1}^{n} y_o^{(3)}$$

$$\text{s. t.} \ \sum_{j=1}^{n} \lambda_j k_j \leqslant k_o$$

$$\sum_{j=1}^{n} \lambda_j l_j \leqslant l_o$$

$$\sum_{j=1}^{n} \lambda_j e_j \leqslant e_o$$

$$\sum_{j=1}^{n} \lambda_j y_j \geqslant y_o^{(3)} \tag{5.46}$$

$$\sum_{j=1}^{n} \lambda_j u_j = u_o - b_o^{(3)}$$

$$\sum_{s \in S} b_S^{(3)} \geqslant F_S^T$$

$$\sum_{j=1}^{n} b_o^{(3)} \geqslant B^{Task}$$

$$y_o^{(3)} \geqslant 0, \ 0 \leqslant b_o^{(3)} \leqslant u_o, \ \lambda_j \geqslant 0, \ j = 1, \ 2, \ \cdots, \ n$$

第五，碳排放权交易市场通常规定了碳抵消机制，即碳交易主体可通过购买碳汇的方式部分抵消碳减排量。碳抵消机制的存在一方面可以在一定程度上降低碳交易主体的减排成本（当碳汇的交易价格低于碳价时，购买碳汇更有利可图）；另一方面可以为提供碳汇的地区增加经济收入。如果可用于碳抵消的减排量为 B^{offset}，则式（5.46）可调整为：

$$\max \sum_{j=1}^{n} y_o^{(4)}$$

$$\text{s. t. } \sum_{j=1}^{n} \lambda_j k_j \leqslant k_o$$

$$\sum_{j=1}^{n} \lambda_j l_j \leqslant l_o$$

$$\sum_{j=1}^{n} \lambda_j e_j \leqslant e_o$$

$$\sum_{j=1}^{n} \lambda_j y_j \geqslant y_o^{(4)} \qquad (5.47)$$

$$\sum_{j=1}^{n} \lambda_j u_j = u_o - b_o^{(4)}$$

$$\sum_{s \in S} b_S^{(4)} \geqslant F_S^T$$

$$\sum_{j=1}^{n} b_o^{(4)} \geqslant B^{Task} - B^{offset}$$

$$y_o^{(4)} \geqslant 0, \ 0 \leqslant b_o^{(4)} \leqslant u_o, \ \lambda_j \geqslant 0, \ j = 1, \ 2, \ \cdots, \ n$$

其中，B^{offset} 为碳抵消的减排量，$y_o^{(4)}$、$b_o^{(4)}$ 为待解未知参数，代表在增加碳抵消机制后，碳交易后的 DMU_o 可实现的最大 GDP 和对应的碳减排量。令 $y_k^{(4)}$、$b_k^{(4)}$ 的最优解分别为 $y_o^{(4)*}$、$b_o^{(4)*}$，则对应的碳排放量为 $u_o^{(4)*} = u_o - b_o^{(4)*}$。

如果式（5.47）中的 $u_o^{(4)*}$ 大于式（5.45）中的 $u_o^{(3)*}$，则意味 DMU_o 是碳汇的购买方；如果 $u_o^{(4)*}$ 小于 $u_o^{(3)*}$，则意味 DMU_o 是碳汇的出售方。碳汇的出售方需具备充裕的碳汇资源。基于式（5.47）和式（5.45）还能计算 DMU_o 意愿支付的最高碳汇价格 p_o：

$$p_o = \frac{y_o^{(4)} - y_o^{(3)}}{b_o^{(4)} - b_o^{(3)}} \qquad (5.48)$$

（3）生态固碳能力和生态承载压力。

在自然生态系统中，植物通过光合作用吸收大气中的二氧化碳并向大气排放氧气，这为维持大气中的二氧化碳和氧气的动态平衡发挥了不可替代的作用并且有助于降低温室效应。NPP 不仅是判定植物生长状态和自然生态系统健康与否的重要指标，同时也可用于计算植物的固碳量（Zhao and Running，2010；Ali，2018）。依据 NPP 可大致估算植物的固碳量，具体计算公式为：

$$cs_{o,t} = \frac{NPP_{o,t} \times area_o}{45\%} \times 1.62 \qquad (5.49)$$

其中，$c_{o,t}$、$NPP_{o,t}$ 和 $area_o$ 分别代表第 o 个地区第 t 年的植物固碳量、NPP 和地区面积。

地区二氧化碳排放量超过该地区固碳量的数值可以反映该地区的生态承载压力。生态承载压力的计算公式为：

$$nc_{o,t} = cs_{o,t} - u_{o,t} \qquad (5.50)$$

其中，$nc_{o,t}$、$cs_{o,t}$ 和 $u_{o,t}$ 分别代表第 o 个地区第 t 年的生态承载压力、植物固碳量和二氧化碳排放量。如果 $nc_{t,t} \geq 0$，则代表第 k 个地区第 t 年的二氧化碳排放量在生态承载能力之内；如果 $nc_{t,t} \leq 0$，则代表第 k 个地区第 t 年的二氧化碳排放量超过生态承载能力。

5.3.3 数据

实证研究采用 2005～2015 年中国 30 个省份（西藏、香港、澳门和台湾除外）的固定资产投资、劳动力、能源消费、GDP、二氧化碳排放、NPP 数据。其中，资本、劳动力、GDP 数据源于《中国统计年鉴（2006～2016）》，能源消费数据源于《中国能源统计年鉴（2006～2016）》，二氧化碳排放数据源于中国二氧化碳排放数据库（Shan et al.，2018），NPP 数据由笔者所在研究团队自行计算。GDP 和固定资产投资数据均转化为 2005 年不变价格。地区资本存量采用永续盘存法计算，首年的资本存量参考相关学者（Hall and Jones，1999；Yong，2003）提供的方法计算：

$$K_{o,t} = (1 - \delta) K_{o,t-1} + \Delta I_{o,t}$$

$$K_{o,2005} = \frac{\Delta I_{o,2005}}{\delta + g_o}$$

(5.51)

其中，$K_{o,t}$、$K_{o,t-1}$ 和 $K_{o,2005}$ 代表第 o 个地区第 t 年、第 $t-1$ 年和首年（2005 年）的资本存量，$\Delta I_{o,t}$、g_o 和 δ 分别代表第 o 个地区第 t 年的投资额和第 k 个地区固定资产投资的年度几何平均增长量和全国平均的固定资产年度折旧率。简单假设 $\delta = 10\%$（Young，2003；Mastromarco and Ghosh，2008）。

数据的描述性统计结果如表 5-1 所示。

表 5-1 描述性统计结果

项目	最小值	最大值	均值	标准差
GDP（亿元，2005 年不变价）	543.3	60 006.6	12 386.3	10 986.1
资本存量（亿元，2005 年不变价）	1 036.3	177 194.2	32 772.5	29 913.5
劳动力（万人）	100.8	4 500.1	1 060.6	811.1
能源消费（万吨标准煤）	822.0	38 899.0	12 538.5	7 954.4
二氧化碳排放（百万吨）	16.5	842.2	270.5	181.7
NPP（克/平方公里/年）	55.6	1 196.0	568.5	266.0
地区面积（平方千米）	7 315.4	1 756 577.8	284 152.8	365 435.2

资料来源：国家统计局编：《中国统计年鉴》，中国统计出版社 2006～2016 年版；国家统计局能源统计司编：《中国能源统计年鉴》，中国统计出版社 2006～2016 年版；中国二氧化碳排放数据库；NPP 数据为笔者所在研究团队自行计算。

5.3.4 结果与讨论

（1）地区 NPP 与生态承载压力分析。

中国国土幅员辽阔，从南至北、从沿海到内陆的气候特征差异显著，对应的生态系统也存在显著的区域差异。表 5 - 2 的第（1）、第（2）列从高到低展示了中国各省份（由于缺失数据，不包括西藏、台湾、香港、澳门）的单位面积 NPP 的年度均值（2005～2015年）。由此可知：中国地区间 NPP 的分布特征是从南至北、从沿海到内陆逐渐递减。从 2005～2015 年的年度均值来看，云南、海南、福建、广西、浙江、重庆、贵州、广东的单位面积 NPP 较高，而新疆、青海、内蒙古、宁夏、甘肃、北京、天津、山西、河北、上海的单位面积 NPP 较低。

表 5 - 2　　中国各地区的 NPP 分布和生态承载压力（2005～2015 年平均值）

NPP		生态承载压力	
地区	NPP（克/平方千米/年）	地区	生态承载压力（百万吨）
云南	1 140. 80	山东	- 430. 43
海南	1 073. 22	河北	- 354. 46
福建	916. 80	江苏	- 335. 44
广西	824. 20	山西	- 192. 43
浙江	807. 05	上海	- 171. 85
重庆	787. 31	河南	- 145. 47
贵州	785. 64	天津	- 116. 87
广东	781. 68	辽宁	- 107. 29
江西	735. 80	北京	- 79. 40
四川	734. 14	宁夏	- 55. 88
湖南	716. 36	浙江	- 29. 04
湖北	641. 83	安徽	56. 04
江苏	617. 08	广东	56. 91
安徽	616. 11	重庆	102. 11
辽宁	551. 31	海南	102. 17
河南	531. 19	湖北	145. 64
吉林	524. 55	陕西	169. 81
黑龙江	518. 97	新疆	188. 52
山东	516. 29	吉林	191. 79
陕西	508. 82	福建	225. 29
上海	433. 06	甘肃	255. 75
河北	401. 22	青海	261. 40
山西	367. 37	江西	301. 12
天津	305. 98	贵州	301. 51
北京	286. 62	湖南	305. 60

续表

NPP		生态承载压力	
地区	NPP（克/平方公里/年）	地区	生态承载压力（百万吨）
甘肃	259.48	广西	540.25
宁夏	249.05	内蒙古	567.14
内蒙古	246.64	黑龙江	691.47
青海	113.29	四川	1 001.94
新疆	61.76	云南	1 399.09

NPP 的高低代表了生态资源的丰富程度：NPP 越高，则自然生态系统的固碳潜力越大；反之，则固碳潜力越小。基于地区二氧化碳排放量、单位面积 NPP 及地区面积，可依据式（5.49）~式（5.50）计算出各地区的年度生态承载压力。表 5 - 2 的第（3）、第（4）列展示了各地区生态承载压力的年度均值（2005 ~ 2015 年）。由此可知：生态承载压力过大（即二氧化碳排放量远超过生态固碳量）的地区主要为北部沿海地区，如辽宁、北京、天津、河北、山东；部分中西部地区，如宁夏、山西、河南，以及东南沿海局部地区，如江苏、上海、浙江。

总体而言，由表 5 - 2 可知，以单位面积 NPP 衡量的固碳能力较强的地区通常集中在南部，而生态承载压力较严峻的地区主要集中在环渤海地区，包括北京、天津、河北、辽宁、山东、山西。

进一步，由表 5 - 3 可知，相比 2005 年，2015 年各地区的生态承载压力呈增大趋势。2005 年，河南、辽宁、浙江、广东、安徽的生态固碳能力均高于二氧化碳排放量，但 2015 年这些地区的生态承载压力均在增大，生态固碳能力不足以抵消二氧化碳排放量，下文将这些地区称为生态透支地区。总体而言，2015 年，广东、浙江、江苏、安徽、河南、上海、山东、辽宁、河北、山西、天津、北京、宁夏共 13 个地区的生态固碳能力小于本地区的二氧化碳排放量；与此同时，云南、四川、黑龙江、内蒙古、广西仍具有较高的生态固碳潜力（在抵消二氧化碳排放量后，这些地区的生态固碳量依然为正）。

表 5 - 3　　　　　　　　2005 ~ 2015 年中国各地区生态承载压力的变动情况

地区	2005 年	2015 年	变动量
北京	- 73.30780	- 77.52430	- 4.21644
天津	- 74.69860	- 141.25700	- 66.55890
河北	- 162.63400	- 500.99300	- 338.35900
山西	- 80.06020	- 257.53800	- 177.47700
内蒙古	768.16780	314.50400	- 453.66400
辽宁	42.33498	- 239.56800	- 281.90300

地区	2005 年	2015 年	变动量
吉林	268.24960	107.28320	−160.96600
黑龙江	792.60460	583.39880	−209.20600
上海	−147.22200	−177.36700	−30.14550
江苏	−150.37400	−496.63200	−346.25800
浙江	72.49002	−93.34910	−165.83900
安徽	172.39350	−86.22260	−258.61600
福建	309.34360	154.54290	−154.80100
江西	385.33160	208.26060	−177.07100
山东	−242.15700	−580.61000	−338.45300
河南	12.85696	−238.21900	−251.07500
湖北	282.85750	92.88127	−189.97600
湖南	407.16150	238.27520	−168.88600
广东	170.98960	−18.63690	−189.62700
广西	595.24200	508.25210	−86.98990
海南	115.24540	80.50996	−34.73550
重庆	161.63150	64.99112	−96.64040
四川	1 153.56000	847.09220	−306.46800
贵州	369.52670	236.84120	−132.68600
云南	1 485.24800	1 341.56400	−143.68400
陕西	228.31090	75.83234	−152.47900
甘肃	270.87210	170.39240	−100.48000
青海	299.20570	208.59050	−90.61520
宁夏	−11.65810	−104.62800	−92.97030
新疆	287.71690	30.86725	−256.85000

下面将重点分析 2015 年生态承载压力过大的 13 个地区的相关情况。

（2）引致地区生态承载压力过大的原因分析。

设定地区碳减排目标并以此推动地区碳减排有助于缓解地区生态承载压力。然而，地区生态承载压力由地区生态固碳能力和地区二氧化碳排放量综合决定。进一步地，地区二氧化碳排放量受地区经济发展及环境生产效率的影响。因此，在讨论如何确定地区碳减排目标之前，有必要首先分析引致地区生态承载压力的主要原因。引致地区生态承载压力的主要原因包括生态脆弱、环境生产效率以及经济发展。具体来说，生态脆弱程度可由地区单位面积的 NPP 衡量（单位面积的 NPP 越低，则生态越脆弱；反之，生态越好），环境生产效率以式（5.40）中 η_o 的最优解 η_o^*，即碳减排比例衡量（η_o^* 越大，则环境生产效率越低；反之，环境生产效率越高），经济发展由地区人均 GDP 衡量（地区人均 GDP 越高，则经济发展程度越高；反之，经济发展程度越低）。表 5-4 展示了 2015 年生态承载压力过大（即生态固碳能力小于地区二氧化碳排放量）的 13 个地区（广东、浙江、江苏、安徽、河南、上海、山东、辽宁、河北、山西、天津、北京、宁夏）的单位面积 NPP、碳减排比例、人均 GDP，并分析引起这些地区生态承载压力过大的原因。

表 5-4　　　　　　　　　　2015 年 13 个地区生态承载压力过大的原因

地区	生态承载压力（百万吨）	人均 GDP（万元）	碳减排比例（%）	NPP（克/平方千米/年）	引致地区生态承载压力过大的原因
北京	-77.52	7.7（3）	0.00	242.32（25）	生态脆弱、经济发展
天津	-141.26	9.0（2）	0.00	246.15（24）	生态脆弱、经济发展
河北	-500.99	3.5（15）	42.09	337.46（22）	生态脆弱、环境生产效率低
山西	-257.54	2.8（23）	64.40	320.88（23）	生态脆弱、环境生产效率低
辽宁	-239.57	5.1（10）	37.30	419.86（21）	环境生产效率低
上海	-177.37	9.1（1）	0.00	425.00（19）	经济发展
江苏	-496.63	6.8（4）	0.00	541.50（13）	经济发展
浙江	-93.35	6.3（5）	20.21	722.40（8）	经济发展
安徽	-86.22	2.7（24）	40.45	507.62（14）	环境生产效率低
山东	-580.61	5.5（8）	21.38	420.76（20）	经济发展
河南	-238.22	3.2（16）	28.42	461.63（17）	经济发展
广东	-18.64	5.5（7）	0.00	745.07（6）	经济发展
宁夏	-104.63	2.7（25）	80.96	193.80（28）	生态脆弱、环境生产效率低

注：第（3）列和第（5）列中括号内的数字分别代表地区人均 GDP 和单位面积 NPP 从高到低排列的序号。

由表 5-4 可知，在这 13 个生态承载压力过大的地区中，北京、天津、上海、江苏、广东具有较高的人均 GDP 且碳减排比例为零（碳减排比例为零意味着这些地区位于环境生产前沿，环境生产效率为 1）。然而，在单位面积 NPP 方面，北京和天津偏低，广东偏高，江苏和上海相对较高。因此，北京和天津生态承载压力过大的主要原因可归结为生态脆弱和经济发展，而广东、上海、江苏生态承载压力过大的主要原因是经济发展。另外，由于宁夏、河北、山西的碳减排比例较高（碳减排比例较高意味着离环境生产前沿较远，因此环境生产效率较低）、单位面积的 NPP 较低、人均 GDP 也较低，因此宁夏、河北、山西生态承载压力过大的主要原因是生态脆弱和环境生产效率低。以此类推，辽宁和安徽生态承载压力过大的主要原因是环境生产效率较低，而浙江、山东和河南生态承载压力过大的主要原因是经济发展。总体而言，经济发展是东部发达地区生态承载压力过大的主要原因，生态脆弱是北部地区生态承载压力过大的主要原因，环境生产效率低是东北和中部地区生态承载压力过大的主要原因。而在经济欠发达的西北地区如宁夏，环境生产效率低及生态脆弱是其生态承载压力过大的主要原因。

（3）维持地区生态平衡的碳减排成本分析。

为了维持地区生态平衡，地区二氧化碳排放应当被限定在地区生态固碳能力以内。理论上，如果地区通过提升环境生产效率就能够将碳排放降低至地区生态固碳能力范围内，则该地区维持生态平衡无须付出额外的经济成本。但如果该地区通过提升环境生产效率仍未能将碳排放降低至地区生态固碳能力范围内（环境生产效率可提升的空间较小或地区生态固碳能力较弱都会导致此种情况的出现），则该地区维持生态平衡需付出额外的经济成本。依据式（5.41）~式（5.43）以及式（5.48）可分别计算北京等 13 个生态承载压力过大地区在 2015 年对应的碳减排成本。表 5 - 5 的第（2）、第（3）列分别展示了 13 个生态承载压力过大地区的理论最优碳排放量和地区固碳能力。理论上，地区固碳能力超过最优碳排放量的地区仅需通过提升环境生产效率即可维持生态平衡，对应的碳减排成本为零，这些地区包括安徽和广东。另外，虽然浙江的地区固碳能力小于最优碳排放量，但其 2015 年的真实碳排放量[①]远高于最优碳排放量，因此也可以通过提升环境生产效率维持生态平衡，对应的碳减排成本也为零。除了安徽、广东、浙江这三个地区以外，其他地区维持生态平衡的碳减排成本均大于零，具体见表 5 - 5 的第（6）列。具体而言，北京、天津和上海维持生态平衡的碳减排成本分别高达 84.11%、86.07% 和 90.74%，河北、辽宁、山东和江苏维持生态平衡的碳减排成本为 20% ~40%，而宁夏、河南、山西维持生态平衡的碳减排成本约为 10%。

表 5 - 5　　2015 年生态承载压力过大地区为维持生态平衡需付出的碳减排成本

地区	$u_o^{(1)*}$ （百万吨）	cs_o （百万吨）	$y_o^{(22)*}$[①] （亿元）	$y_o^{(2)*}$[②] （亿元）	维持生态平衡的 碳减排成本 c_o（%）
北京	92.20	14.65	16 770.40	2 664.71	84.11
天津	151.90	10.66	13 923.90	1 938.96	86.07
河北	508.59	233.14	34 164.05	25 499.05	25.36
山西	365.78	182.63	19 771.15	18 094.30	8.48
辽宁	392.91	232.54	32 566.25	25 802.02	20.77
上海	188.60	11.19	21 984.00	2 035.37	90.74
江苏	490.22	207.47	54 309.50	37 737.04	30.51
浙江	301.85	282.00	—	—	0
安徽	208.54	265.10	—	—	0
山东	676.62	243.89	59 654.65	36 874.45	38.19
河南	406.90	279.56	37 037.26	32 795.53	11.45
广东	485.16	486.19	—	—	0
宁夏	81.49	36.19	4 204.97	3 866.83	8.04

注：①由式（5.43）可知，$y_o^{(22)*}$ 代表 DMU$_o$ 无须减排时对应的最大 GDP。
②由式（5.43）可知，$y_o^{(2)*}$ 代表 DMU$_o$ 实现既定减排目标时对应的最大 GDP。

---

① 根据中国二氧化碳排放数据库（Shan et al.，2018）可知，2015 年浙江的真实碳排放量为 375.35 百万吨。

（4）维持区域生态平衡且引入碳排放权交易市场后的相关分析。

考虑到维持地区生态平衡的成本高昂以及二氧化碳的空间扩散性，以区域生态平衡替代地区生态平衡是一个更好的选择。事实上，虽然北京、天津的生态承载压力非常大，但其周边地区如内蒙古还具有很大的生态固碳空间。类似地，上海、江苏的生态承载压力较大，但其周边的安徽、福建仍可释放一定的生态固碳空间。因此，从全国来看，整体而言可在北部区域，包括北京、天津、河北、山西和内蒙古以及东部区域，包括上海、江苏、浙江、山东、福建和安徽分别制定区域碳减排目标进而实现区域生态平衡，而无须要求每个地区均实现生态平衡。

另外，"十三五"时期，各个地区均承担了特定的碳强度下降任务。因此，即便是生态平衡地区，也需承担一定的碳减排任务。表 5-6 展示了以 2015 年数据和"十三五"碳强度下降目标为依据测算的区域或地区的目标碳排放量。目标碳排放量等于 2015 年的真实碳排放与既定碳减排目标的差值。其中，将北京、天津、河北、山西、内蒙古共 5 个省份并入北部区域，将上海、江苏、浙江、山东、安徽、福建共 6 个省份并入东部区域，这两个区域的目标碳排放量未超过各区域的生态固碳量。其他地区的目标碳排放量依据"十三五"碳强度下降目标和 2015 年的真实碳强度测算而得。

表 5-6　　　　　　　　　　　各区域或地区的二氧化碳排放分配量

地区	"十三五"时期各地区的碳强度下降目标（%）	维持区域生态平衡的区域二氧化碳排放量分配（百万吨）	地区	"十三五"时期各地区的碳强度下降目标（%）	依据"十三五"时期碳强度下降目标确定的二氧化碳排放量分配（百万吨）
北部区域			其他地区		
北京	20.50		广东	20.50	401.34
天津	20.50		广西	17.00	164.38
河北	20.50	1 340.27	海南	12.00	37.21
山西	18.00		河南	19.50	416.81
内蒙古	17.00		湖北	19.50	248.12
东部区域			湖南	18.00	237.16
上海	20.50		江西	19.50	169.40
江苏	20.50		陕西	18.00	227.03
浙江	20.50	1 394.61	甘肃	17.00	131.56
安徽	18.00		青海	12.00	45.00
福建	19.50		宁夏	17.00	116.88
山东	20.50		新疆	12.00	302.86
其他地区			重庆	19.50	128.34
辽宁	18.00	387.13	四川	19.50	259.85
吉林	18.00	170.23	贵州	18.00	191.56
黑龙江	17.00	220.35	云南	18.00	144.27

建立碳排放权交易市场是实现区域生态平衡、降低碳减排成本的途径之一。假定"十三五"期间国家建立全国碳排放权交易市场，市场的碳配额总量为表 5 – 5 中其他地区的碳排放目标加总。但为了维持区域生态平衡，在碳排放权交易市场中，北部地区和东部区域仍需维持区域生态平衡。基于式（5.46）可计算在维持区域生态平衡且引入碳排放权交易市场后，可实现的最大 GDP 及对应的碳排放。同时可基于式（5.44）计算各地区单独实现碳减排目标时可实现的最大 GDP 及对应的碳排放（假定此时北部和东部区域内部的各地区依据生态固碳量确定碳减排目标，其他地区依据"十三五"碳强度下降目标确定碳减排目标）。表 5 – 7 展示了各地区单独减排以及合作减排（引入碳排放权交易市场）时可实现的最大 GDP 及对应的碳排放。

表 5 – 7　2015 年各地区单独减排与合作减排时可实现的最大 GDP 及对应的碳排放

地区	单独减排		合作减排	
	GDP（亿元）	二氧化碳排放（百万吨）	GDP（亿元）	二氧化碳排放（百万吨）
北京	2 664.71	14.65	16 770.40	92.17
天津	1 938.96	10.66	13 923.90	151.92
河北	25 499.05	233.14	38 462.68	508.61
山西	18 094.30	182.63	19 733.62	268.84
内蒙古	21 674.97	282.72	21 674.97	282.72
辽宁	35 999.28	387.13	36 236.09	392.92
吉林	14 420.48	170.23	15 423.46	138.72
黑龙江	16 920.76	220.35	17 035.67	232.55
上海	2 035.37	11.19	16 843.42	93.79
江苏	37 737.04	207.47	42 126.78	231.61
浙江	40 956.29	282.00	40 966.26	282.09
安徽	23 602.07	208.54	23 602.07	208.57
福建	23 942.30	201.88	23 942.30	201.89
江西	16 437.79	169.40	17 581.49	133.50
山东	36 874.45	243.89	46 624.07	376.66
河南	41 601.81	416.81	41 926.63	406.88
湖北	30 944.87	248.12	32 196.19	271.21
湖南	26 685.89	237.16	28 376.21	268.35
广东	56 079.13	401.34	60 626.23	485.19
广西	18 153.70	164.38	18 358.08	167.21
海南	3 715.15	37.21	3 903.01	31.49

续表

地区	单独减排		合作减排	
	GDP（亿元）	二氧化碳排放（百万吨）	GDP（亿元）	二氧化碳排放（百万吨）
重庆	17 212.32	128.34	18 253.95	143.51
四川	31 460.92	259.85	35 094.64	322.79
贵州	14 873.72	191.56	14 940.61	178.69
云南	16 735.93	144.27	18 451.44	175.94
陕西	20 132.65	227.03	20 823.28	208.13
甘肃	11 988.63	131.56	12 063.89	136.14
青海	3 394.17	45.00	3 423.73	48.17
宁夏	4 453.02	116.88	4 534.60	54.76
新疆	13 298.25	302.86	13 896.20	239.34

由表 5 - 7 可知，在引入碳排放权交易市场后，北部区域的北京、天津、河北、山西的碳排放量远高于单独减排时的碳排放量，因此这些地区为碳排放权的购买方。而无论是单独减排还是合作减排，内蒙古可实现的最大 GDP 不变，结合内蒙古的生态固碳量可知，内蒙古可以成为北方区域的碳排放权提供方。同理，在引入碳排放权交易后，东部区域的上海、江苏、山东的碳排放量高于单独减排时的碳排放量，因此这些地区为碳排放权的购买方。而无论是单独减排还是合作减排，浙江、安徽、福建可实现的最大 GDP 不变，结合这三个地区的生态固碳量可知，这三个地区可以成为东部区域的碳排放权提供方。

在其他地区中，广东是需要购买碳排放权最多的地区，其次是四川、云南、湖南、湖北、重庆、黑龙江、辽宁。一些西部地区如甘肃、青海、广西也需要购买少量的碳排放权。与此同时，海南、河南、贵州、陕西、吉林、江西、宁夏、新疆将成为潜在的碳排放权提供方。不过，成为碳排放权提供方的前提是这些地区能够改善自身的环境生产效率并且能够充分挖掘自身的生态碳汇资源。

（5）引进碳抵消机制后的碳汇经济分析。

碳抵消机制提供了以更低减排成本实现碳减排目标的替代途径。北京、天津等碳排放权交易试点地区大都引进了碳抵消机制（CCER），且一般规定不超过 5% ~ 10% 比例的碳排放可通过碳汇抵消。简单假设可进行碳抵消的比例为 5%（为了维持区域生态平衡，假设仅允许表 5 - 6 中的其他地区可进行碳抵消）。

基于式（5.46）可计算各地区的碳汇收益。假设各区域或地区的碳排放约束仍如表 5 - 6 所示，则计算结果显示，仅有贵州和宁夏将购买碳汇以用于抵消碳排放，且基于式（5.47）可计算碳汇的价格最高可达 941 元/吨。进一步，简单假设具有高 NPP 的地区倾向于发展碳汇经济，且拥有生态固碳余额的地区将在碳排放权交易市场中提供碳汇资源。结合各地区的生态固碳能力可知，经碳排放权交易后，云南、四川、黑龙江、广西仍存有较可观的生态固碳余额，预期这些地区将获得可观的碳汇收入。不过，由于"十三五"时期的碳减排目标相对比较宽松，即便在实现既定碳减排目标后，福建、安徽、浙江仍具有环境生产效率的改进空间，因此这些地区的减排成本理论上为零。由此使得这些地区没有动力去发展碳汇经济以降低减排成本。可以预期，伴随着碳减排目标的加大，碳减排成本的提高将驱动具有丰富碳汇资源的地区积极发展碳汇经济，总体的碳汇交易额将增加，对应的碳汇价格也将增加。

5.4 相关附件与程序

求解 DEA 模型的软件和程序有很多种，本章提供基于 Matlab 的一种计算程序，仅供读者参考。

首先，Matlab 中的数据排列结构为：

h2005 = $[-y2005, k2005, l2005, e2005, c2005]^{\top}$

其中，$-y2005$ 代表 2005 年各地区 GDP 的相反数（$-GDP$）的行向量，k2005、l2005、e2005、c2005 分别代表对应资本存量、就业人数、能源消费、碳排放的行向量。

以 h2005 为例依次列出其余年份的数据。

其次，Matlab 求解 DEA 模型的程序（为了扩大样本量，本应用案例中的 DEA 模型均基于 2005～2015 年的全部样本构建环境生产前沿面）。

h = [h2005, h2006, h2007, h2008, h2009, h2010, h2011, h2012, h2013, h2014, h2015]

g = h(1, ：)

k = h(2, ：)

l = h(3, ：)

e = h(4, ：)

c = h(5, ：)

```
%式(5.41)%
for i = 301：330
    f = [-1, zeros(1,330)]
    A = [0,k;0,l;0,e;-g(：,i),g]
    b = [k(：,i);l(：,i);e(：,i);g(：,i)]
Aeq = [c(：,i),c]
beq = c(：,i)
lb = zeros(331,1)
    w(：,i) = linprog(f,A,b,Aeq,beq,lb)
end
```

```
ww = w(1,301：330)


% 式(5.42)%
for i = 301：330
    f = [ -1,zeros(1,331) ]
    A = [0,0,k;0,0,l;0,0,e;1,0,g]
    b = [k(：,i);l(：,i);e(：,i);0]
Aeq = [0,1,-c]
beq = 0
lb = zeros(332,1)
    w(：,i) = linprog(f,A,b,Aeq,beq,lb)
end
ww = w(1：2,301：330)


% 式(5.44)%
% 假设各地区的生态固碳量为 cs,分别计算生态固碳量小于最优碳排放量地区的
y_o^{(2)*} %
% 以 2015 年第 i 个地区为例%
f = [ -1,zeros(1,330) ]
A = [0,k;0,l;0,e;1,g]
b = [k(：,i);l(：,i);e(：,i);0]
Aeq = [0,c]
beq = cs(1,i-300)
lb = zeros(331,1)
w_i = linprog(f,A,b,Aeq,beq,lb)
% 式(5.46),全国合作减排的 DEA 模型求解%
% 由区域生态固碳量和目标碳排放分配量可计算的碳减排量。北方区域的碳减排量为
F1 = 662.81,东部区域的碳减排量为 F2 = 698.82,全国合计的碳减排量为 2822.24%
% 矩阵构建%
f = [ zeros(1,330*30),-ones(1,30),zeros(1,30) ]
K = blkdiag(k,k,k,k,k,k,k,k,k,k,k,k,k,k,k,k,k,k,k,k,k,k,k,k,k,k,k,k,k,k)
L = blkdiag(l,l,l,l,l,l,l,l,l,l,l,l,l,l,l,l,l,l,l,l,l,l,l,l,l,l,l,l,l,l)
E = blkdiag(e,e,e,e,e,e,e,e,e,e,e,e,e,e,e,e,e,e,e,e,e,e,e,e,e,e,e,e,e,e)
G1 = blkdiag(g,g,g,g,g,g,g,g,g,g,g,g,g,g,g,g,g,g,g,g,g,g,g,g,g,g,g,g,g,g)
C = blkdiag(c,c,c,c,c,c,c,c,c,c,c,c,c,c,c,c,c,c,c,c,c,c,c,c,c,c,c,c,c,c)
X1 = [ K;L;E ]
X2 = zeros(30*3,60)
```

X = [X1 , X2]

G2 = diag[ones(1 ,30)]

G3 = zeros(30 ,30)

G = [G1 ,G2 ,G3]

% 设定北部区域的碳减排目标%

a1 = [zeros(1 ,330 * 30 + 30) , − ones(1 ,5) ,zeros(1 ,25)]

F1 = 662. 81

% 设定东部区域的碳减排目标%

a2 = [zeros(1 ,330 * 30 + 30) ,zeros(1 ,8) , − ones(1 ,5) ,0 , − 1 ,zeros(1 ,15)]

F2 = 1279. 64

% 设定全国碳减排目标%

TF = 2822. 24

Ta = [zeros(1 ,330 * 30 + 30) , − ones(1 ,30)]

% 求解%

A = [X ;G ;a1 ;a2 ;Ta]

b = [k(1 ,301 : 330)';l(1 ,301 : 330)';e(1 ,301 : 330)';zeros(30 ,1) ; − F11 ; − F2 ; −
TF]

Aeq = [C ,zeros(30 ,30) ,diag(ones(1 ,30))]

beq = [c(1 ,301 : 330)']

lb = zeros(330 * 30 + 60 ,1)

[x ,fval] = linprog(f ,A ,b ,Aeq ,beq ,lb)

xx = x(9901 : 9960 ,1)

第6章

环境投入产出方法、模型及其应用

6.1 前言

投入产出方法是用于反映经济活动投入与产出数量经济关系的分析工具。经济活动涵盖的范围十分广泛，既包含国民经济，如分析一国各部门在产品的生产和消耗上的数量关系，也包括地区、部门、企业之间或之内的经济活动。投入产出分析中的"投入"指经济活动中各部门在生产过程中的消耗，而"产出"则是经济活动中产出量的分配。

投入产出方法具有系统性、结构性的特点，系统性体现为能够反映整个经济系统的综合平衡关系，结构性体现为能够反映经济系统内各部门在生产活动中的直接关系与间接关系。鉴于投入产出方法的特点，该方法在国民经济管理的众多领域中得到了广泛应用：首先，投入产出分析可反映部门和产品在国民经济中的比例关系，用于检查并协调国民经济的平衡性，进而服务于国民经济计划的编制；其次，运用投入产出分析方法描绘国家间、部门间的关系，基于现有的生产情况预测未来的经济发展状况，从而帮助国家确定经济发展方案、制定经济决策；此外，投入产出方法还可以通过投入与产出数据关系，研究政策出台对经济的影响。

除了帮助研究国民经济之外，投入产出分析还可以用于研究社会环境问题。自20世纪70年代以来，随着资源环境问题日益突出，投入产出分析在环境领域的应用逐步增多，因此衍生出了环境投入产出分析方法，以更高效分析经济活动对环境的影响。本章将首先介绍投入产出分析的基本原理，进而引入环境投入产出模型，并结合实际案例，探讨环境投入产出分析在研究环境影响问题上的适用性。

6.2 环境投入产出方法及模型构建

6.2.1 投入产出方法的起源与发展

投入产出方法最早是一种用于分析国民经济的发展并制订经济计划的数量经济学方法。作为一种经济学方法，投入产出分析技术的产生有其独特的历史背景和理论基础，主要包括以下方面：

投入产出方法产生于 20 世纪 30 年代全球经济大萧条时期，受经济危机的冲击，传统的西方古典经济学理论受到挑战，亟须创新性经济理论和经济研究方法。从研究方法上，传统主要重视数理的经济研究转向也重视经验研究，进一步利用统计数据对经济发展的形态进行分析，以便能对经济现象提出更合理的解释，对经济发展更准确地做出预测和提出政策指导。

美国经济学家列昂惕夫（Wassily Leontief）于 19 世纪 20 年代就开始涉足投入产出分析方法的研究工作。列昂惕夫早在 1925 年于柏林大学读书时，就在德国出版的《世界经济》杂志上发表了《俄国经济平衡——一个方法论的研究》的短文，第一次阐述了他的投入产出思想（Wassily, 1925）。1936 年 8 月，列昂惕夫在美国《经济学与统计学评论》上发表了《美国经济制度中的投入产出分析》，阐述了有关第一张投入产出表——美国 1919 年投入产出表的编制工作、投入产出理论和相应的模型，以及资料来源和计算方法，该篇论文标志着投入产出分析技术的诞生（Wassily, 1936）。1941 年，列昂惕夫编写的《1919—1929 年美国经济结构：均衡分析的经验应用》，系统论述了投入产出分析原理和方法（Wassily, 1993）；1942 ~ 1944 年间，列昂惕夫主持编制了 1939 年美国投入产出表；1966 年，编写出版了《投入产出经济学》（Wassily, 2011），该书是列昂惕夫已发表的部分投入产出论文合集。其中不仅说明了可以将国民经济表示为由相互依赖的投入与产出部门构成的体系，并展示了投入产出分析方法解决经济问题的实例，还通过数学方法阐释了投入产出分析方法的理论基础及实际应用。正是在投入产出技术方面的卓越贡献，1974 年，瑞典皇家科学院为列昂惕夫颁发了 1973 年度诺贝尔经济学奖。

投入产出方法不仅是一种基于均衡思想的经济理论，同时也是一种经验研究方法，通过对投入产出数据的处理，定量地、系统地研究一个复杂经济实体的不同部门之间的相互关系，实现对国民经济的核算。投入产出方法正式提出后，迅速在全球其他国家受到经济学家的推广，用于分析国家经济发展情况，并进行经济政策制定。西方国家和日本早在 20 世纪 50 年代初期便开始应用投入产出分析。在日本，投入产出方法又被称为产业关联法，第一张官方发表的统计表是 1951 年投入产出表；在苏联和东欧部分国家，投入产出方法曾被称为部门平衡法，苏联于 1959 年开始应用投入产出方法，东欧国家则在计划经济时期应用投入产出法进行政策指导。紧接着很多发展中国家纷纷着手编制国家经济投入产出表。联合国于 1968 年建议将投入产出表作为各国国民经济核算体系的组成部分，肯定了它在国民经济核算体系中的重要地位，并分别于 1966 年、1973 年、1981 年出版和再版了《投入产出表与分析》（联合国统计局，1981）。投入产出方法逐步成为国际公认的用于分析国家经济发展情况、经济预测和经济计划调整的经济分析方法和常规核算手段。进入 21 世纪后，编制投入产出表的国家数量超过 100 个。

投入产出方法在中国的发展历史始于 19 世纪 50 年代末，属于最早被介绍到国内的一种经济数量分析方法。1959 年，孙冶方访问苏联接触到投入产出分析，回国后他开始大力推广这个可以用于分析各部门投入产出关系的技术方法。1974～1976 年期间，中国编制了第一张包含 61 种产品的实物型投入产出表（1973 年）；1982 年，试编完成了第一张国民经济分部门投入产出表——1981 年 23 部门价值型投入产出表。1988 年，国务院办公厅印发了《关于进行全国投入产出调查的通知》。国家统计部门组织编制了全国 1987 年投入产出表，自此建立了规范的定期编表制度，决定以后每 5 年编制一次投入产出基本表，每 3 年在最新基本表的基础上编制一次延长表。除了国家级外，中国以省、自治区、直辖市为单位，编制了区域投入产出表；部分行业和企业也编制了本行业和本企业的投入产出表。投入产出分析凭借其对各部门投入产出数量关系的清晰呈现，在中国国民经济的预测、分析和计划制定等方面的重要性逐步凸显。1992 年，中国已将投入产出核算作为新国民经济核算体系的重要内容。至今，地区与地区间表、可比价序列表、实物表、企业表等多种形式的投入产出表被陆续编制，投入产出技术等理论逐步实现创新，应用研究不断丰富。

6.2.2　环境投入产出方法的起源与发展

20 世纪 60 年代末，美国经济的发展严重依赖于中东石油资源，能源安全以及能源在经济中的作用开始受到研究者的广泛关注。同时，能源使用所导致的空气污染等环境问题日益严重，研究者开始通过建立经济数学模型，尝试对能源与环境问题进行分析（John，1966；Robert and Allen，1969；Clark et al.，1976）。

列昂惕夫在提出投入产出模型后，于 1970 年发表了《环境影响和经济结构：投入产出方法》，将环境部门纳入投入产出基础框架中，利用投入产出分析方法分析环境和经济关系（Wassily，1970）。在这个扩展的投入产出模型中，环境污染和环境治理作为单独的部门，用于反映生产活动和最终需求导致的污染，以及污染治理对其他经济部门结构的影响。随后，列昂惕夫又进一步发展了环境投入产出模型，试图通过该模型研究环境与政策对世界经济发展的影响（Wassily，1974；1977）。此后，西方学者从事了大量针对经济结构变化与能源、环境的影响方面的研究工作（Wang and Chuang，1987；Adam and Chen，1991；Han and Lakshmanan，1994；Erik and Jesper，2006；Finn，1985）。通过这些研究建立了经济生产部门和环境部门之间的联系，实现了环境投入产出模型的最初应用。

随着我国经济的快速发展，对能源和其他资源的需求量不断升高，环境污染问题也越来越严重，能源、资源和环境约束成为制约我国社会经济可持续发展的重要因素。19 世纪

70 年代之后，环境投入产出模型逐渐发展起来，环境投入产出分析方法应用于我国多个环境领域的研究，包括能源消耗、温室气体排放、空气污染、水资源消耗以及环境政策对经济的影响等问题。

6.2.3　投入产出分析方法的定义与基本结构

投入产出分析方法是研究经济系统中各部门在投入与产出方面平衡关系的一种经济数量分析方法（陈锡康等，2011）。其中，"经济系统"既可以表示整个国民经济，甚至是多个国家和地区，乃至全球的经济，也可以仅限于一个地区、部门和企业的经济系统。"部门"是指所研究的经济系统的组成部分，包括部门、产品、服务以及某个生产流程。

"投入"是指各个部门或产品在其生产、使用或回收等活动过程中的消耗，包括最初投入和中间投入两部分，分别表示生产过程中对初始生产要素的消耗和对各部门产品的消耗。投入从要素角度，包括资本、原材料、劳动以及燃料等。"产出"表示各个部门或产品的产出量的分配与使用，广义上是指系统进行某项活动过程的结果。例如，对于某个部门的总产出，其分配方式包括作为本部门继续生产的再投入、作为其他部门生产环节的投入、用于终端消费、作为资本用于投资，以及出口。

投入产出模型具体包括两部分主要内容：一是投入产出表，主要用于历史数据的描述；二是投入产出经济数据数学模型，主要是基于投入产出表的数据，用于经济形态的分析、关键因素变动对结果的影响判断和预测。

投入产出表是用数据表的形式模拟实际经济系统中各部分的相互联系过程，其编制是利用投入产出模型的首要工作。按照不同的分类标准，可以将投入产出表分为不同的类型。常见的划分方式包括：

（1）部门或产品投入产出表——分别对应价值型投入产出表和实物型投入产出表。其中，价值型投入产出表是将经济系统按部门划分为若干部分，该划分方法具有以下特点：以部门形式组成，包含整个经济系统；各部门数据可以按列求和，得到总投入；以价值量为单位进行数据计量。实物型投入产出表是将经济系统按产品划分成为若干部分，具有以下特点：不能覆盖整个经济系统；以实物量为单位进行数据计量；无法通过按列数据加总得到总投入；与价值型投入产出表相比，应用范围更小。

（2）按研究对象划分——例如：国家投入产出表、地区投入产出表、部门投入产出表、企业表和国家（地区）间投入产出表。除了国家（地区）间投入产出表以外，其他各表的主要区别在于如何对部门和进出口进行划分。

（3）按照编制时间划分——包括描述投入产出表、延长投入产出表和计划投入产出表。描述投入产出表基于调研和收集的数据，反映已经发生的经济活动。延长投入产出表是在已有投入产出表的基础上，利用假设等方法延长编制至其后经济活动已发生，但未进行实际数据调查的某一时期的投入产出表。计划投入产出表是基于已有的投入产出表预测未来某一时期的投入产出表。

由于目前应用最多的投入产出模型是全国价值型描述投入产出表，即以国民经济为描述对象，基于已有数据反映某一时期内社会经济各部门之间的投入产出关系，本书后续将以全国价值型描述投入产出表作为基本模型进行讨论，其基本结构如表 6 – 1 所示。

表 6 – 1   **投入产出表基本结构**

产出 投入		中间需求					最终需求				总产出
		部门 1	部门 2	…	部门 n	合计	消费	资本形成	净出口	合计	
中间 投入	部门 1										
	部门 2		x_{ij}			x_i	C_i	K_i	E_i	Y_i	X_i
	…										
	部门 n										
	合计										
最初 投入	折旧		D_j								
	劳动报酬		V_i								
	税利		M_j								
	营业盈余		S_j								
	合计		N_j								
总投入			X_j								

投入产出表在水平和垂直方向上纵横交错，分为四个象限，反映部门间不同投入产出关系的四个部分。

左上为第一象限，由中间投入和中间需求的交叉部分组成，也称为中间消耗关系矩阵或中间流量矩阵，描述国民经济各个部门之间的投入产出关系，反映部门之间的相互关联。

右上为第二象限，由中间投入和最终需求两部分交叉组成，反映每个部门产品用于最终需求的情况。

左下为第三象限，由最初投入和中间需求两部分交叉组成，反映每个部门所"消耗"的最初投入的情况，被称为最终投入矩阵或者增加值矩阵。

右下为第四象限，由最初投入和最终需求两个部分交叉组成，称为再分配象限，在实际编制投入产出表时，通常不收集这部分数据。

水平方向上表示各部门产出的使用、分配情况，各部门产品按照其用途分为中间需求和最终需求两部分。例如，第一行总产出为 X_i，表示各部门在一定时期生产的所有产品或服务的价值；x_{ij} 为中间需求，表示各部门在本期提供生产或服务的活动中，被其他部门消耗和使用的价值；最终需求 Y_i 表示已退出或暂退出本期生产活动，而为最终的消费（C_i）、资本形成（K_i）和净出口（E_i）所提供的货物和服务的价值。

垂直方向描述各部门生产过程中的消耗，即投入情况，按所需的投入也可分为中间投入和最初投入两部分。总投入 X_j 表示一定时期内，各部门进行生产活动所投入的总价值；

中间投入指的是各部门在生产活动中对原材料、服务等的消耗价值量；最初投入也被称为增加值部分，表示各部门在生产过程中所创造的新增价值或固定资产的转移价值，由折旧（D_j）、劳动报酬（V_j）、税利（M_j）和营业盈余（S_j）构成。

利用投入产出表中各种数据关系，能够建立经济数学模型，描述经济系统以及系统内部各部分之间的关系，模拟实际经济系统。投入产出表中的数据存在以下平衡关系，是投入产出数学模型应用的关键依据。

（1）总量平衡关系：

①经济系统的总产出等于总投入：

$$\sum_{i=1}^{n} X_i = \sum_{j=1}^{n} X_j \tag{6.1}$$

②每个部门的总产出等于该部门的总投入：

$$\sum_{j=1}^{n} x_{ij} + C_i + K_i + E_i = \sum_{j=1}^{n} x_{ij} + D_j + V_j + M_j + S_j \tag{6.2}$$

③所有部门中间投入之和等于中间使用之和：

$$\sum_{j=1}^{n} \sum_{i=1}^{n} x_{ij} = \sum_{i=1}^{n} \sum_{j=1}^{n} x_{ij} \tag{6.3}$$

④所有部门最终需求之和等于最初投入之和：

$$\sum_{i=1}^{n} Y_i = \sum_{j=1}^{n} N_j \tag{6.4}$$

（2）行向平衡关系。

对于每一个部门，其产品的产出量都应该等于该部门产品的中间需求和最终需求的合计，都存在如下行向平衡关系：

$$中间需求 + 最终需求 = 总产出$$

由此可建立行向平衡方程：

$$\sum_{j=1}^{n} x_{ij} + Y_i = X_i，i = 1，2，\cdots，n \tag{6.5}$$

（3）列向平衡关系。

对于每一个部门，其产品的总投入量都应该等于该部门产品的中间投入和最终投入的合计，都存在如下列向平衡关系：

$$中间投入 + 最终投入 = 总投入$$

由此可建立列向平衡方程：

$$\sum_{i=1}^{n} x_{ij} + N_i = X_j，i = 1，2，\cdots，n \tag{6.6}$$

可以写成：

$$\sum_{i=1}^{n} a_{ij} X_j + N_i = X_j，i = 1，2，\cdots，n \tag{6.7}$$

该式也被称为生产方程组，反映每个部门的总产出是如何形成的。用矩阵表示该方程组，有：

$$A_c X + N = X \tag{6.8}$$

其中

$$A_c = \begin{bmatrix} \sum\limits_{i=1}^{n} a_{i1} & 0 & \cdots & 0 \\ 0 & \sum\limits_{i=1}^{n} a_{i2} & \cdots & 0 \\ \vdots & \vdots & \ddots & \vdots \\ 0 & 0 & \cdots & \sum\limits_{i=1}^{n} a_{in} \end{bmatrix} N = \begin{bmatrix} N_1 \\ N_2 \\ \vdots \\ N_n \end{bmatrix} \tag{6.9}$$

由式（6.8）可得按列建立的投入产出基本经济数学模型，见式（6.10）：

$$X = (I - A_c)^{-1} N \tag{6.10}$$

该模型揭示了最初投入量和总产出量（总投入量）之间的关系。可利用该模型，在已知总产出量的情况下，计算最初投入量。

根据投入产出表的结构可以得到行和列的等式关系，接下来通过引入系数，可以把等式关系转化为经济分析模型。

（1）直接消耗系数。

直接消耗系数是投入产出方法中的基本概念之一，其含义为生产单位某种产品对另一种产品的消耗量，反映的是生产过程技术水平，公式表示为：

$$a_{ij} = \frac{x_{ij}}{X_j} \tag{6.11}$$

其中，x_{ij} 表示部门 j 生产中对部门 i 所消耗的量，X_j 表示部门 j 的所有投入量，是列向加和值。

因此，式（6.5）可以写成：

$$\sum_{j=1}^{n} a_{ij} X_j + Y_i = X_i ， （i = 1，2，\cdots，n） \tag{6.12}$$

式（6.12）也被称为分配方程组，反映各部门的总产出是如何分配与使用的。用矩阵表示该方程组：

$$AX + Y = X \tag{6.13}$$

其中

$$A = \begin{bmatrix} a_{11} & a_{12} & \cdots & a_{1n} \\ a_{21} & a_{22} & \cdots & a_{2n} \\ \vdots & \vdots & \cdots & \vdots \\ a_{n1} & a_{n2} & \cdots & a_{nn} \end{bmatrix} Y = \begin{bmatrix} Y_1 \\ Y_2 \\ \vdots \\ Y_n \end{bmatrix} X = \begin{bmatrix} X_1 \\ X_2 \\ \vdots \\ X_n \end{bmatrix} \tag{6.14}$$

A 称为直接消耗系数矩阵，是将直接消耗系数 a_{ij} 按照投入产出表中部门（或产品）的顺序排列成矩阵，表示某部门生产单位产品对其他部门的直接消耗。Ax 部分表示的是中间产品的行向合计。Y 表示最终需求量矩阵，X 表示总产出量矩阵。由式（6.13）可得按行建立的投入产出基本经济数学模型，如式（6.15）所示：

$$X = (I - A)^{-1} Y \tag{6.15}$$

其中，I 为单位矩阵。基于上式可在给定的最终需求量下，计算在现有技术下的部门总产出。

$$(I-A) = \begin{bmatrix} 1-a_{11} & -a_{12} & \cdots & -a_{1n} \\ -a_{21} & 1-a_{22} & \cdots & -a_{2n} \\ \vdots & \vdots & \cdots & \vdots \\ -a_{n1} & -a_{n2} & \cdots & 1-a_{nn} \end{bmatrix} \qquad (6.16)$$

由于 $a_{ij} < 1$，$1 - a_{ij} > 0$，非对角线元素为负值表示投入，对角线元素为正值表示扣除自身消耗的净产出。$(I-A)^{-1}$ 称为列昂惕夫逆矩阵。

（2）完全消耗系数。

在利用投入产出技术模型时，通常需要构建完全消耗系数 b_{ij}，用于揭示部门间（或产品间）的完全消耗关系，反映直接消耗和各间接消耗的加总。以产品 j 对电力的需求为例。产品 j 在生产中需要消耗 $1，2，3，\cdots，n$ 种产品，而这些产品的生产又需要消耗部门 i 产品，则产品 j 对通过部门 1 第 i 产品的间接消耗为 $b_{i1}a_{1j}$，则产品 j 对部门 i 产品的直接消耗和间接消耗总量表示为：

$$b_{ij} = a_{ij} + b_{i1}a_{1j} + b_{i2}a_{1j} + b_{i3}a_{1j} + \cdots + b_{in}a_{1j} \qquad (6.17)$$

用矩阵形式可表示为：

$$B = A + BA$$
$$B = (I-A)^{-1} - I \qquad (6.18)$$

将完全消耗系数按照投入产出表中部门（或产品）的顺序排列而成的 n 阶矩阵，用 B 表示为：

$$B = \begin{bmatrix} b_{11} & b_{12} & \cdots & b_{1n} \\ b_{21} & b_{22} & \cdots & b_{2n} \\ \vdots & \vdots & \ddots & \vdots \\ b_{n1} & b_{n2} & \cdots & b_{nn} \end{bmatrix} \qquad (6.19)$$

将式（6.15）中的列昂惕夫逆矩阵 $(I-A)^{-1}$ 与完全消耗系数矩阵 $B = (I-A)^{-1} - I$ 比较，两者仅相差一个单位矩阵。两者的经济含义差异在于，列昂惕夫逆矩阵表示部门生产单位最终产品对包括中间产品和最终产品自身的需要，减去对角矩阵——想得到的最终产品的数量，得到为了生产最终产品所拉动的各部门的产出——完全消耗系数矩阵。为了区别完全消耗系数矩阵，列昂惕夫逆矩阵也被称为完全需要系数矩阵或完全产出系数矩阵。

6.2.4　环境投入产出方法的构建

随着投入产出技术的发展，其应用范围逐渐扩大，不仅适用于国民经济的研究，也开始应用于环境问题的研究。本书介绍两种基本的环境投入产出模型，包括基于能源消耗量构建的环境投入产出模型和将污染部门作为单独环境部门的环境投入产出模型。在基础模型上，研究者还可以与其他经济分析模型相结合，来实现特定的研究目的。

（1）基于能源消耗量构建的环境投入产出模型。

基于能源消耗量构建的环境投入产出模型的基本思路是：在经济投入产出模型中引入各经济部门的能源消耗量和与不同能源对应的环境影响系数（排放因子），从而反映最终需求以及投入产出结构对环境的影响。具体步骤包括，首先基于各部门的直接能源消耗量和各种能源对应的排放因子，构建出各部门的环境影响强度系数；其次在传统经济投入产出模型基础上纳入环境影响系数，计算出单位最终需求导致的完全环境影响。完全环境影响既包括产品生产或提供服务中直接导致的环境影响，也包括使用的中间产品或服务在其生产中导致的间接环境影响，具体计算公式如式（6.20）所示。

以碳排放投入产出模型为例：

$$C = FX = F(I - A)^{-1}Y \tag{6.20}$$

$$F_i = \frac{C_i}{X_i} \tag{6.21}$$

$$C_i = \sum_{k=1} E_{k,i} \times NCV_k \times CC_k \times O_{k,i} \tag{6.22}$$

其中，C 表示经济部门产生的二氧化碳排放总量；F 为各部门的碳排放强度对角矩阵，矩阵中元素通过公式（6.21）计算。与经济投入产出模型一致，X 表示总产出，I 为单位矩阵，A 为直接消耗系数矩阵，$(I - A)^{-1}$ 为列昂惕夫逆矩阵，Y 为最终需求对角矩阵。

F_i 为部门 i 的碳排放强度；C_i 为部门 i 的碳排放量，X_i 为部门 i 的总产出；碳排放量的计算基于能源消耗量以及不同能源对应的热值和排放因子。其中，$E_{k,i}$ 表示部门 i 的化石燃料 k 的消耗量；NCV_k 表示燃料 k 的燃料单位热值，计算过程中采取平均低位发热量；燃料的碳排放因子为含碳量和碳氧化率的乘积，CC_k 为燃料 k 的燃料单位热值含碳量；$O_{k,i}$ 为化石燃料 k 燃烧时的氧化率，指各种化石燃料在燃烧过程中被氧化的碳的比率，表征燃料的燃烧充分性。

以上是求得的单位最终产品在生产过程中的直接环境影响和间接环境影响之和，将其与最终使用导致的环境影响相加，可以求得各部门全部的环境影响。但在环境投入产出模型的实际应用中，由于最终使用导致的污染物排放等环境影响的占比过低，数据统计困难较大，通常只考虑单位最终产品生产过程的直接排放和间接环境影响（排放量），并统称为隐含环境影响（排放量）。

基于能源消耗量构建的环境投入产出模型的优点在于不需要对现有投入产出表进行大的调整和重新构建，只需要直接将能源统计表或其他统计数据与投入产出表结合起来，因此该方法在实际应用中得到广泛应用。

（2）单列环境部门的环境投入产出模型。

列昂惕夫在 1970 年《环境影响和经济结构：投入产出方法》中，将环境污染和环境治理作为单独的部门，纳入传统投入产出研究框架中，用于反映生产活动和最终需求造成的环境污染。整个环境投入产出拓展模型中，系统被分为生产部门和环境部门，其中行向表示污染部门，列向表示污染消除部门，具体形式见表 6 - 2。

表6－2   单列环境部门的环境投入产出表

| 生产部门 | | 中间使用 | | 终产出 | 总产出 |
		生产部门	污染消除部门		
生产部门	1 2 … n	A^{11}	A^{12}	Y	X
污染消除部门	1 2 … n	A^{21}	A^{22}	Y^p	P
初始投入		V^1	V^2		
总投入		X^T	G^T		

类似于传统投入产出模型，可通过数据之间的数学关系计算出直接消耗系数，建立平衡等式，从而反映环境部门与经济部门的相关关系。

其中，A^{11}表示生产部门对生产部门的直接消耗系数矩阵，矩阵中元素表示生产部门j生产单位产品所消耗的第i部门产品的数量；

A^{12}表示污染消除部门对生产部门的直接消耗系数矩阵，矩阵中元素表示为消除每单位第j种污染物消耗的第i个部门产品的数量；

A^{21}表示生产部门污染物排放系数，矩阵中元素表示第j个生产部门生产单位产品所排放的第i种污染物的数量；

A^{22}表示污染消除部门的污染排放系数，矩阵中元素表示消除一单位的第j种污染物所排放的第i种污染物的数量。

根据平衡公式：

$$A^{11}X + A^{12}G + Y = X \tag{6.23}$$

$$A^{21}X + A^{22}G + Y^p = P \tag{6.24}$$

引入污染物消除比例系数 $a_i = \dfrac{g_i}{p_i}(i=1,2,\cdots,m)$，令 $\hat{a}=diag\{a_1,a_2,\cdots,a_m\}$，则 $G=\hat{a}P$，平衡方程可改写为：

$$\begin{bmatrix} I-A^{11} & -A^{12}\hat{a} \\ -A^{21} & (I-A^{22}\hat{a}) \end{bmatrix}\begin{bmatrix} X \\ P \end{bmatrix} = \begin{bmatrix} Y \\ Y^p \end{bmatrix} \tag{6.25}$$

可以得到：

$$\begin{bmatrix} X \\ P \end{bmatrix} = \begin{bmatrix} I-A^{11} & -A^{12}\hat{a} \\ -A^{21} & (I-A^{22}\hat{a}) \end{bmatrix}\begin{bmatrix} Y \\ Y^p \end{bmatrix} \tag{6.26}$$

其中，$-A^{21}$表示污染物的完全排放系数矩阵，即各单位为了得到单位最终产品，在生产过程中直接和间接产生的污染物总量。

随着环境投入产出模型的不断发展和广泛应用，学者们将环境投入产出方法与其他分析方法相结合，例如全生命周期模型（Chris et al.，1998）、可计算的一般均衡模型（Osmo，1998）；或者与其他核算账户信息相结合，例如环境经济核算和自然资源账户（Glenn－Marie，1998）等，从而为分析环境—经济问题提供大量的可使用数据，相关文献可参考6.3.1"环境投入产出方法的应用案例"。

6.3 投入产出模型的应用

环境投入产出方法作为环境领域的重要研究方法之一，核心内容包括理论、方法与应用三个方面。通过学习环境投入产出的数理理论分析方法，掌握多部门线性模型分析技能，对环境经济学相关理论有更深入的理解；通过投入产出核算与编制的学习，结合能源平衡表和部门碳排放强度的计算，加深对数据的理解，更好地使用数据，以分析数据之间的相关性和影响因素；在方法的应用上，通过应用环境投入产出技术，分析经济需求与环境污染的关系，结合环境投入产出技术与全生命周期分析、动态均衡等其他模型，对中国经济—环境问题开展深入的定量研究。

6.3.1 环境投入产出方法的应用案例

本部分对2017～2021年期间利用环境投入产出方法的研究进行梳理，从分区域、分行业，不同环境影响评价对象，以及环境投入产出技术与其他方法的结合利用等角度，对部分研究案例进行对比和总结。

从区域角度，环境投入产出模型可以分为单区域投入产出模型和多区域投入产出模型，由于研究对象的系统边界不同，导致模型的假设条件和复杂性有所差异。

单区域投入产出模型通常用于评估某个国家或区域由国内最终需求导致的污染物排放及其他环境影响，并假定进口产品和服务的技术水平与国内生产技术水平相同。单区域环境投入产出方法多用于核算国民经济系统的碳排放，识别影响碳排放的关键因素，从而为经济结构的调整和经济系统的转型发展提供政策建议。例如，基于环境—经济账户以及环境投入产出和全生命周期模型，计算中国27个部门温室气体排放的环境成本（Xing et al.，2018）。利用15个工业部门的投入产出数据和详细的商品交易数据，分析美国51个区域（50个州和华盛顿地区）的资源利用和碳排放情况（Yang et al.，2018）。运用环境投入产出技术，从城市层面分别测算了日本东京和西班牙某城市的碳足迹，讨论了环境投入产出技术在城市层面进行碳排放计算的适用性（Long and Yoshida，2018；Manuel et al.，2021）。运用环境投入产出模型，分别计算2000～2009年间美国、欧洲、金砖国家的碳排放变化情况，并结合结构分解分析（SDA）模型将排放变化量归因为技术效应和最终需求效应（Patrícia et al.，2020）。

　　由于资源禀赋差异，一国之内不同区域间的能源结构、产业结构存在显著不同，研究者逐渐利用多区域投入产出模型分析区域间的碳排放和污染物的转移问题。同时，随着全球化进程加速和国际气候谈判的推进，国内外学者开始采用多区域投入产出模型，探讨国际贸易的碳排放或环境污染物转移问题。多区域投入产出模型考虑了不同区域和国家的经济结构，即产品在生产链中所处地位，以及技术结构差异，即单位产值的碳排放或污染物排放水平。例如，运用多区域投入产出模型和结构分解分析模型，从省际角度分析了中国2002～2010 年的二氧化硫排放情况，并识别了影响排放的关键因素（Liu et al.，2019）。利用多区域投入产出模型，探究了中国产业结构调整、能源强度变化、城市化率和环境管制对碳排放转移的影响（Wang et al.，2021）。利用多区域投入产出模型和结构分解分析模型，对 2007～2012 年中国各省与 43 个贸易国的国际贸易中的隐含能源问题进行研究，探究了空间聚集对结果的影响（Su et al.，2021）。运用多区域投入产出模型，基于 2015 年全球经贸数据，研究了国际贸易导致的碳排放转移问题（Wu et al.，2021）。此外，部分研究使用 2011 年的单区域投入产出模型和多区域投入产出模型对东京的碳足迹进行计算，阐释了两种方法下的碳足迹计算差别（Long et al.，2020）。

　　环境投入产出模型可用于研究不同行业的环境问题。例如，部分研究运用环境投入产出方法计算中国农业部门、食品生产部门或特定农产品与食物生产中的隐含能源消费和温室气体排放问题（Zhen et al.，2018；Chu et al.，2018；Zhang et al.，2022）。基于环境投入产出和全生命周期评价模型对马来西亚建筑设计系统中的隐含能源和隐含碳进行研究，并基于结果对建筑材料的选择提供了建议（Wan Mohd Sabki，2018）。运用环境投入产出模型，从中国城市层面分析削减石油加工和炼焦、水泥、钢铁、电力和热能等行业的过剩产能对污染物排放的影响（Song et al.，2019）。基于环境投入产出模型，研究汽车电动化的减排效应（Kang et al.，2021；Xiong et al.，2021）。此外，还有学者运用环境投入产出模型研究了中国卫生健康部门的碳排放足迹（Wu，2019）。结合环境投入产出和全生命周期评价模型，以深圳市为例，分析了污水处理过程的隐含碳排放问题（Liao，2020）。

　　从评价对象角度，环境投入产出模型常用于研究能源使用、碳排放、空气污染和水资源利用等问题。前文已较多总结了环境投入产出模型用于各国、各部门及跨区域的能源消耗和碳排放问题研究，此处不再单独列举。部分研究使用美国环境投入产出模型和国家能源模拟系统，对美国各部门的有害空气污染排放物进行预测（Huang and Matthew，2021）。运用环境投入产出模型和结构分解分析模型分析了日本 2001～2015 年主要经济部门的有毒化学物足迹（Hoa Thi et al.，2021）。也有研究对印度尼西亚工业部门水资源消费进行了量化研究（Geetha et al.，2021）；运用多区域投入产出模型，对中国京津冀地区工业部门水资源—能源的协同影响进行了研究（Liu et al.，2021）。此外，还有研究分别对欧盟 27 国和中国测算了隐含水、隐含能源及隐含碳排放的环境绩效（Wang et al.，2020；Li et al.，2020）。

　　由前文可知，环境投入产出模型通常与全生命周期方法结合用于环境绩效的测算和评价，实现环境投入产出模型的完整性和全生命周期评价模型精确性的互补（Manuel et al.，2021；Valentina et al.，2019）；与结构分解分析模型结合，分析环境影响的主要来源；与优化模型结合，提出多约束条件下的优化减排方案（Kang et al.，2021；Daniel et al.，2019）；

与能源规划模型结合，对未来排放情景进行预测（Huang and Matthew，2021）。此外，还有研究结合环境投入产出模型和生态网络模型，讨论了部门间的环境转移问题和生态依赖关系（Xu et al.，2021；Wu et al.，2021）。将环境投入产出模型与数据包络（DEA）模型相结合，探讨了中国各经济部门的生态效率和隐含碳排放转移问题（Xing et al.，2018）。

6.3.2　2018 年中国 45 个部门隐含碳排放计算

（1）研究背景。

气候变化已经成为当前全球共同面临的重要挑战之一。作为世界第二大经济体，中国是资源和能源的主要消费国，也是二氧化碳的主要排放区域。为了应对气候变化，中国主动承担减排责任，并承诺出台更加有效的政策及采取措施，力争实现二氧化碳排放于 2030 年前达到峰值，努力争取 2060 年前实现碳中和。

对国家、各部门进行碳排放量的测算是制定具体减排路径、预测减排潜力的基础工作。本部分利用基于能源消耗量构建的环境（二氧化碳排放）投入产出模型，分步骤计算中国 45 个部门的直接碳排放和间接碳排放。出于简化目的，计算中只考虑单位最终产品在生产过程中完全消耗的能源数量和排放的二氧化碳数量，而最终使用环节（生活消费、投资和出口）的能源消耗和碳排放未加以考虑。需要说明的是，不同于本书其他章节的内容，本部分案例仅作为教学示例，未以学术成果的形式发表，具体的研究案例需结合第 7 章的案例内容。

（2）研究方法与数据。

①碳排放量计算边界。

在计算碳排放量时，通常只考虑人为活动导致的碳排放量部分。根据《2006 年 IPCC 国家温室气体清单指南》，人为活动相关碳排放来自能源活动、工业生产过程、土地利用变化和废物处置等。考虑到数据的可获取性和可靠性，在估算区域碳排放时一般仅计算能源活动和工业生产过程的排放。以中国为例，这两类排放占全国碳排放总量的 95% 以上（计军平，2020）。本节同样仅考虑由燃烧化石燃料和工业生产过程中产生的碳排放。

利用环境投入产出技术计算的部门碳排放包括"直接排放"和"间接排放"，直接排放表示某部门产品生产活动中，在该部门边界内的排放；间接排放指在产品生产活动中因使用其他部门的产品或服务而导致的其他部门的排放。直接排放和间接排放加总又称为部门的隐含排放，表示该部门为生产产品或提供服务而在整个生产链产生的排放。本节计算的碳排放仅为二氧化碳排放，但在已有相关研究中，也常常将温室气体排放量作为碳排放结果，并转化为等量二氧化碳的计量结果。

②计算方法与数据来源。

从排放来源角度，计算各部门能源活动相关的碳排放需要用到化石燃料的消耗量和单位化石燃料燃烧的碳排放量数据；计算工业生产活动的碳排放需要用到工业产品的产量和单位工业产品产量的碳排放量数据。

第一，能源活动相关碳排放。

能源活动相关碳排放计算中，活动水平数据主要源于《中国能源统计年鉴》。国家统计局自1989年起提供了逐年的能源平衡表，用于反映特定地区在一定时期内某种类型的能源的资源供应、加工转换和终端消费的数量关系。能源平衡表又包括按区域划分、按特定部门（工业分行业）划分和按能源种类划分的能源平衡表数据。环境投入产出技术模型中，需要利用的主要是区域能源平衡表和工业分行业能源平衡表中用于终端消费，以及加工转换过程中火力发电和供热的化石能源消耗数据（见表6-3）。

表6-3 区域能源平衡表

项目	煤合计（万吨）	原煤（万吨）	洗精煤（万吨）	煤矸石（万吨）	...	其他能源（万吨标准煤）
一、可供本地区消费的能源量						
1. 一次能源生产量						
水电						
核电						
风电						
2. 进口量						
3. 境内飞机和轮船在境外的加油量						
4. 出口量（-）						
5. 境外飞机和轮船在境内的加油量（-）						
6. 库存增（-）、减（+）量						
二、加工转换投入（-）产出（+）量						
1. 火力发电						
2. 供热						
3. 煤炭洗选						
4. 炼焦						
5. 炼油及煤制油						
#油品再投入量（-）						
6. 制气						
#焦炭再投入量（-）						
7. 天然气液化						
8. 煤制品加工						
9. 回收能源						
三、损失量						
四、终端消费量						

续表

项目	煤合计（万吨）	原煤（万吨）	洗精煤（万吨）	煤矸石（万吨）	…	其他能源（万吨标准煤）
1. 农、林、牧、渔业						
2. 工业						
#用作原料、材料						
3. 建筑业						
4. 交通运输、仓储和邮政业						
5. 批发和零售业、住宿和餐饮业						
6. 其他						
7. 居民生活						
城镇						
乡村						
五、平衡差额						
六、消费量合计						

需要注意的是，全国能源平衡表以及工业分行业能源平衡表的细分部门数量与投入产出表往往不一致，为使能源平衡表的部门分类和投入产出表的分类相对应，通常需要对部门进行合并和调整。依据《国民经济行业分类与代码》（GB/T 4754—2011），本书将部门合并、整理为45个部门，具体部门分类如表6-4所示。此外，对于电力、热力的生产和供应业，除了考虑终端能源消费产生的碳排放外，还应将火力发电和供热过程中产生的碳排放纳入其中。

表6-4 部门分类

序号	部门名称	序号	部门名称
1	农、林、牧、渔、水利业	11	烟草制品业
2	煤炭开采和洗选业	12	纺织业
3	石油和天然气开采业	13	纺织服装、鞋、帽制造业
4	黑色金属矿采选业	14	皮革、毛皮、羽毛（绒）及其制品业
5	有色金属矿采选业	15	木材加工及木、竹、藤、棕、草制品业
6	非金属矿采选业	16	家具制造业
7	其他采矿业	17	造纸及纸制品业
8	农副食品加工业	18	印刷和记录媒介复制业
9	食品制造业	19	文教体育用品制造业
10	饮料制造业	20	石油加工、炼焦及核燃料加工业

序号	部门名称	序号	部门名称
21	化学原料及化学制品制造业	34	计算机、通信和其他电子设备制造业
22	医药制造业	35	仪器仪表制造业
23	化学纤维制造业	36	工艺品及其他制造业
24	橡胶和塑料制品业	37	废弃资源综合利用业
25	非金属矿物制品业	38	金属制品、机械和设备修理业
26	黑色金属冶炼及压延加工业	39	电力、热力的生产和供应业
27	有色金属冶炼及压延加工业	40	燃气生产和供应业
28	金属制品业	41	水的生产和供应业
29	通用设备制造业	42	建筑业
30	专用设备制造业	43	交通运输、仓储及邮电通迅业
31	汽车制造业	44	批发和零售贸易业、餐饮业
32	铁路、船舶、航空航天和其他运输设备制造业	45	其他服务业
33	电气机械及器材制造业		

第二，部门碳排放计算。

各部门能源活动相关碳排放量的计算如式（6.22）所示。本部分采用的不同燃料的含碳量和碳氧化率数据源于 2019 年《中国能源统计年鉴》和联合国政府间气候变化专门委员会（Intergovernmental Panel on Climate Change，IPCC）指南，并假设各部门所采用的燃料含碳量和碳氧化率数据一致。若需要区分具体分部门分燃料类型的含碳量和碳氧化率数据，可参考《中国碳排放投入产出分析：原理、扩展及应用》（计军平，2020）。

根据能源平衡表，本研究考虑的燃料具体包括：煤类（原煤、洗精煤、其他洗煤、型煤、煤矸石、焦炭、焦炉煤气、高炉煤气、转炉煤气、其他煤气、其他焦化产品），油类（原油、汽油、煤油、柴油、燃料油、液化石油气、炼厂干气、其他石油制品），天然气类（天然气、液化天然气），以及热力和电力（见表 6-5）。由于可再生能源燃烧无碳排放，相关能源消耗不纳入计算范围内。

表 6-5　　　　　　　　　　　各类化石燃料参数

平均低位发热量			含碳量 （tC/TJ）	碳氧化率 （%）	燃料 CO_2 排放因子 （$kgCO_2$/TJ）
燃料品种	数值	单位			
原煤	20 908	MJ/t	25.8	100	87 300
洗精煤	26 344	MJ/t	25.8	100	87 300
其他洗煤	8 363	MJ/t	25.8	100	87 300

平均低位发热量			含碳量 （tC/TJ）	碳氧化率 （%）	燃料 CO$_2$ 排放因子 （kgCO$_2$/TJ）
燃料品种	数值	单位			
型煤	15 473	MJ/t	26.6	100	87 300
煤矸石	8 363	MJ/t	25.8	100	87 300
焦炭	28 435	MJ/t	29.2	100	95 700
焦炉煤气	16 726	MJ/km^3	12.1	100	37 300
高炉煤气	3 763	MJ/km^3	70.8	100	219 000
转炉煤气	7 945	MJ/km^3	46.9	100	145 000
其他煤气	5 227	MJ/km^3	12.2	100	37 300
其他焦化产品	33 453	MJ/t	25.8	100	95 700
原油	41 816	MJ/t	20	100	71 100
汽油	43 070	MJ/t	18.9	100	67 500
煤油	43 070	MJ/t	19.6	100	71 900
柴油	42 652	MJ/t	20.2	100	72 600
燃料油	41 816	MJ/t	21.1	100	75 500
液化石油气	50 179	MJ/t	17.2	100	61 600
炼厂干气	45 998	MJ/t	15.7	100	48 200
其他石油制品	40 980	MJ/t	20.0	100	72 200
天然气	38 931	MJ/km^3	15.3	100	54 300
液化天然气	51 434	MJ/t	15.3	100	54 300

③工业生产活动相关碳排放。

工业生产活动相关碳排放计算中，工业产品产量数据取自 2018 年《中国工业经济统计年鉴》，工业产品的碳排放系数采用中国投入产出数据库中相关数据（Tian et al.，2021），具体参数如表 6 - 6 所示。

表 6 - 6　　　　　　　　重点工业生产过程中的碳排放系数

工业产品	所属部门	碳排放系数（二氧化碳/吨）
水泥	非金属矿物制品业	0.29
石灰		0.75
玻璃		0.2
合成氨	化学原料和化学制品制造业	2.10
纯碱		0.14
电石		1.73
焦炭	石油加工、炼焦和核燃料加工业	0.56
铬铁	黑色金属冶炼和压延加工业	1.35
粗钢		1.06
铝氧化物	有色金属冶炼和压延加工业	1.60

④各部门碳排放强度。

将各部门能源消耗过程的碳排放总量和对应部门工业生产活动的碳排放总量相加，可以得到各部门的碳排放总量。基于 2018 年投入产出表中各部门总产出数据，可求得各部门二氧化碳排放强度：

$$F_i = \frac{C_i}{Y_i} \tag{6.27}$$

部门 i 二氧化碳排放强度 F_i 由部门碳排放总量 C_i 除以部门总产出 Y_i 求得。

⑤各部门隐含碳排放。

根据 2018 年投入产出表数据，可首先求得直接消耗系数，并构造（45×45）的直接消耗矩阵 A：

$$a_{ij} = \frac{x_{ij}}{X_j}$$

$$A = \begin{bmatrix} a_{11} & a_{12} & \cdots & a_{1,45} \\ a_{21} & a_{22} & \cdots & a_{2,45} \\ \vdots & \vdots & \cdots & \vdots \\ a_{45,1} & a_{45,2} & \cdots & a_{45,45} \end{bmatrix} \tag{6.28}$$

根据公式隐含碳排放计算公式，可求得各部门的隐含碳排放数据。

$$C = FX = F(I-A)^{-1}Y \tag{6.29}$$

其中，F 和 Y 分别为各部门碳排放强度和总产出量构造出的（45×45）矩阵，C 表示各部门 2018 年产品生产所导致的隐含碳排放，为（45×45）矩阵形式，可以反映出每个部门导致的其他所有部门的碳排放量。

由各部门的隐含碳排放量减去直接碳排放量，可以得到各部门导致的间接碳排放量。

（3）研究结果。

本节分别利用 Excel 和 Matlab 软件，测算了中国 45 个部门的隐含碳排放量，相关程序可见电子版附件。

第一部分：部门直接碳排放总量如表 6-7 所示。

表 6-7　　　　　　　　　　　部门直接碳排放总量

部门	直接碳排放总量 （万吨）	部门总产出 （万元）	碳排放强度 （克/元）	隐含碳排放总量 （万吨）
农、林、牧、渔业	15 339.94	1 112 669 180.40	13.79	45 824.61
煤炭开采和洗选业	6 318.82	236 261 313.74	26.75	33 107.08
石油和天然气开采业	3 991.62	129 419 240.49	30.84	40 282.60
黑色金属矿采选业	983.46	58 525 128.54	16.80	8 286.71
有色金属矿采选业	279.31	52 052 009.88	5.37	2 468.56
非金属矿采选业	940.58	77 907 111.07	12.07	3 374.90

部门	直接碳排放总量 （万吨）	部门总产出 （万元）	碳排放强度 （克/元）	隐含碳排放总量 （万吨）
开采辅助活动及其他采矿业	501.10	18 173 540.58	27.57	5 141.05
农副食品加工业	3 233.05	643 027 910.88	5.03	8 049.32
食品制造业	2 192.10	242 200 989.41	9.05	3 615.81
酒、饮料和精制茶制造业	1 450.35	182 494 104.96	7.95	3 846.56
烟草制品业	51.69	91 339 353.21	0.57	163.31
纺织业	1 864.15	388 394 564.86	4.80	5 878.17
纺织服装、服饰业	255.62	229 656 802.54	1.11	517.97
皮革、毛皮、羽毛及其制品和制鞋业	116.55	153 434 412.31	0.76	212.98
木材加工和木、竹、藤、棕、草制品业	208.45	165 305 599.75	1.26	647.38
家具制造业	66.39	101 814 120.15	0.65	96.58
造纸和纸制品业	2 336.52	186 830 032.29	12.51	9548.40
印刷和记录媒介复制业	241.34	82 872 632.65	2.91	773.74
文教、工美、体育和娱乐用品制造业	326.04	142 588 198.50	2.29	632.76
石油加工、炼焦和核燃料加工业	53 704.89	450 063 780.37	119.33	213 560.15
化学原料和化学制品制造业	76 514.87	847 873 237.31	90.24	348 054.98
医药制造业	1 453.93	279 532 770.08	5.20	4 190.03
化学纤维制造业	1 217.25	81 451 766.40	14.94	4 966.64
橡胶和塑料制品业	1 069.68	347 024 950.12	3.08	3 735.90
非金属矿物制品业	139 315.49	676 579 978.98	205.91	348 553.67
黑色金属冶炼和压延加工业	394 854.79	739 696 281.25	533.81	1 237 849.99
有色金属冶炼和压延加工业	13 384.33	486 062 367.25	27.54	64 878.41
金属制品业	3 353.82	593 957 345.13	5.65	9 321.78
通用设备制造业	1 625.42	374 536 049.25	4.34	4 333.28
专用设备制造业	566.02	350 675 862.55	1.61	1 324.01
汽车制造业	864.66	749 413 602.96	1.15	1 974.34
铁路、船舶、航空航天和其他运输设备制造业	2 101.87	149 715 391.14	14.04	3 992.78
电气机械和器材制造业	429.61	640 141 147.80	0.67	1 169.43
计算机、通信和其他电子设备制造业	661.40	1 034 929 199.60	0.64	2 224.05
仪器仪表制造业	45.39	95 979 559.27	0.47	179.82
其他制造业	96.38	42 944 245.19	2.24	259.88

部门	直接碳排放总量 （万吨）	部门总产出 （万元）	碳排放强度 （克/元）	隐含碳排放总量 （万吨）
废弃资源综合利用业	571.75	85 661 061.30	6.67	2 946.86
金属制品、机械和设备修理业	34.28	18 325 861.08	1.87	112.32
电力、热力生产和供应业	475 577.09	644 844 140.90	737.51	1 993 149.06
燃气生产和供应业	613.83	59 076 089.59	10.39	1 812.24
水的生产和供应业	62.98	30 952 500.04	2.03	149.62
建筑业	12 927.77	2 675 813 136.79	4.83	13 917.16
交通运输、仓储和邮政业	75 633.26	1 126 381 675.54	67.15	235 153.75
批发、零售业和住宿、餐饮业	7 960.90	1 791 603 186.18	4.44	21 195.76
其他服务业	16 958.25	6 286 781 260.87	2.70	35 922.62

由表 6-7 可知，2018 年 45 个部门的直接碳排放总量达到 132.23 亿吨，其中电力、热力生产和供应业是直接碳排放总量最高的行业，达到 4.76 亿吨，占 45 个部门直接碳排放总量超过 35%。此外，黑色金属冶炼和压延加工业，交通运输、仓储和邮政业，化学原料和化学制品制造业，石油加工、炼焦和核燃料加工业，非金属矿物制品业，农、林、牧、渔业和其他服务业的直接碳排放均较高，各部门直接碳排放量均超过 1.5 亿吨，合计碳排放占比接近 60%。

第二部分：部门碳排放强度。

从碳排放强度角度，电力、热力生产和供应业也是碳排放强度最高的行业，单位（元）产值的排放达到 737.51 克二氧化碳，其次是黑色金属冶炼和压延加工业，非金属矿物制品业，化学原料和化学制品制造业，交通运输、仓储和邮政业和石油加工、炼焦和核燃料加工业，碳排放强度均超过 100 克二氧化碳排放/元。此外，由于烟草制品业的产值较高，生产过程中燃料消耗较少，该部门的碳排放强度最低，仅为 0.57 克二氧化碳排放/元。

第三部分：部门隐含碳排放总量。

从隐含碳排放角度，电力、热力生产和供应业与黑色金属冶炼和压延加工业的隐含碳排放总量最高，超过了 100 亿吨。此外，除了建筑业，家具制造业，食品制造业，皮革、毛皮、羽毛及其制品和制鞋业，铁路、船舶、航空航天和其他运输设备制造业以及文教、工美、体育和娱乐用品制造业，其余部门的直接排放占隐含碳排放的比例均小于 50%，即各部门所产生的直接碳排放量明显小于其间接碳排放量，说明该部分部门在生产产品或服务时，对其他行业产品或服务的需求产生的碳排放量大于其自身生产产品产生的碳排放量。

第四部分：碳排放来源分析——以电力部门为例。

由于电力、热力生产和供应业碳排放总量最大，本研究试图分析其碳排放的主要来源。由各部门的间接碳排放结果可知，除了该行业本身的排放外，建筑业（42）、其他服务业（45）、化学原料和化学制品制造业（21）、黑色金属冶炼和压延加工业（26）、非金属矿物制品业（25）以及计算机、通信和其他电子设备制造业（34）等部门的间接排放是电力、热力生产和供应业碳排放的重要来源（见图 6 - 1）。

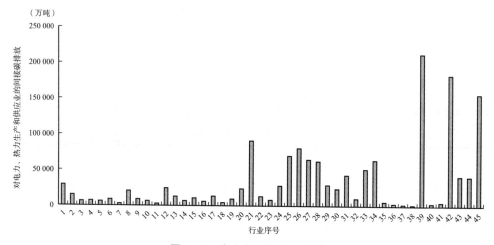

图 6 - 1　电力部门碳排放来源

（4）讨论与总结。

本节以 2018 年中国 45 个生产部门为例，计算了各部门的直接碳排放和间接碳排放，并以电力部门为例，探讨了电力部门碳排放的主要来源。将本研究计算结果与相关学者（Tian et al. ）的研究结果对比，可以发现本研究得出的二氧化碳排放总量比其高出约 6%，主要差异主要来自计算过程中相关参数的不确定性。例如，燃料燃烧过程和工业生产过程中碳排放因子的测定，选择哪些工业产品的生产流程纳入计算范围具有不确定性。基于本章的环境投入产出研究方法，未来研究可通过更加详细、深入地探讨产业结构与部门排放量等环境影响的相关关系，为提出具体的减排和环境管理措施提供政策建议。

6.4　相关附件与程序

%%导入投入产出表数据

ce = xlsread('Energy_Inventory_2018', 'IO2018', 'B2：AU49') ; % 导入全国 2018 年投入产出表数据

ce_sec = ce(1：45,1：45) ; % 以 45 个生产部门为研究对象

```
ce_tot = ce(48,1：45);%计算各部门的总投入
ce_tot1 = repmat(ce_tot,45,1);
A = ce_sec./ce_tot1;%计算生产部门直接消耗系数
ce_str(isnan(A)) = 0;
```

%% 导入能源平衡表数据
```
energy = xlsread('Energy_Inventory_2018','carbon emissions','B3：V49');%读取 2018 年能
```
源平衡表数据
```
energy_con = energy(1：45,：);%选择前 45 个部门的能源消费量
energy(isnan(energy)) = 0;
```

% % 排放因子
```
ncf = xlsread('Energy_Inventory_2018','carbon emissions','B52：V52');%不同燃料的热值
```
数据
```
ncf11 = repmat(ncf,45,1);%平均低位发热量
EF_ncf = xlsread('Energy_Inventory_2018','carbon emissions','B101：V101');%不同燃料
```
的单位热值碳排放因子
```
EF_ncf11 = repmat(EF_ncf,45,1);
unit = xlsread('Energy_Inventory_2018','carbon emissions','B151：V151');%将碳排放单位
```
转化为万吨
```
unit_11 = repmat(unit,45,1);
```

%%计算终端消费碳排放
```
C_con_str = energy_con.＊ncf11.＊EF_ncf11.＊unit_11;%%计算终端消费的碳排放总量
C_con_str(isnan(C_con_str)) = 0;
C_con_sum = sum(C_con_str,2);
```

%%电力、热力加工转换碳排放
```
energy_trans = energy(46：47,：);%火力发电和供热过程能源投入
energy_trans1 = energy_trans;
energy_trans1(energy_trans > 0) = 0;
energy_trans1 = abs(energy_trans1);%负数表示为生产过程的物质投入
energy_ele_gen = energy_trans1(1,：);
energy_heat = energy_trans1(2,：);
C_heat = energy_heat.＊ncf.＊EF_ncf.＊unit;%供热过程碳排放
C_heat(isnan(C_heat)) = 0;
C_heat_sum = sum(C_heat,2);
```

C_ele_gen = energy_ele_gen. * ncf. * EF_ncf. * unit;%火力发电过程碳排放

C_ele_gen(isnan(C_ele_gen)) = 0;

C_ele_gen_sum = sum(C_ele_gen,2);

Ce_ind(39,1) = C_con_sum(39,1) + C_ele_gen_sum + C_heat_sum;%电力、热力供应业碳排放数据总量

C_con_sum = [C_con_sum(1：38,1);Ce_ind(39,1);C_con_sum(40：45,1)];%各部门生产活动能源消耗碳排放总量

C_con_2018 = sum(C_con_sum,1);

%%工业生产活动碳排放

ind = xlsread('Energy_Inventory_2018','ind. emissions','C2：D11');%工业产品产量和单位产量碳排放因子

ind_pro = ind(：,1);

ind_ce_factor = ind(：,2);

ind_ce = ind_pro. * ind_ce_factor. /10000;%将碳排放单位转化为万吨碳排放

Ce_ind = zeros(45,1);

Ce_ind(25,1) = sum(ind_ce(1：3,：));

Ce_ind(21,1) = sum(ind_ce(4：6,：));

Ce_ind(20,1) = ind_ce(7,：);

Ce_ind(26,1) = ind_ce(8,：) + ind_ce(9,：);

Ce_ind(27,1) = ind_ce(10,：);

%%部门碳排放总量 Ce_sum = C_con_sum + Ce_ind;%各部门能源消耗和工业生产活动碳排放总量

Ce_intensity = Ce_sum. * (10^6). /ce_tot';%部门排放强度,单位 g CO_2/元

%%求部门隐含排放

I = eye(45);

CE = diag(Ce_intensity);%部门碳排放强度的对角矩阵

Y = ce(48,1：45)';%各部门的最终投入/最终需求

TCE_Y = CE * inv(I – A) * diag(Y). /10^6;%计算各部门隐含碳排放,单位转化为万吨

TCE_Y_direct = CE * I * diag(Y). /10^6;%计算各部门直接碳排放,单位转化为万吨

TCE_Y_indirect = TCE_Y – TCE_Y_direct;%计算各部门间接碳排放,单位为万吨

TCE_Y_total = sum(TCE_Y,2);%各部门隐含碳排放总量

TCE_Y1_total = sum(TCE_Y_total,1);%所有部门隐含碳排放量

%%结果输出

```
xlswrite('Energy_Inventory_2018. xlsx',Ce_sum,'Results_matlab','C2');
xlswrite('Energy_Inventory_2018. xlsx',TCE_Y,'embodied emissions','B2');
xlswrite('Energy_Inventory_2018. xlsx',TCE_Y_indirect,'indirect emissions','B2');
xlswrite('Energy_Inventory_2018. xlsx',Ce_intensity,'Results_matlab','D2');
xlswrite('Energy_Inventory_2018. xlsx',TCE_Y_total,'Results_matlab','E2')
```

第 7 章

全生命周期评价方法、模型及应用

7.1 前言

20 世纪 60 年代，出于对能源资源耗竭的担忧，人们开始寻找一种能够量化能源消耗量和规划未来资源供给利用的方法。在这样的背景下，全生命周期评价（Life Cycle Assessment，Life Cycle Analysis，LCA）方法孕育而生。全生命周期评价方法关注贯穿于从获取原材料、产品生产、使用、报废，以及回收和循环处置（即从摇篮到坟墓）的产品①全流程的潜在环境影响②。全生命周期评价方法是环境管理技术的一种，能够用于企业产品的开发与设计，识别产品生命周期各阶段环境绩效改善的潜在机会，提供不同产品环境绩效比较的参照，为企业、产业和非政府组织的决策者提供相关信息。虽然全生命周期理念也可拓展用于产品的经济以及社会效益评估，但本章仅讨论全生命周期评价方法在环境领域的应用。

1990 年，国际环境毒理学与化学学会（SETAC）首次正式定义了全生命周期评价的概念，指出全生命周期评价是一种客观评价产品、过程或者活动的环境负荷的方法，是通过定量分析能量转移转化、物质消耗以及在这些过程中环境污染物的排放来开展的。1993年，SETAC 在《生命周期评价（LCA）纲要——实用指南》中，将其研究框架分为目标与范围确定、清单分析、影响评价和改善评价四个部分。1997 年，国际标准化组织（ISO）颁布了第一个全生命周期评价国际标准——ISO 14040：1997《环境管理 生命周

---

① 本章的产品包括产品和服务。
② 此处"潜在的环境影响"是相对的，结果会跟随产品系统功能单位的选择方式而变化。

期评价　原则与框架》（英文版），随后又相继颁布了该系列的其他几项标准和技术报告来指导全生命周期评价的实施，如 ISO 14041 – 14043［1998《环境管理　生命周期评价　目的与范围的确定和清单分析》（英文版）、2000《环境管理　生命周期评价　生命周期影响评价》（英文版）、2000《环境管理　生命周期评价　生命周期解释》（英文版）］。为了规范实施细则，ISO 再次将原来的 14040 – 14043 系列进行修订，形成了新的标准，即 ISO 14040（新）：2006《环境管理　生命周期评价　原则与框架》（英文版）（ISO，2006）与 ISO 14044：2006《环境管理　生命周期评价　要求和指南》（英文版）（ISO，2006），两者取代了旧标准，成为现在唯一有效的标准，并被各国学者广泛采用。1999 年以来，中国相继发布了（GB/T 24040 – 1999）《环境管理　生命周期评价　原则与框架》、（GB/T 24041 – 2000）《环境管理　生命周期评价　目的与范围的确定和清单分析》、（GB/T 24042 – 2002）《环境管理　生命周期评价　生命周期影响评价》、（GB/T 24043 – 2002）《环境管理　生命周期评价　生命周期解释》，规定了开展全生命周期评价研究的总体框架与原则，在此基础上分别确定了对全生命周期评价四个过程的要求、程序与建议。目前，全生命周期评价技术在全球得到普遍应用，已成为面向环境管理的重要支持工具。

7.2　全生命周期评价方法及其模型构建

7.2.1　全生命周期评价方法的起源与发展

国际上公认的最早可追溯的全生命周期概念的实践，是 1969 年美国中西部资源研究所对可口可乐公司不同产品包装所产生的环境排放及资源消耗进行的定量化评价分析。1974 年该研究所为美国环境保护局进行了此研究的后续研究，标志着全生命周期评价发展的开始（Hunt，1974）。20 世纪 70 年代全球经济高速发展，工业空前进步，但同时也导致了全球石油危机，自此人们开始关注对资源和环境的保护，环境全生命周期评价的思想开始受到重视。在 20 世纪七八十年代，有关全生命周期评价的术语、使用原则和流程各不相同，缺乏共同的理论框架以及相关方法与技术的国际科学交流平台。即使在研究对象相同的情况下，不同研究获得的结果也存在较大差异，使得全生命周期评价无法成为一种被普遍接受和应用的分析工具（Guinée et al.，1993）。

20 世纪 90 年代初，SETAC 主持召开了关于全生命周期评价的第一次国际会议，首次正式定义了全生命周期评价的概念，指出全生命周期评价是一种客观评价产品、过程或者活动环境负荷的方法，是通过定量分析能量转移转化、物质消耗以及在这些过程中环境污染物的排放来开展的。随后 SETAC 根据 1993 年在葡萄牙国际研讨会上提出的相关研究以及结论，形成了第一套规则或实践准则——《生命周期评价（LCA）纲要：实用指南》，该报告提供了一个基本的全生命周期评价的技术分析框架，对后续相关领域的研究起到了纲领性的作用；之后该协会定期召开会议并发布研究成果（SETAC，1997）。1997年，ISO颁布了第一个全生命周期评价国际标准ISO 14040：1997《环境管理 生命周期评价 原则与框架》（英文版），其中对全生命周期评价的定义为：对产品或服务系统整个生命周期中，与产品或服务系统功能直接相关的环境影响、物质和能源的投入产出进行汇总和评价的一套系统方法（ISO，1997）。经过20多年的实践，国际标准化组织陆续发布了包括ISO 14040在内的多项标准文件，这些标准逐渐成为国际上通用的全生命周期评价应用标准。

国外对于全生命周期评价的研究已经较为充分，包括应用于不同行业和产品的环境影响量化分析，构建全生命周期评价的本土化数据，制定绿色产品的统一认证和指导绿色产品市场的开发。2002年，联合国环境规划署和SETAC发起了生命周期倡议，总结了全生命周期评价的应用范围（UNEP，2002），并随后发布了一系列相关研究报告，例如，2009年发布了《产品社会生命周期评价指南》（Programme，2009），为全生命周期评价研究针对不同产品的开展方式提供了指导；2011年发布了《生命周期数据库全球指南》（Sonnemann and Vigon，2011），为相关生命周期数据库的建设提供了指导；2015年通过启动"组织机构的生命周期评价"研究项目，发布了《组织生命周期评估指南》（Blanco et al.，2015），为研究组织全生命周期评价的应用奠定了基础（Norris et al.，2020）。

欧盟组织建立了欧盟全生命周期平台（European – Commission，2008），评估与产品供应链和报废物管理相关的环境影响，其结果作为欧盟制定环境保护、循环经济等政策的参照依据。2013年，欧盟推动"建立统一的绿色产品市场"政策，并不断建立产品环境足迹评价体系，包括制定产品环境足迹评价标准、产品环境足迹标识等，该政策最初从皮革、非皮革鞋等23种产品开展识别，并推动各行业、各产品的逐步实施（Bach et al.，2018）。欧盟同时计划制定产品环境足迹分级标识和改进标识，以有效促进国际市场上产品的绿色化发展。

韩国依据碳足迹标准进行产品碳足迹认证，建立了碳足迹认证与标识体系（Quack et al.，2010）；采用ISO 14025标准进行产品环境声明认证，建立了产品环境声明认证体系（Manzini et al.，2006）。韩国环境工业与技术协会建设了韩国本地全生命周期数据库，包含了约400个汇总过程数据集，涵盖物质及其组件的制造、加工、运输以及废物处置等过程（Lee et al.，2009）。

日本在1995年成立了日本全生命周期评价协会，分两阶段逐步开展全生命周期评价方法的应用。第一阶段主要目标为：1998～2002年间，建立在日本可以普遍使用的全生命周期评价体系；建立日本全生命周期评价数据库。第一阶段全生命周期数据库的建设为日本工业生态设计产品的开发、生态过程的构建和生态标签的颁发等工作奠定了重要基础。第二阶段主要目标为：2003～2005年间，完成产品全生命周期内二氧化碳排放评价认证等技术的开发（Morimoto，1997）。第二阶段项目建立了绿色采购网络，可用于定期发布不同产品的环境信息报告，便于在市场上传递绿色产品的环保属性（Sato，2017）。

中国对于全生命周期评价的研究可追溯到20世纪90年代中期，目前国内学者已广泛应用全生命周期评价方法对特定产品与工艺进行环境影响的量化与评价。1995年，肖定全和谬军（1995）等介绍了全生命周期的概念，并对其应用范围、局限性及研究进展进行了介绍。1997 年，席德立和彭小燕（1997）总结了一系列获取产品全生命周期清单数据的方法。2001 年，中国科学院环境研究中心的杨建新等（2001）学者提出了有关全生命周期评价的原则和标准。在此之后，我国采用全生命周期评价的应用研究数量大规模增加，实际应用经验不断累积，覆盖范围不一的全生命周期数据库被开发，国务院也陆续颁布多项政策文件鼓励该方法的发展和应用。2015 年印发的《中国制造 2025》中提出要强化产品全生命周期绿色管理；2016 年，《"十三五"国家科技创新规划》中提出，构建基于产品全生命周期的绿色制造技术体系；2016 年，《关于建立统一的绿色产品标准、认证、标识体系的意见》中提出，建立以产品全生命周期理念为基础的综合评价指标；2016 年，《生产者责任延伸制度推行方案》中提出，将生产者对其产品承担的资源环境责任从生产环节延伸到产品设计、流通消费、回收利用以及废物处置等全生命周期环节。2018 年，《打赢蓝天保卫战三年行动计划》中提出，大力调整优化产业结构、能源结构、运输结构和用地结构，推进产业绿色发展，构建清洁低碳高效能源体系，促进绿色交通以及地面污染源治理；其中多项具体政策都包含全生命周期评价思想。此外，为了落实相关绿色发展政策，为绿色试点企业提供全生命周期评价技术支持，北京生态设计与绿色制造促进会成立了全生命周期评价中心；绿色制造促进会与亿科环境公司共同发起了中国全生命周期评价平台建设计划，包括建设中国全生命周期评价技术支撑平台、企业应用平台以及政—产—研合作平台，从而推动全生命周期评价的广泛应用（北京生态设计与绿色制造促进会，2017）。

7.2.2 全生命周期评价方法框架

根据 ISO 14040：1997《环境管理 生命周期评价 原则与框架》（英文版），全生命周期评价是对一个产品系统的生命周期中输入、输出及其潜在环境影响的汇编和评价，具体包括相互联系且不断重复进行的四个步骤：目标和范围的确定、清单分析、影响评价和结果解释（ISO，1997）（见图 7-1）。

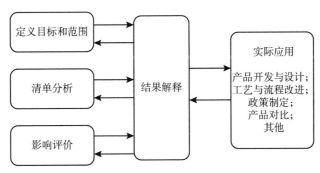

图 7-1 全生命周期评价的四个阶段

（1）定义目标和范围是全生命周期评价研究的第一步，主要说明进行这项研究的目的，以及应用方向和目标受众，定义评价系统的功能单位，对所研究对象设定出较为清晰的系统边界。目标和范围的确定会影响后续过程中方法和数据的选择，因此功能单位的确定以及系统边界的划分成为此阶段的关键问题（郭焱等，2014）。

一个系统可能同时具备若干种功能，研究中选择哪种功能进行描述主要取决于研究的目标，功能单位是对所研究产品系统的功能进行定量描述。一般情况下，功能单位是以每单位的产出为基础来定义的，但有些情况下功能单位也会以产出率来表示。功能单位选择不当，容易产生误导性的研究结果；相似研究的功能单位选择存在差异，可能导致研究结果缺乏可比性。

全生命周期评价是通过模拟产品系统来开展的，所建立的系统表达了产品物理系统中的关键要素。确定系统的范围边界，即确定要纳入系统的单元过程。范围界定需要详细描述所研究产品或工艺流程的功能定位、系统边界、源数据质量要求、假设条件等。吉尼（Guinée，2002）对系统边界的划分做了阐述：理想情况下，系统的范围边界是使边界上的输入和输出取自环境，进入所研究系统之前没有经过人为转化的物质或能量，或者是离开所研究系统，进入环境之后不再进行人为转化的物质或能量（Finnveden et al.，2010；Guinee，2002）。在设定系统边界时，以下全生命周期阶段、单元过程都可作为纳入范围的选择：原材料的获取、原材料到产品的加工、产品运输、所使用燃料、电力和热力的生产、产品的使用和维护、过程废物以及产品用后的回收与处置、辅助性物质的生产等。

目标与研究范围的确定直接关系到全生命周期研究的深度和广度，是整个全生命周期研究中至关重要的一步。需要说明的是，定义目标和范围不是一蹴而就的，真实的情况可能是随着研究的进行需要多次往复地调整，这种往复性是全生命周期研究的一大特点。

（2）清单分析指的是根据前述目的与研究范围，对全生命周期过程中所要研究对象的能源、排放等输入—输出情况进行定量计算，并编制相关清单的过程。该阶段的关键是数据的质量以及清单编制方法的选择等问题。清单数据的收集既是全生命周期评价的关键步骤，也是最为耗时、困难的一个过程。数据来源越可靠，数据越翔实，最终全生命周期评价的结果也将越准确。

清单数据的质量很大程度上决定了全生命周期研究结果的可靠性，随着全生命周期评价应用的增加，其所面临的挑战是如何保证数据质量以及分析其不确定性。通过建立全生命周期清单分析数据库和开发相应软件，并不断进行数据的更新，能够提高数据的准确性和及时性，在一定上程度保证数据质量。

目前全球已有多个全生命周期评价数据库，既包括综合性的，也有针对细分领域的；有全球性的，也有分区域的。其中，早期代表是由英国开发的 Boustead 数据库，其数据最初源于企业调研结果，目前已发展、完善成为全球广为使用的全生命周期清单数据库之一（王玉涛等，2016）。此外还有瑞士的 Ecoinvent 数据库（Ecoinvent 3.4，2017）、欧洲的 Simapro 数据库（Simapro 9.1.1，2020）、美国的 NREL 数据库（National Renewable Energy Laboratory，2012）和 USLCI 数据库（U. S. LCI, database）、德国的 GaBi 数据库（Sphera，2020）、韩国的 LCI 数据库等（CFP，2020）。中国在数据清单的收集和数据库建立方面起步较晚，但也取得了一些研究成果，尤其是提供了部分领域的中国本土化数据。例如，四川大学和亿科环境公司建立了中国生命周期基础数据库（CLCD）（四川大学，2009），包含能源、金属、化学品、运输等几百种过程和产品，提出了中国本土化的环境影响评估指标，并基于此构建了全生命周期评价软件 eBalance。中科院生态环境研究中心开发了中国全生命周期数据库（CAS－RCEES），包含能源、基础原材料、运输、废弃物管理和投入产出等产品、基本过程的清单数据。同济大学开发了中国汽车替代燃料生命周期数据库，可用于对汽车的能源消耗、温室气体排放及与汽车尾气相关的多种污染物排放影响进行评价。此外，宝钢集团开发了宝钢产品全生命周期评价数据库（Baosteel LCA 3.0），主要包含钢铁类产品生产活动的物质、能量流数据，以及用于评价的环境影响指标和特征因子（孙锌等，2014）。北京工业大学等 6 所大学联合成立了我国材料环境协调性评价中心，共同开发构建了材料清单数据库（Sino－Center），包含较为完整的中国电力、化石能源、交通运输行业的生命周期数据清单以及我国钢铁、铝、陶瓷、建筑材料、工程塑料、连接材料、高分子材料和有色金属等典型材料的数据集（龚先政等，2011；聂祚仁等，2009）。但总体而言，中国本土化数据仍然较为缺乏，成为我国全生命周期评价实际应用发展的一大阻碍。

从行业角度，国内外数据库的建设和开发主要集中在工业材料、化工产品、交通系统以及建筑等领域。北京工业大学建立了基于材料的全生命周期数据库，侧重于收集金属材料、建材、陶瓷和基础能源等材料的清单（李小青等，2016）。美国 Ecobalance 公司开发了关于化工产品的 TEAM 软件，其数据库主要包含纸浆造纸、石化塑料、无机化学、铜、铝、其他金属、玻璃、能量转换、物流、废弃物管理等行业的数据信息（郭伟祥，2013）。美国阿贡国家能源实验室开发了专用于交通领域全生命周期评价的 GREET（Greenhouse gases，Regulated Emissions，and Energy use in Transportation）软件（Argonne National Laboratory，2018），可对主要运输部门（公路、航空、铁路和海运）中各种运输燃料和车辆技术（包括传统燃油车、电动汽车、替代燃料汽车等）的能源使用、温室气体和污染物排放进行量化分析。中国清华大学建立了车用能源全生命分析模型（TLCAM）（欧训民和张希良，2011），涵盖了中国主要终端能源品种的全生命周期化石能源和温室气体排放强度清单，适用于对中国当前和未来的多条车用能源路线进行全生命周期能源消耗和温室气体排放分析。德国的交通建设与城市发展部门联合开发了服务于建筑行业的 ökobau. dat 国家数据库，是德国建筑可持续评价体系的重要数据基础（Bundesministerium des Innern，2011）。此外，荷兰 Blonk Consultants 公司开发了关于农产品的 Agri-footpoint 数据库，包括广泛的农业特定影响类别，例如用水量、土地利用变化、土壤碳含量变化等（Agri-footprint，2015）。

由于不同数据库包含的数据种类和数量、区域特征和行业范围均有所不同，因此在进行选择利用时，应围绕研究目的、结合实际情况进行选择。表 7－1 对当前主流全生命周期数据库的基本信息进行了对比介绍。此外，清单分析并不总是能满足和符合最初确定的研究目的和范围，例如，研究初期确定的研究目的过于宏大，系统边界界定过宽，导致数据收集难度过大，甚至无法满足研究目标，这时需要合理地调整前述研究目的和范围，使清单分析过程能够顺利地进行下去。

表 7 - 1 主流全生命周期数据库基本信息

数据库名称	开发者	数据范围	主要区域
Ecoinvent	瑞士 Ecoinvent 中心	能源、基础原材料、运输过程、废弃物处理等	全球
ELCD	欧盟研究总署与欧洲各行业协会	大宗能源、原材料、运输过程	欧盟
GaBi4	德国 Thinkstep 公司	能源、基础原材料、运输过程、废弃物处理等	美国、英国、德国、欧盟和中国等
U. S. LCI	美国国家再生能源实验室等	基础原材料、能源生产和运输等	美国
Korea LCI	韩国环境工业与技术协会	基础原材料、运输过程、废弃物处理等	韩国
中国全生命周期评价基础数据库（CLCD）	四川大学与亿科环境公司	能源、基础原材料、运输过程、废弃物处理等	中国
中国全生命周期评价数据库（CAS - RCEES 2012）	中国科学院生态环境研究中心	能源、基础原材料、运输、运输过程、废弃物处理等	中国
中国汽车替代燃料生命周期数据库	同济大学	基础能源、汽车替代燃料和运输过程等	中国
宝钢产品全生命周期评价数据库（Baosteel LCA 3.0）	宝钢集团	碳钢产品、不锈钢产品、能源产品等	中国
材料数据清单数据库（Sino - Center）	北京工业大学等	能源、原材料和运输，侧重于金属材料、建材、陶瓷等	中国

（3）影响评价：综合考虑清单分析阶段的结果，对所分析的目标系统在整个生命周期中产生的环境影响进行评价。这一过程的实质是将具体的清单数据进行指标化，从而更容易理解产品或工艺流程的全生命周期环境影响，其效用类似于数据的可视化处理。完整的影响评价包括指标分类、特征化、标准化和加权四个步骤。

根据影响评价的内容，影响评价可大致分为三类：指标陈列型、问题比较型和危害计算型。指标陈列型关注生命周期各环节中某一特定指标，并基于此对流程进行评价和优化，但缺乏和其他指标的联系；问题比较型考虑多种影响因素，对不同因素辅以权重后考虑对某一关注问题的整体影响，但权重的设定具有较大主观性；危害计算型则以一类具体的环境危害为基础进行评价（周博雅，2016）。国内学者针对国内的重要环境问题，建立了一些国内环境影响评价方法和相关指标。例如，在 CLCD 数据库中主要设立三种环境影响指标类型，即大气（全球暖化、酸化和可吸入无机物）、水体（化学需氧量和富营养化）和土壤（固体废物）（刘夏璐等，2010）；建立中国土地利用改变引起的净初级生产力变化进而造成环境损害的全生命周期环境影响评价模型，重点考虑土地利用的环境影响（Liu et al.，2010）。

（4）结果解释：结果解释阶段是全生命周期评价中末期的工作，基于清单分析和影响评价的结果识别出所研究产品或工艺流程中的问题，针对该问题进行完整性、敏感性和一致性检查，进而提出可能的解决方案，并分析该研究的局限性，提高结论的可靠性。

如 ISO 对以上四步骤的阐述，各流程之间不是孤立无关的，而是相互关联、不断重复进行，统一于一个整体的框架。

7.2.3 全生命周期评价方法分类

经过几十年的发展，全生命周期评价的应用从局限于单一的工业产品，如产品包装、汽车等逐渐拓展到自然资源开采、生产工艺、工业园区以及各类工程项目等具有系统性质的评价对象，涉及的领域包括能源、环境、经济性以及社会效益等各方面。由于全生命周期评价的应用范围不断扩大且趋于复杂，该体系存在的一些不足以及缺陷也在逐步被改进，发展出越来越完善的新形式。目前，根据系统边界划分及方法原理，全生命周期评价可分为过程全生命周期评价、投入产出全生命周期评价以及混合全生命周期评价方法。

（1）过程全生命周期评价方法。

过程全生命周期评价是最为传统，目前使用最广泛的全生命周期评价方法。过程全生命周期评价是一种自下而上的分析方法，是基于产品生产或服务的全生命周期过程中物质、能源的输入、输出以及环境排放的清单来进行评价。过程全生命周期评价方法的清单数据主要源于实地调查、工艺流程监测或二手统计资料收集。该方法的优点在于针对性强，能够根据产品或服务的具体情况确定评价的边界范围和精度，而缺点在于该方法不可避免地存在"截断误差"，即利用过程全生命周期评价进行清单编制时，理论上应将所研究对象及其上游的生命周期内全部流程纳入系统边界内，然而产品的生产过程是一个非常复杂的系统，涉及的上游产品及相关资源、能源种类繁多，而且某些计算过程中还存在迭代过程（如煤炭的开采需要电力，而电力的生产也需要燃烧煤炭），因此在过程全生命周期评价的实际应用中，研究者往往主观确定系统边界，将研究范围限制在从原材料到成品过程中的少数生产活动，而忽略边界外部的影响，这种主观的系统边界设定使得过程全生命周期评价的计算结果存在"截断误差"，使得文献之间由于研究边界不一致而导致结果缺少可比性（Lenzen，2001）。

（2）投入产出全生命周期评价方法。

为了解决过程生命周期方法在系统边界确定和清单数据收集上的"截断误差"，研究者将经济投入产出表分析方法引入全生命周期评价中，创建了投入产出全生命周期评价模型，用于分析产品或服务生产链全部环节中的环境影响（Hendrickson et al.，1998）。投入产出全生命周期评价与传统的环境投入产出法类似，首先基于各部门的能耗及排放水平计算部门层面单位货币产出的环境影响强度，再基于经济投入产出表，通过产品所处经济部门与其他经济部门的生产对应关系计算出部门直接消耗矩阵；结合产品需求，将产品生产所需的物料需求划分到各个部门，利用投入产出方法的平衡关系，计算出该产品生产直接的环境影响，以及与产品供应链相关的所有间接环境影响，并可将最终需求引起的环境影响分解到生产链的各个部门（Cicas et al.，2006；Hendrickson et al.，1998）。

投入产出全生命周期评价与过程全生命周期评价的不同之处主要在于，投入产出全生命周期评价是基于投入产出表建立的一种自上而下的分析方法，通过部门环境影响因子强度、投入产出结构与最终需求能够得到产品生产过程中直接的环境影响，以及与产业链上下游相关的隐含影响。投入产出全生命周期评价的研究边界为整个国民经济系统，因此利用投入产出表能够解决过程全生命周期评价的"截断误差"问题，对产品或服务的环境影响核算较为完整。然而投入产出全生命周期评价方法也存在着一些局限性，主要包括对特定生产环节或流程的计算精度劣于过程全生命周期评价；无法反映部门内部不同产品因技术、效率等因素而产生的排放强度差异；由于各国的投入产出表并非每年实时发布，清单编制具有一定的滞后性，投入产出全生命周期评价方法只能应用于产品及其上游的生产阶段，而对产品的使用阶段、后期报废回收阶段的环境影响无法评估（见表7-2）。

表7-2 　　　　　　　　　过程生命周期与投入产出全生命周期评价比较

	过程全生命周期评价	投入产出全生命周期评价
优点	输入参数更加精确； 特定过程详细分析； 便于流程与环节改进	完整的系统边界； 包括直接影响和间接影响； 多为公开数据，可得性高； 可分析产业链之间的关系
缺点	系统边界设定主观； 成本和时间耗费大； 数据可得性差； 数据不确定性大； 结果难以重复验证	过程评估精确性低； 数据更新周期长； 无法反映部门间产品差异； 反映的是过去水平； 受物价波动影响，货币单位与物理单位转换困难； 进口产品与国内产品同质性假设； 不包括使用和回收等环节

（3）混合全生命周期评价方法。

考虑到过程全生命周期与投入产出全生命周期评价方法在优缺点上的互补性，研究者试图将两者整合后在同一个框架内对产品或服务进行分析与评价，因此产生了混合全生命周期评价。混合全生命周期评价由布拉德（Bullard）提出，通过将过程全生命周期和投入产出全生命周期计算结果相结合来计算全生命周期的环境影响，从而既可以消除"截断误差"，又可以加强对具体评价对象的针对性，同时还能将产品的使用过程和报废回收等非生产活动环节纳入评价范围（Bullard et al.，1976）。

根据过程全生命周期评价与投入产出全生命周期评价结合的方式不同，目前存在三种不同的混合全生命周期评价模型：分层混合全生命周期评价、基于投入产出的混合全生命周期评价以及集成混合全生命周期评价。分层混合全生命周期评价是对于上游的自然资源开采、产品制造环节采用投入产出全生命周期评价进行计算，对于下游投入，比如建设、运行维护以及报废阶段的物料、能源投入及排放，采用过程全生命周期评价计算。分层混合全生命周期模型仍然需要依据数据的可得性、评价精确度要求等主观划分过程全生命周期评价部分与投入产出全生命周期评价部分的边界。基于投入产出的混合全生命周期模型则是通过将现有部门进行细分或添加一个新的部门到现有投入产出表，使部门能够较好地对应所评价的产品或服务，并利用收集的评价对象的过程清单数据替换投入产出表中相应部门的原平均数据。集成混合全生命周期评价是将其过程生命周期部分用技术矩阵表示，矩阵的元素表示每个过程所消耗的实物单位材料或能源，而投入产出表部分仍然是货币单位。由于该方法对数据和矩阵计算要求都很高，故实用案例较少。

混合全生命周期评价结合了过程全生命周期评价的针对性与投入产出全生命周期评价的完整性特点，在各领域的环境影响研究中得到广泛应用。但应该指出的是，混合全生命周期模型的计算准确性和完整性取决于过程全生命周期评价与投入产出全生命周期评价的边界划分，仍然具有主观性。

7.2.4 全生命周期评价的应用场景

全生命周期评价可以定量评估产品或服务整个生命周期内的环境影响，有助于提出有效的产品和工业的环境绩效改进方案。全生命周期评价在国际上已广泛应用于环境保护和管理领域，本部分将对近年来的部分已有研究进行梳理和举例说明，并将在 7.3 部分以具体案例形式，利用混合全生命周期评价方法，分析中国大规模推广电动汽车实现的碳减排效益。

从评价对象角度，全生命周期评价多用于交通运输工具、化工产品、建筑等产品的环境影响研究。例如，霍金斯等（Hawkins et al.，2012）采用全生命周期评价比较了不同电动汽车和内燃机汽车的温室气体排放绩效。李书华比较了混合动力汽车、插电式混合动力汽车和纯电动汽车的全生命周期温室气体和其他污染物的排放绩效（李书华，2014）。部分学者探索并建立了针对共享汽车的全生命周期评价模型，确定了不同汽车共享方式对气候变化的影响（Ding et al.，2019）。肖布洛克等（Schaubroeck et al.，2020）分析了以电动汽车代替汽油车对温室气体排放的影响。在化工产品领域，芬提克等（Fantke et al.）分析了大量化工产品的原料提取、化学合成、产品制造以及废弃回收等阶段的环境绩效（Fantke and Ernstoff，2018）。艾玛拉等（Emara et al.，2019）建立了活性药物成分生产的排放清单，为药物排放及其毒性影响的相关研究提供了参考。毕肖普等（Bishop et al.，2021）对塑料产品相关的全生命周期评价方法研究进行综述，并比较了生物塑料与化学塑料产品的全生命周期环境影响。在建材领域，钢铁产品的全生命周期评价在国外钢铁企业已有广泛应用（李新创，2019）。1996 年世界钢铁协会开始开展世界钢铁的生命周期清单研究，随后对清单数据进行不断更新，建立了钢铁产品的全生命周期评价数据库（袁开洪和戴国庆，2009；2009）。在国内，2003 年宝钢集团开发了钢铁产品全生命周期评价模型，并不断进行模型和数据清单的完善（李新创，2019）。布勒等（Buyle et al.，2013）、卡贝扎等（Cabeza et al.，2014）与安纳德等（Anand et al.，2017）对全生命周期评价在建筑行业的应用进行了综述总结。部分研究者结合建筑信息模型与全生命周期评价模型，评估了不同建筑材料以及施工方案对环境的影响结果，为建筑早期的设计决策提供参考依据（Najjar et al.，2017；Röck et al.，2018）。

除了对产品生产—使用—回收全流程进行环境影响评价外，全生命周期分析的理念同样适用于产品生产、使用、回收等某个（或某几个）关键环节的单独分析。例如，大部分钢铁企业均针对钢铁产品的生产工艺进行了环境影响评价（Corporation，2007；刘涛和刘颖昊，2009）。侯赛因等（Hossain et al.，2017）使用全生命周期评价方法分析了不同类型水泥生产过程中的能源消耗和温室气体排放情况。阿马图尼等（Amatuni et al.，2020）针对荷兰、旧金山与卡尔加里三个地区的居民乘坐交通工具的变化情况，对比了私家车与共享汽车的使用对环境的影响。伊斯梅尔等（Ismail et al.，2019）总结了2005年以来国际上对全生命周期评价在废弃电子电器设备管理领域的研究进展，强调了全生命周期评价在相关领域研究中的重要作用。与此同时，部分学者基于全生命周期思想，探讨了在不同工艺下，将报废动力电池进行回收和再制造的环境—经济效益（Xiong et al.，2020；Yu et al.，2021）。

7.3 全生命周期评价的应用案例——大规模推广电动乘用车的混合全生命周期分析

7.3.1 引言

（1）背景介绍。

从1980年到2018年，中国汽车保有量从165万辆增长到2.5亿辆，年均复合速度增长达到14%（Council，2019）。然而与发达国家相比，中国人均汽车保有量仍然很低，2018年中国平均汽车保有量约为170辆/千人，而美国高达900辆/千人，欧洲和日本约为600辆/千人（Environment，2018）。已有研究预测，到2030年，中国汽车保有量将达到3.5亿~5.5亿辆（Hao et al.，2015；Wu et al.，2014；Wu et al.，2012）。中国汽车需求的不断增长引发了能源安全问题，并为降低二氧化碳排放带来挑战。由于电动汽车具有使用过程零排放的特点，全球多国将电动汽车作为燃油车的替代品进行推广。在中国，汽车电动化也被视为解决汽车需求高速增长与能源—环境挑战的有效措施（Hill et al.，2019）。

目前中国汽车电动化增长势头强劲，2018年中国燃油车总销量同比降低约4%，但电动乘用车销量实现了翻倍增长（Center，2019）。基于已有的电动乘用车推广成效，中国也制定了积极的中长期发展目标。到2030年，中国电动车在新车销量中占比计划达到40%，电动车保有量超过8 000万辆（Chen，2019）。目前电动乘用车是电动汽车市场的主力军，但电动乘用车的大规模推广能否显著降低中国碳排放值得检验和深入探讨。

（2）文献综述。

随着全球范围内电动汽车销量的快速增长，针对汽车大规模电动化的环境影响分析也逐渐增多。早期针对电动汽车二氧化碳排放影响的评估多是基于某一辆或几辆具有代表性的车型，但评估某个国家或区域汽车大规模电动化转型的碳排放影响则需要转为车队视角——评估所有在不同时间生产、使用和报废的车辆的共同影响（Field et al.，2000）。加西亚等（Garcia et al.）从车队视角，对引入轻型电动汽车对环境的影响的相关文献进行了总结（Garcia and Freire，2017）。但该综述仅讨论了2015年以前的相关研究，只分析了汽车使用环节的碳排放影响，且多数文献的分析范围仅限于美国。此外，辛格等（Singh et al.，2015）建立了多种情景评估挪威乘用车电动化导致的碳排放变化。米伦肯等（Meinrenken et al.）基于车队视角，分析了美国汽车电动化的碳减排贡献（Meinrenken and Lackner，2015）。沃尔夫拉姆等（Wolfram et al.）基于混合全生命周期评价方法，测算了澳大利亚向低碳交通转型的碳足迹变化（Wolfram and Wiedmann，2017）。希蒙等（Hill et al.，2019）分析了增加电动汽车的使用，对英国实现碳减排目标的作用。由于碳排放计算结果与各国汽车市场现状、人口规模、电力结构等特征紧密相关，其他国家的研究结果无法直接代表中国的情况。部分学者进一步讨论了不同电网碳排放强度情景下，中国轻型车电动化导致的碳排放变化（Zhao and Heywood，2017）。还有学者基于多种电动车渗透率假设，预测了中国道路交通运输业的碳排放达峰时间（Liu et al.，2018）。从中国省际角度讨论了利用电动乘用车代替传统燃油乘用车的减排效益（Li et al.，2019）。此外，部分学者估计了2011~2017年间中国推广电动乘用车累计实现的碳减排总量（Zheng et al.，2020）。以上研究都为讨论中国电动乘用车的推广带来的碳排放变化提供了有价值的结论，但以上研究仅关注汽车使用阶段，而忽略了汽车和电池的生产与报废回收过程的碳排放影响。电池的生产和回收都是传统燃油车不具备的环节，也是高能耗、潜在高排放环节，因此对生产、回收环节的忽略可能会造成对电动乘用车减排效益的高估。部分学者从生产—使用—回收的全生命周期角度探讨了中国汽车电动化对空气质量与人体健康改善的影响，但未将碳排放纳入评价范围（Ke et al.，2017；Liang et al.，2019）。因此，从全生命周期视角对中国乘用车电动化的碳排放影响研究的空白仍待弥补。

尽管电动乘用车在使用环节零排放，但汽车和电池的生产，以及所需电力的发电过程会造成碳排放，因此需要基于更完整的全生命周期视角来验证从传统燃油乘用车转为电动乘用车有助于降低碳排放。已有研究利用过程全生命周期分析方法，评估了电动车替代燃油车的影响，主要研究结果为：电动乘用车相比于传统燃油乘用车具有降低碳排放的潜力，但不同文献中碳排放下降幅度差异显著。当研究对象是特定车辆，且可用数据较为详细时，过程全生命周期评估方法可以提供有价值的结论。然而过程全生命周期评估方法存在一定局限性，主要表现为研究边界的划分较为主观，数据之间存在关联导致循环计算，以及无法计算与产品供应链相关的间接排放影响（University，2008；Wolfram and Wiedmann，2017）。其中，系统边界的不一致和不完整正是已有研究的结果差异较大的主要原因（Hawkins et al.，2012；Qiao et al.，2017；Van Mierlo et al.，2017）。汽车生产涉及多个零部件供应链，且燃油乘用车与电动乘用车的供应链结构具有显著差异。因此，为确保排放计算的完整性和排放比较的准确性，需同时考虑汽车生产—使用—回收过程的直接碳排放影响，以及供应链相关的间接排放影响。

为实现以上目标，部分研究试图将过程全生命周期评估方法与投入产出全生命周期评价方法相结合。投入产出全生命周期评价方法是基于经济投入产出的拓展模型，从自上而下的宏观角度考虑所有经济部门之间的相关关系，可以解决过程全生命周期评价方法的研究边界不完整，以及未考虑供应链间接排放的弊端（Crawford et al.，2018）。传统过程全生命周期模型与投入产出全生命周期评价模型结合形成了混合全生命周期模型。萨马拉斯等（Samaras et al.，2008）利用混合全生命周期方法估计了插电式混合动力汽车全生命周期温室气体排放，其中投入产出全生命周期评价方法用于计算汽车生产环节的排放。库尼等（Cooney et al.，2013）采用混合全生命周期方法评估了电动公交车的推广产生的环境影响，其中电池生产和使用阶段的环境影响采用过程全生命周期进行计算，其他过程则通过投入产出全生命周期评价方法计算。也有学者使用多区域混合全生命周期计算了替代燃料卡车全生命周期中的能源消耗和碳足迹（Zhao et al.，2016）。

（3）研究目的。

本研究的主要目的在于检验当前（2018 年）大规模推广电动乘用车是否实现了碳排放的降低，以及积极的乘用车电动化中长期（2030 年）发展目标能否以及能在何种程度上降低碳排放。同时，本研究试图找出影响乘用车领域碳减排的关键因素。以上目标将通过测算 2018 年以电动乘用车替代燃油乘用车所导致的二氧化碳排放量变化来实现。此外，本研究将基于广泛的数据收集和整理，建立详细的电动乘用车数据清单，包括销量、电池容量、电池能量密度、行驶里程、燃料效率等参数；并基于对 2030 年不同技术进步和电力结构的情景假设，预测未来乘用车领域的碳排放变化。

本研究的创新点主要包括：①收集、整理了 2018 年新售的电动乘用车参数数据，并基于此计算销量加权的碳排放量来反映不同类型乘用车的碳排放绩效，而非主观选择代表性车辆，从而避免了样本选择误差的影响。②考虑了该年新车生产、所有在路行驶车辆的使用和该年报废车辆回收的碳排放。目前大部分针对汽车大规模电动化的排放变化评估的研究忽略了时间的影响，即假定生产、使用和报废环节同时发生，直接将各环节排放进行加总。虽然不同环节发生时间不同的问题也受到部分研究的关注，但中国相关研究仍然缺乏（Garcia and Freire，2017）。③即使考虑了时间分布的不同，已有研究也主要基于过程全生命周期方法，且仅关注使用环节的排放影响（Hao et al.，2015；Hao et al.，2011；He and Chen，2013；Zhao et al.，2019）。本研究从全生命周期视角，基于混合全生命周期评价方法，拓展了系统边界，以避免对电动乘用车减排效益的高估。

7.3.2 研究方法

（1）研究边界。

本章研究对象包括燃油（汽油）乘用车、插电式混合动力汽车和纯电动汽车。由于柴油乘用车、天然气乘用车、混合动力以及氢燃料乘用车所占比例较低，相关数据较为缺乏，暂不纳入研究范围（Wu et al.，2019）。对于纯电动汽车，本研究分别考虑了搭载磷酸铁锂电池和锂镍锰钴三元锂电池的车型，两者合计占纯电动乘用车市场的90%以上。对于插电式混合动力车型，由于其销量较小，且95%以上是搭载三元锂电池，本研究不对插电式混合动力汽车进行电池类型区分。在后文中，车型是指特定的某款汽车产品，而车辆类型代表了燃油乘用车、插电式混合动力汽车和纯电动汽车等汽车技术。目前市场已有多种不同物质计量比的三元锂电池类型，本研究在当前市场利用三元锂111电池作为代表进行讨论，并在敏感性分析环节讨论了高镍三元锂811电池对碳排放的影响。

（2）混合全生命周期评价方法。

全生命周期评价是量化某个产品或工艺流程全生命周期内环境影响的一项有效工具。全生命周期评价目前有三种主要的拓展模型：过程全生命周期、投入产出全生命周期和混合全生命周期评价（Finnveden et al.，2009）。过程全生命周期评价是一种自下而上的方法，分别计算各环节的输入与输出，能够量化与产品生产和工艺流程相关的直接环境影响，但未考虑与产品生产和工艺流程相关供应链产生的间接环境影响（Matthews et al.，2008）。此外，过程全生命周期方法要求广泛而精确的数据，给研究带来了一定挑战。投入产出全生命周期评价是一种自上而下的分析方法，考虑了各经济部门间的相互作用，可以用来计算产品相关的整个供应链的排放影响。但某些特定环节难以单独从现有行业分类中区分开，从而导致利用投入产出全生命周期方法得到的某些重要环节结果的精确性较低（Crawford et al.，2018）；此外，非生产环节的环境影响，例如汽车行驶、回收阶段，无法利用投入产出全生命周期方法进行评估。混合全生命周期评价结合了过程全生命周期方法和投入产出全生命周期方法，可以充分利用投入产出全生命周期的完整性和过程全生命周期的精确性特点（Majeau-Bettez et al.，2011）。

本研究利用分层混合全生命周期评价方法评估中国乘用车电动化转型的碳排放影响，其中过程全生命周期评价用于重要或非生产流程的碳排放分析，投入产出全生命周期评价主要用于涉及多个供应链的相关环节的碳排放计算。具体而言，投入产出全生命周期方法下的计算边界包括汽车主体（不含电池）制造、电池生产、充电基础设施建设，以及所需更换、补充品的生产（如有）与燃料和电力的上游生产环节。本研究考虑的更换品包括汽车生命周期中的发动机、润滑液等液体的补充和轮胎更换，不考虑电池组的更换（Wu et al.，2019），更换过程产生的碳排放影响将并入材料生产环节一并考虑。

过程全生命周期方法用于对电池和车辆装配、汽车使用和报废回收阶段。其中，对燃油乘用车和插电式混合动力汽车电池及车辆的装配与拆卸阶段的排放计算基于美国阿贡能源实验室开发的 GREET 模型（Argonne National Laboratory，2018）；对电池回收过程中的排放计算基于 EverBatt 模型，该模型由阿贡实验室基于已有的 GREET 模型和电池性能与成本计算模型（BatPaC）开发得到，专用于计算动力电池回收相关的环境影响和成本效益（Dai et al.，2019；Nelson et al.，2012）。本研究的电池回收过程基于湿法冶金回收技术，该回收技术已得到商业化广泛利用，是中国目前主流的回收技术（Xiong et al.，2020）。由于三元锂电池中含有较高比例的有价可回收金属，对其进行回收再利用既具有经济效益，还能避免大量利用原材料在原料开采、加工环节产生碳排放，因此，本研究将三元锂电池回收再利用的排放影响纳入研究范围。而磷酸铁锂电池中有价金属含量低，回收磷酸铁锂电池几乎无利可图，在实践中很少将报废的磷酸铁锂电池进行回收再利用，因此不考虑回收再利用磷酸铁锂电池可能带来的潜在减排效益（Qiao et al.，2019）。

选择利用过程全生命周期还是投入产出全生命周期方法的边界划分过程存在主观性，本研究做出如上边界划分的主要原因包括：①本研究的范围是整个乘用车领域，而对于汽车产品，产品复杂程度高，涉及的生产流程多，关注边界的完整性而非特定阶段的准确性更为重要。因此若相关数据可得，将首先采用投入产出全生命周期评价方法，对于剩余部分则利用过程全生命周期评价方法计算。具体而言，在车辆和电池组装、汽车使用和报废回收阶段采用过程全生命周期方法，因为这部分环节属于非生产性活动，投入产出表中无可用数据。②物料的运输过程高度依赖后续生产企业所在的位置，且运输环节的排放量较低（Xiong et al.，2019），因此本研究将物料运输环节的排放排除在研究范围之外。③由于充电桩是推广电动乘用车的重要基础设施，充电设施建造的碳排放将被纳入本研究的计算范围，但由于大多数加油站已经建成，相关的碳排放不会由于汽油乘用车的减少而避免，因此加油站建设的碳排放不纳入考虑范围。

（3）汽车大规模电动化的减排效益。

本研究选择 2018 年和 2030 年分别反映当前和未来情况。潜在的碳减排量利用采用电动乘用车替代传统燃油车所造成的碳排放变化进行测量，且同时考虑新销售车辆的生产环节排放变化，以及所有在路行驶车辆使用环节和该年报废车辆的报废回收环节的排放变化，计算公式如式（7.1）所示：

$$\Delta TCE = \Delta TCE_{sold} + \Delta TCE_{stock} + \Delta TCE_{scrap} \qquad (7.1)$$

其中，ΔTCE_{sold}、ΔTCE_{stock} 和 ΔTCE_{scrap} 分别表示销售车辆（生产过程）、上路行驶车辆（使用环节）和报废车辆（报废环节）的排放变化。

新销售的电动乘用车的生产环节排放变化是由所有该年销售的电动乘用车生产环节的排放量减去生产相同数量燃油乘用车的碳排放量得到，如方程（7.2）所示。其中 a 指代的是电动乘用车类型（插电式混合动力车型、磷酸铁锂电池驱动的纯电动车型和三元锂电池驱动的纯电动车型）；TCE_{pro} 表示属于该类型车辆的销售加权全生命周期平均排放量。计算中假设电动乘用车的总销量相当于被替换燃油乘用车的数量。尽管该年新销售汽车并不总是在该年进行生产，出于简化目的，本研究忽略生产和销售的时间差异。

$$\Delta TCE_{sold} = \sum_{a=1}^{3} \left(TCE_{pro,a} \times sales_a \right) - TCE_{pro,PCV} \times \sum_{a=1}^{3} sales_a \qquad (7.2)$$

在路行驶的乘用车使用环节的排放变化将由公式（7.3）计算。其中，$CE_{use,a}$ 和 $CE_{use,PCV}$ 分别表示电动乘用车和燃油乘用车使用过程中每公里的碳排放量，$stock_a$ 表示每类乘用车的年初保有量，由于销售贯穿全年，计算时考虑年初保有量和该年新售车辆排放影响的一半[①]；D 表示汽车的年均行驶里程，基于已有研究，假设乘用车年均行驶里程为 15 000 千米（Del Duce et al.，2016；Hawkins et al.，2012）。

---

① 因汽车销售过程在全年发生，且销量存在季节性变化，本书简化假设该年新销售车辆的年行驶里程为非新售车辆年均行驶里程的一半。

$$\Delta TCE_{stock} = \Big[\sum_{a=1}^{3} CE_{use,a} \times \big(stock_a + \frac{1}{2}sales_a\big) - CE_{use,PCV} \times \sum_{a=1}^{3} \big(stock_a + \frac{1}{2}sales_a\big) \Big] \times D$$

$$(7.3)$$

$$\Delta TCE_{scrap} = \sum_{a=1}^{3} \big(TCE_{scrap,a} \times scrap_a\big) - TCE_{scrap,PCV} \times \sum_{a=1}^{3} scrap_a \qquad (7.4)$$

式（7.4）中，$TCE_{scrap,a}$ 计算了汽车和电池报废回收环节的碳排放，$TCE_{scrap,a}$ 和 $TCE_{scrap,PCV}$ 分别表示电动乘用车和燃油乘用车报废环节的碳排放，$scrap_a$ 表示该年汽车报废量。本研究假设汽车使用年限为 12 年，且不考虑 2018 年电动汽车的报废情况，同时 2018 年全部销售的电动乘用车将在 2030 年报废。

7.3.3　数据和情景设计

（1）2018 年基准情景参数设置。

为了避免样本选择性误差，本研究将从多个数据源收集信息，建立详细的汽车参数数据库，以计算各车型汽车的全生命周期排放量，并得到不同类型车辆销量加权的平均碳排放值。汽车销售数据基于中国乘用车协会的月度数据报告（Association，2019）。搭载磷酸铁锂电池的纯电动汽车和搭载三元锂电池的纯电动汽车的销量占比数据基于两种电池累计装机容量的比例估算得到。电动汽车的技术参数数据源于《新能源汽车推广应用推荐车型目录》（推广目录）（Technology，2019）和《免征车辆购置税的新能源汽车车型目录》（免税目录）（Technology，2014），涉及的参数包括电池类型、整备重量、电池重量、电池容量、燃料效率和电动行驶里程，如表 7 - 3 所示。插电式混合动力汽车车型有 29 款，磷酸铁锂电池驱动的纯电动汽车车型有 12 款，三元锂电池驱动的纯电动汽车车型有 100 款，部分销量极低且信息不完整的车型被排除在样本范围外。本研究利用 GREET 模型和 Bat-PaC 模型确定材料的物质组成和组成比例（Argonne National Laboratory，2016；Argonne National Laboratory，2018）。充电基础设施数据来自中国电动汽车充电基础设施推广联盟（Association，2019）。

表 7 - 3　　　　　　　　　　　　2018 年新售的电动乘用车数据

项目	插电式混合动力			纯电动（磷酸铁锂）			纯电动（三元锂）		
	平均值	最小值	最大值	平均值	最小值	最大值	平均值	最小值	最大值
整备重量（千克）	1 871	1 430	2 390	1 337	960	2 160	1 399	710	2 460
电池重量（千克）	147	95	200	274	124	649	299	109	587
电池容量（千瓦时）	14	9	20	37	15	91	40	15	79
燃料效率（千瓦时/百公里）	*			13	10	17	14	10	21
能量密度（瓦时/千克）	93	74	147	129	94	160	132	90	160
电动行驶里程（千米）	67	50	82	270	112	520	282	150	451

注：＊假设插电式混合动力电力驱动环节的燃料效率区间与纯电动乘用车相同。

本研究采用蒙特卡洛模拟法，假设燃油乘用车相关参数符合三角分布，得到燃油乘用车的全生命周期碳排放量；考虑到数据的可比性，燃油乘用车的参数范围同样基于"免税目录"和"推广目录"数据库。具体而言，燃油乘用车整备质量的范围为数据库中电动乘用车的最大、最小值，其峰值与销量最大的电动乘用车一致；燃油乘用车燃料效率最大、最小和平均值假设与数据库中插电式混合动力车型一致（Technology，2015）。此外，蒙特卡罗模拟也用于随机选择不确定性较高且数据缺乏的插电式混合动力汽车的效用因子和各种材料价格。效用因子表示插电式混合动力汽车利用电力进行驱动的行驶距离占比，本书基于已有研究假设该值 2018 年位于 20%～60% 区间，峰值为 40%（Hou et al.，2013；Xiong et al.，2019）。材料价格基于 Everbatt 模型（电池材料）（Dai et al.，2019）、行业报告，以及市场调研结果（Market，2019）进行确定，材料价格的上下浮动区间为 ±25%。

（2）2030 年预测情景参数设置。

本书设立了保守情景和乐观情景来预测 2030 年乘用车大规模电动化的碳排放变化。保守情景基于较为保守的参数假设或是利用当前水平下（2018 年）的最优值进行设置。在此情景下，电动乘用车 2030 年的年销量假设为 1 000 万辆，保有量达到 6 000 万辆，该值与已有研究或现有政策目标相比较为保守（Agency，2019；Liang et al.，2019）；电力结构中可再生能源发电占比假设为 45%，这一假设同样低于官方目标（50%）（Council，2019）。此外，车辆或电池其他相关参数的设置则采用当前参数数据库中最优值。

乐观情景反映了更为激进的电动乘用车推广和技术进步情况。在该情境下，参数假设是参照现有政策目标、专家意见、已有相关研究和市场趋势调研做出的，如表 7－4 所示。政策规划表明乘用车车队的平均燃油效率到 2030 年应降至 3.20 升/百公里（Technology，2019），考虑到插电式混合动力汽车的燃料效率优于燃油乘用车，因此，对燃油乘用车和插电式混合动力乘用车的燃料效率进行分别设置（Innovation Center for Energy，2019）。类似地，虽然现有目标期望纯电动汽车的电池组能量密度在 2030 年达到 350 瓦时/千克（Rietmann et al.，2020），但磷酸铁锂电池受制于固有的电化学性能，难以达到较高的能量密度水平。此外，假定 2030 年在两种不同情境下，高镍低钴的三元锂 811 电池将全部替代三元锂 111 电池。由于本研究重点关注燃油乘用车和电动乘用车的差异导致的排放影响，故不再考虑汽车轻量化、自动化组装过程、汽车回收环节的技术进步等将同时有利于燃油乘用车和电动乘用车的影响因素。

表 7－4 2030 年不同情景预测结果

项目	保守情景	乐观情景	来源
电动乘用车销量（百万）	10	12	Liang 等（2019）、International Energy Agency（2019）
电动汽车保有量（百万）	60	75	Xue 等（2019）、Rietmann 等（2020）
可再生电力比例	45%	50%	中国电力企业联合会（China Electricity Council，2019）、国家发展和改革委员会（National Development and Reform Commission，2016）

续表

项目	保守情景	乐观情景	来源
电池类型	三元锂811电池	三元锂811电池	笔者估计
燃油乘用车燃油效率（升/百公里）	4.5	4.0	工信部（2019）、能源与交通创新中心（Innovation Center for Energy，2019）、笔者估计
插电式混合动力汽车燃油效率（升/百公里）	3.2	2.0	工信部（2019）、笔者估计
纯电动汽车燃料效率（千瓦时/百公里）	9.7	8.0	中国汽车工程协会（2016）、工信部（2019）
能量密度（瓦时/千克）	160	180（磷酸铁锂），350（三元锂）	工信部（2017）
电池组装环节排放	—	比2018年降低20%	笔者估计
效用因子	0.6	0.8	笔者估计

基于所述的研究方法与情景设计，本书的整体研究框架如图7-2所示。

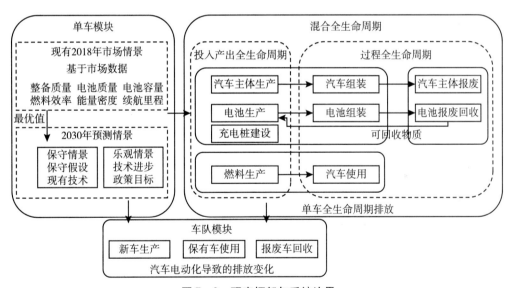

图7-2　研究框架与系统边界

7.3.4　结果分析

（1）2018年不同类型乘用车全生命周期碳排放。

基于混合全生命周期方法得到2018年不同车型全生命周期的二氧化碳排放量，结果如图7-3所示。燃油乘用车的全生命周期碳排放位于184.85～314.05克/千米，销量加权平均排放量为 253.14 克/千米；插电式混合动力汽车的全生命周期排放量位于 218.55 ~ 239.11 克/千米，销售加权平均值为 227.80 克/千米；搭载磷酸铁锂电池和三元锂电池的纯电动乘用车全生命周期排放量分别位于 120.20 ~ 252.78 克/千米和 125.09 ~ 271.60 克/千米，销量加权平均值分别为 170.54 克/千米和 185.91 克/千米。结果表明，相较于传统燃油车，插电式混合动力乘用车和纯电动乘用车的平均排放分别减少了约 10% 和 32%；纯电动乘用车的排放比插电式混合动力车型的排放降低 18% ~ 25%。相比动力类型差异对排放结果的影响，电池类型对排放结果的影响较小。例如，搭载磷酸铁锂电池的纯电动汽车的全生命周期碳排放量比搭载三元锂电池的纯电动汽车低 8.26%。

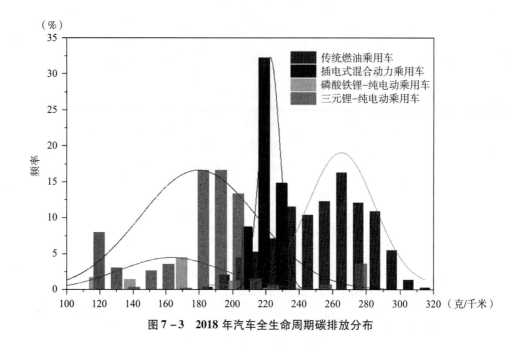

图 7-3 2018 年汽车全生命周期碳排放分布

已有过程全生命周期研究表明，电动乘用车全生命周期的温室气体排放位于 150 ~ 280 克/千米（Ambrose et al.，2020；Qiao et al.，2019），本研究结果与该部分研究结果较为接近。然而本研究并未如部分混合全生命周期研究那样表明混合全生命周期方法计算的结果会明显高出过程全生命周期方法下的结果（Wolfram and Wiedmann，2017）。由于与电池相关的大部分物料价格近年（2015 ~ 2018 年）呈现下降趋势，从而降低了投入产出全生命周期阶段的最终需求，故本书的研究结果具有合理性。与此同时，混合全生命周期评价方法的结果进一步说明了即使考虑供应链相关的间接排放，电动乘用车相较于燃油乘用车仍然具有减排效益。

本研究基于每款车型的具体技术参数进行碳排放量计算，因此可对排放量与车辆性能参数进行相关性分析，识别影响碳排放的关键因素。由于燃油乘用车的参数是基于蒙特卡洛模拟得出，而非真实的市场信息，因此燃油车的相关性分析未纳入考虑。相关分析结果如图 7-4 所示，插电式混合动力汽车和搭载磷酸铁锂电池的纯电动汽车的全生命周期排放与电池重量成强正相关性；搭载三元锂电池纯电动汽车的全生命周期排放与燃料效率的相关性最大。此外，插电式混合动力乘用车的销量与电池相关参数成正相关性，而纯电动汽车销量与车辆参数呈负相关性，但销量与车辆参数的相关系数较小，无法提供充分可信的证据。

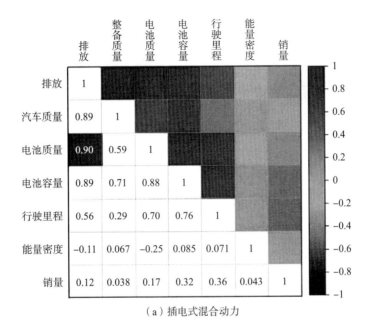

（a）插电式混合动力

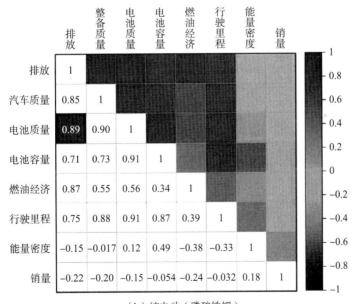

（b）纯电动（磷酸铁锂）

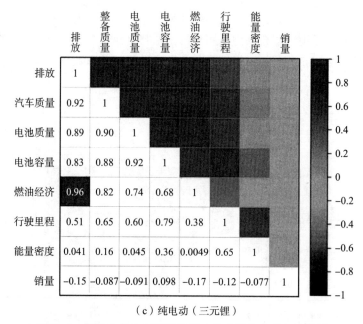

（c）纯电动（三元锂）

图 7-4　汽车全生命周期碳排放与汽车性能参数的相关性

注：车辆重量是整备重量减去电池重量。

图 7-5 显示了不同类型乘用车分阶段的碳排放贡献。与已有过程全生命周期研究一致（Qiao et al.，2019），对于所有类型的乘用车，使用环节的排放在全生命周期排放中占据主导。对于纯电动乘用车，汽车生产阶段碳排放显著高于燃油乘用车，其中电池生产环节的排放占汽车生产总碳排放量的约 40%。对于插电式混合动力和搭载三元锂电池的纯电动汽车，电池的再制造可带来碳减排效益，汽车报废环节总排放可忽略不计。此外，充电基础设施建设的碳排放占比不足 2%，该结果与已有相关研究结果相似（Zhang et al.，2019）。

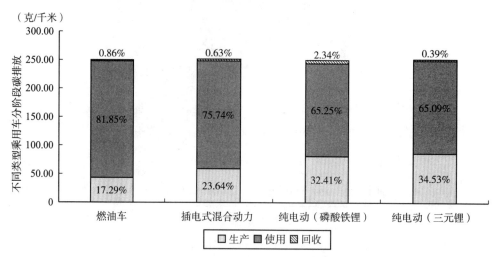

图 7-5　2018 年不同类型乘用车分阶段排放贡献

（2）2018 年乘用车大规模电动化的减排效益。

基于不同类型乘用车各环节的碳排放量和对应的车辆数量，可求得 2018 年由电动乘用车替代燃油乘用车导致的碳排放变化，结果如图 7 - 6 所示。2018 年乘用车电动化导致碳排放增加 16 万吨。虽然在路行驶的电动乘用车可以避免 206 万吨使用过程的碳排放，但电动乘用车生产环节比燃油车总计多排放 222 万吨。该结果进一步说明使用混合全生命周期方法，考虑汽车生产以及相关供应链排放是非常必要的，否则会高估电动乘用车的减排效益。

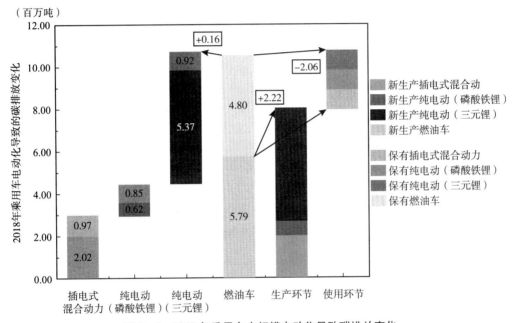

图 7 - 6　2018 年乘用车大规模电动化导致碳排放变化

（3）2030 年不同类型乘用车全生命周期碳排放。

图 7 - 7 显示了 2030 年不同情境下不同类型汽车的全生命周期碳排放情况。保守情境下，燃油乘用车、插电式混合动力乘用车和纯电动乘用车平均排放量分别为 175.39 克/千米、134.69 克/千米和 113.13 ~ 114.42 克/千米。由此可知，与燃油乘用车相比，插电式混合动力乘用车和纯电动乘用车碳排放分别降低 23.20% 和 35%。在乐观情境下，电动乘用车相对于燃油乘用车的减排效益达到 36% ~ 43%；此时纯电动和插电式混合动力乘用车之间的排放差异较小。

与 2018 年相比，插电式混合动力乘用车到 2030 年的碳排放下降幅度最大，实现了大约 40% ~ 56% 的减排，从而使得插电式混合动力车型相对于燃油乘用车具有显著减排效益，且与纯电动乘用车碳排放水平相当。对于纯电动乘用车，保守情境下 2030 年相较于 2018 年减少了 30% 的碳排放，乐观情景下减排幅度增加到 40% ~ 50%。由于研究中考虑了燃油乘用车的燃料效率提升，燃油车在 2030 年相较于 2018 年能够实现 30% ~ 37% 的减排。

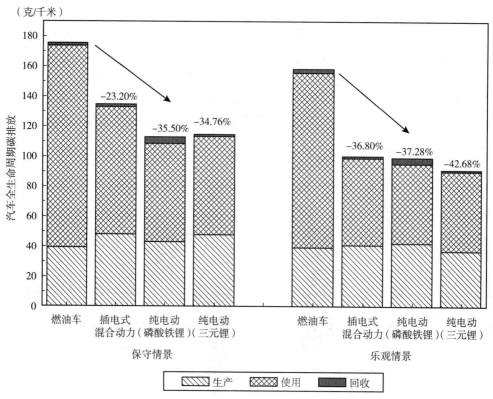

图7－7　2030年不同情景下汽车全生命周期碳排放量

本书利用敏感性对影响汽车碳排放的关键因素进行识别。如图7－8所示，燃料效率的提升是实现碳减排的最主要因素，既包括燃油乘用车百公里油耗的降低，也包括电动乘用车百公里电耗的降低。此外，电力系统的低碳化也是降低电动乘用车碳排放的显著影响因素。

（4）2030年乘用车大规模电动化的减排潜力。

由前文结果可知，电池类型对电动乘用车全生命周期碳排放影响较小，因此在考虑乘用车大规模电动化时不再区分磷酸铁锂电池和三元锂电池。研究结果表明，乘用车大规模电动化在保守情境下减排量为4 964万吨，乐观情景下减排量达到6 216万吨，大约相当于当前中国道路交通领域年总排放量的10%（Qiao and Lee，2019）。如图7－9所示，电动乘用新车的生产在保守情况下会造成1 166万吨的排放增加，但这部分增量排放足以由保有车辆使用环节避免的碳排放抵消。乐观情景下，由于电池能量密度增加，电池所需质量降低，导致电动乘用车生产环节的碳排放降低。报废回收环节的整体减排量较低，但随着回收工艺的改进和规模化处理的效率提升，报废物质的循环再利用有望带来更大减排效益。

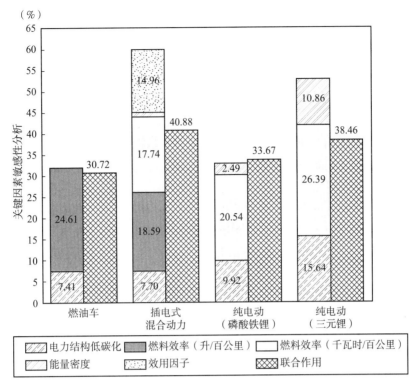

图 7-8 关键因素敏感性分析结果

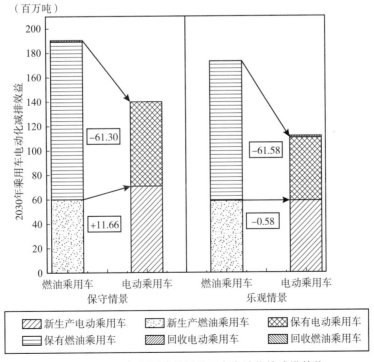

图 7-9 2030 年不同情景下乘用车电动化的减排效益

7.3.5 总结与讨论

本研究基于混合全生命周期方法首先测算了电动乘用车和燃油乘用车从单车角度的碳排放绩效，证明了电动乘用车相对于燃油乘用车具有显著减排效益。由于电动乘用车当前（2018 年）生产环节碳排放较高，特别是电池生产环节，在大规模利用电动乘用车替换燃油车的情景下，电动乘用车使用过程中避免的碳排放量不能完全抵消其生产环节增加的排放量，从而导致目前乘用车大规模电动化未能实现二氧化碳排放的降低；到 2030 年，乘用车大规模电动化则可实现 4 964 万 ~ 6 216 万吨的碳减排量。

由于已有研究中包含的车型数量往往较少，相关研究很少对汽车的碳排放结果和车辆性能参数的相关性进行分析。本书基于大量详细的汽车参数数据，分析了电动乘用车全生命周期排放和汽车参数的相关性，弥补了已有研究的不足。结果表明，质量较小的电动车比大型电动车具有更大的减排潜力。此外，本书基于相关性分析和敏感性分析，识别出电力结构的清洁程度和燃料效率是影响碳减排的重要因素。

基于研究结果，本书识别了汽车电动化进程中增大减排效益的机会，并提出了相应的政策建议。首先，电动乘用车支持政策的制定应强调燃料效率提升的重要性，建议在制定双积分等管理方案时，对燃料效率分配更高的权重。同时，由于插电式混合动力汽车可以同时受益于发动机和电池技术的提升，短期内可鼓励插电式混合动力车型与纯电动车型的同步发展。由于电动汽车生产环节的碳排放高，削弱了电动乘用车减排潜力，相关政策应鼓励、支持电动汽车使用低碳、可循环利用的材料进行生产。另外，当前政策重点支持搭载高容量电池的车型，但电池容量越大，汽车全生命周期排放也越高。本书建议不同地区可实施差异性政策，对三四线及以下城市，可鼓励消费者购买小型电动乘用车，吸引对价格敏感、行驶里程要求较低的潜在消费者。

虽然本研究利用详细的市场数据、多种情景假设和敏感性分析来降低结果的不确定性，但研究仍存在一定的不足。例如，中国不同区域的电力结构差异较大，而本研究利用电力的全国平均碳强度水平进行计算，未考虑区域电力结果差异对结果的影响。另外，本研究假设投入产出全生命周期模型中经济结构保持不变，但部门之间的相互关系可能会发生显著变化，未来的研究中可对此类不足进行改进。

7.4 相关附件与程序

％％EIO – LCA 计算部分

％％电池部分,通用情景 variable_BL = xlsread('vehicle_sale','BEV_LFP','B2：I13')；％读取电池的各参数；BEV_LFP（BL）表示磷酸铁锂纯电动汽车；variable_BN = xlsread（'vehicle_sale','BEV_NMC','B2：I101'）；％BEV_NMC（BN）表示三元锂纯电动汽车；variable_PL = xlsread ('vehicle_sale','PHEV_LFP','B2：H2');% PHEV_LFP(PL)表示磷酸铁锂插电式混合动力汽车;variable_PN = xlsread('vehicle_sale','PHEV_NMC','B2：H29');% PHEV_NMC(PN)表示三元锂插电式混合动力汽车;

　　battery_pro_2018_2030S2 = xlsread('Proportion','battery_pro','B2：G24');% 电池各组成部分的物料占比;battery_pro = battery_pro_2018_2030S2(：,1：5);% G 列是 NMC － 811,反映 2030 年电池类型;

　　s = size(battery_pro,1);

　　%% 2018 年基准情景的电池质量
　　battery_kg_BL = variable_BL(：,2);
　　battery_kg_BN = variable_BN(：,2);
　　battery_kg_PL = variable_PL(：,2);
　　battery_kg_PN = variable_PN(：,2);

　　%% 2030 年保守情景电池质量
　　battery_kg_BL = variable_BL(：,9);
　　battery_kg_BN = variable_BN(：,9);
　　battery_kg_PL = variable_PL(：,8);
　　battery_kg_PN = variable_PN(：,8);

　　change_battery_kg_BL = variable_BL(：,2) － variable_BL(：,9);
　　change_battery_kg_BN = variable_BN(：,2) － variable_BN(：,9);
　　change_battery_kg_PL = variable_PL(：,2) － variable_PL(：,8);
　　change_battery_kg_PN = variable_PN(：,2) － variable_PN(：,8);

　　%% 2030 乐观情景电池能量密度提升情景
battery_pro = battery_pro_2018_2030S2(：,[1：4,6]);
　　battery_kg_BL = variable_BL(：,9);
　　battery_kg_BN = variable_BN(：,10);
　　battery_kg_PL = variable_PL(：,8);
　　battery_kg_PN = variable_PN(：,8);
　　change_battery_kg_BL = variable_BL(：,2) － variable_BL(：,9);
　　change_battery_kg_BN = variable_BN(：,2) － variable_BN(：,10);
　　change_battery_kg_PL = variable_PL(：,2) － variable_PL(：,8);
　　change_battery_kg_PN = variable_PN(：,2) － variable_PN(：,9);

　　%% 电池各组成部分价格,通用情景 battery_P = xlsread('Price','battery_P','B2：D25');

```
for a = 1：1000
for i = 1：2
pd_cathode = makedist('Triangular','a',battery_P(i,1),'b',battery_P(i,2),'c',battery_P(i,
3));
P_cathode(i,1) = random(pd_cathode,1,1);% 随机模拟选择正极价格,假设符合三角分
布;(不同电池差异在于正极材料,且正极材料的单价不同)
end

for i = 3：24
pd_other = makedist('Triangular','a',battery_P(i,1),'b',battery_P(i,2),'c',battery_P(i,
3));
P_other(i,1) = random(pd_other,1,1);   % Ëæ»úÄ£ÄâÑ¡ÔñÆäËü×é³É²¿·Ö¼Û¸ñ
end
end


%% 计算电池生产部分总需求,通用情景
P_LFP = mean([ P_cathode(1,1);P_other(3：24,：)],2);
P_NMC = mean([ P_cathode(2,1);P_other(3：24,：)],2);

battery_P_t = [zeros(s,1),P_LFP,P_NMC,P_LFP,P_NMC];

battery_pP = battery_pro. * battery_P_t;
battery_2 = battery_pP(：,2) * battery_kg_PL. ';% 电池质量,组成部分占比与各组成价
格乘积,表示电池生产在投入产出计算中的总需求
battery_3 = battery_pP(：,3) * battery_kg_PN. ';
battery_4 = battery_pP(：,4) * battery_kg_BL. ';
battery_5 = battery_pP(：,5) * battery_kg_BN. ';

xlswrite('battery. xlsx',battery_2,'PHEV_LFP','B1');
xlswrite('battery. xlsx',battery_3,'PHEV_NMC','B1');
xlswrite('battery. xlsx',battery_4,'BEV_LFP','B1');
xlswrite('battery. xlsx',battery_5,'BEV_NMC','B1');
%% 流体和轮胎,通用情景 fluid_pro = xlsread('Proportion','fluid_mass','B2：F7');% 各种
车用液体质量 fluid_kg = xlsread('Proportion','fluid_mass','C8：F8');% 车用液体所需总质量
fluid_P = xlsread('Price','fluid_P','B2：D7');% 各种车用液体单价
v = size(fluid_P,1);% 车用液体种类
```

```
for a = 1：1000

fori = 1：v

        pd = makedist('Triangular','a',fluid_P(i,1),'b',fluid_P(i,2),'c',fluid_P(i,3));

P_fluid(i,1) = random(pd,1,1);

end


P_fluid_n(：,a) = P_fluid;

end

P_fluid_mean = mean(P_fluid_n,2);

fluid_P_t = repmat(P_fluid_mean,1,5);

fluid_t = fluid_pro. * fluid_P_t;% 液体组成部分质量和价格乘积,表示车用液体在投入
```
产出计算中的总需求
```
fluid_1 = fluid_t(1,：);

fluid_1_other = sum(fluid_t(2：6,：));

xlswrite('fluid. xlsx',fluid_1(1,1),'ICV','B20');

xlswrite('fluid. xlsx',fluid_1(1,2),'PHEV_LFP','B20');

xlswrite('fluid. xlsx',fluid_1(1,3),'PHEV_NMC','B20');

xlswrite('fluid. xlsx',fluid_1(1,4),'BEV_LFP','B20');

xlswrite('fluid. xlsx',fluid_1(1,5),'BEV_NMC','B20');


xlswrite('fluid. xlsx',fluid_1_other(1,1),'ICV','B21');

xlswrite('fluid. xlsx',fluid_1_other(1,2),'PHEV_LFP','B21');

xlswrite('fluid. xlsx',fluid_1_other(1,3),'PHEV_NMC','B21');

xlswrite('fluid. xlsx',fluid_1_other(1,4),'BEV_LFP','B21');

xlswrite('fluid. xlsx',fluid_1_other(1,5),'BEV_NMC','B21');


tire_pro = xlsread('Proportion','tire_mass','B9：B10');% 轮胎各组成材料质量

tire_kg = xlsread('Proportion','tire_mass','C8：F8');% 轮胎总质量

tire_P = xlsread('Price','tire_P','B2：D3');% 轮胎各材料单价


for a = 1：1000

fori = 1：2

pd = makedist('Triangular','a',tire_P(i,1),'b',tire_P(i,2),'c',tire_P(i,3));

P_tire(i,1) = random(pd,1,1);

end


P_tire_n(：,a) = P_tire;
```

```
end
P_tire_mean = mean( P_tire_n,2) ;
tire_t = tire_pro. * P_tire_mean;% 轮胎在投入产出计算中总需求
xlswrite( 'tire. xlsx',tire_t( 1, : ),'ICV','B24') ;
xlswrite( 'tire. xlsx',tire_t( 1, : ),'PHEV_LFP','B24') ;
xlswrite( 'tire. xlsx',tire_t( 1, : ),'PHEV_NMC','B24') ;
xlswrite( 'tire. xlsx',tire_t( 1, : ),'BEV_LFP','B24') ;
xlswrite( 'tire. xlsx',tire_t( 1, : ),'BEV_NMC','B24') ;

xlswrite( 'tire. xlsx',tire_t( 2, : ),'ICV','B26') ;
xlswrite( 'tire. xlsx',tire_t( 2, : ),'PHEV_LFP','B26') ;
xlswrite( 'tire. xlsx',tire_t( 2, : ),'PHEV_NMC','B26') ;
xlswrite( 'tire. xlsx',tire_t( 2, : ),'BEV_LFP','B26') ;
xlswrite( 'tire. xlsx',tire_t( 2, : ),'BEV_NMC','B26') ;
%% 汽车参数读取,通用情景 vehicle_pro = xlsread( 'Proportion','vehicle_pro','B2：F11') ;% 汽车组成部分质量比例
vehicle_P = xlsread( 'Price','vehicle_P','B2：D11') ;% 汽车组成材料单价
v = size( vehicle_P,1) ;% 汽车相关参数
P_vehicle = zeros( v,1) ;
n_PL = size( variable_PL,1) ;% 车型数量
n_PN = size( variable_PN,1) ;
n_BL = size( variable_BL,1) ;
n_BN = size( variable_BN,1) ;

%% 2018 基准情景汽车质量
vehicle_PL = variable_PL( : ,3) - battery_kg_PL - repmat( fluid_kg( 1,1) ,n_PL,1) - repmat( tire_kg( 1,1) ,n_PL,1) ;
vehicle_PN = variable_PN( : ,3) - battery_kg_PN - repmat( fluid_kg( 1,2) ,n_PN,1) - repmat( tire_kg( 1,2) ,n_PN,1) ;
vehicle_BL = variable_BL( : ,3) - battery_kg_BL - repmat( fluid_kg( 1,3) ,n_BL,1) - repmat( tire_kg( 1,3) ,n_BL,1) ;
vehicle_BN = variable_BN( : ,3) - battery_kg_BN - repmat( fluid_kg( 1,4) ,n_BN,1) - repmat( tire_kg( 1,4) ,n_BN,1) ;

%% S5 电池质量变化后的汽车质量
vehicle_PL = variable_PL( : ,3) - battery_kg_PL - repmat( fluid_kg( 1,1) ,n_PL,1) - repmat( tire_kg( 1,1) ,n_PL,1) - change_battery_kg_PL;
```

vehicle_PN = variable_PN(: ,3) − battery_kg_PN − repmat(fluid_kg(1,2),n_PN,1) − repmat(tire_kg(1,2),n_PN,1) − change_battery_kg_PN;

vehicle_BL = variable_BL(: ,3) − battery_kg_BL − repmat(fluid_kg(1,3),n_BL,1) − repmat(tire_kg(1,3),n_BL,1) − change_battery_kg_BL;

vehicle_BN = variable_BN(: ,3) − battery_kg_BN − repmat(fluid_kg(1,4),n_BN,1) − repmat(tire_kg(1,4),n_BN,1) − change_battery_kg_BN;

%% 2030 乐观情景,汽车质量降低

vehicle_PL = variable_PL(: ,3). ∗ 0.8 − battery_kg_PL − repmat(fluid_kg(1,1),n_PL,1) − repmat(tire_kg(1,1),n_PL,1);

vehicle_PN = variable_PN(: ,3). ∗ 0.8 − battery_kg_PN − repmat(fluid_kg(1,2),n_PN,1) − repmat(tire_kg(1,2),n_PN,1);

vehicle_BL = variable_BL(: ,3). ∗ 0.8 − battery_kg_BL − repmat(fluid_kg(1,3),n_BL,1) − repmat(tire_kg(1,3),n_BL,1);

vehicle_BN = variable_BN(: ,3). ∗ 0.8 − battery_kg_BN − repmat(fluid_kg(1,4),n_BN,1) − repmat(tire_kg(1,4),n_BN,1);

%% 计算汽车主体生产总需求,通用情景

for a = 1 : 1000

for i = 1 : v

  pd = makedist('Triangular','a',vehicle_P(i,1),'b',vehicle_P(i,2),'c',vehicle_P(i,3));

P_vehicle(i,1) = random(pd,1,1);% 汽车各组成的单价

end

P_vehicle_n(: ,a) = P_vehicle;

end

P_vehicle_mean = mean(P_vehicle_n,2);

vehicle_P_t = repmat(P_vehicle_mean,1,5);

vehicle_pP = vehicle_pro. ∗ vehicle_P_t;

vehicle_2 = vehicle_pP(: ,2) ∗ vehicle_PL. ';% 汽车主体质量,组成部分占比和单价乘积,表示汽车主体在投入产出计算中的总需求

vehicle_3 = vehicle_pP(: ,3) ∗ vehicle_PN. ';

vehicle_4 = vehicle_pP(: ,4) ∗ vehicle_BL. ';

vehicle_5 = vehicle_pP(: ,5) ∗ vehicle_BN. ';

vehicle_1 = mean([mean(vehicle_2,2),mean(vehicle_3,2),mean(vehicle_4,2),mean （vehicle_5,2）],2）;

```
    xlswrite('vehicle. xlsx',vehicle_1,'ICV','B1');
    xlswrite('vehicle. xlsx',vehicle_2,'PHEV_LFP','B1');
    xlswrite('vehicle. xlsx',vehicle_3,'PHEV_NMC','B1');
    xlswrite('vehicle. xlsx',vehicle_4,'BEV_LFP','B1');
    xlswrite('vehicle. xlsx',vehicle_5,'BEV_NMC','B1');

    %% 燃料（百公里油耗和电耗）总需求,基准情景 oil_NMC = xlsread('HLCA_2017_data',
'variable','H3：H321');% 百公里能耗
    oil_LFP = xlsread('HLCA_2017_data','variable','D3：D19');
    lowerLkm_LFP = min(oil_LFP);% 插电式混合动力利用油耗驱动环节的燃料效率,L/km
    lowerLkm_NMC = min(oil_NMC);
    peakLkm_LFP = mode(oil_LFP);
    peakLkm_NMC = mode(oil_NMC);
    upperLkm_LFP = max(oil_LFP);
    upperLkm_NMC = max(oil_NMC);

    for a = 1：1000;
    pd_Lkm_LFP = makedist('Triangular','a',lowerLkm_LFP,'b',peakLkm_LFP,'c',upperLkm_
LFP);
    fuel_Lkm_LFP = random(pd_Lkm_LFP,1,1);
    pd_Lkm_NMC = makedist('Triangular','a',lowerLkm_NMC,'b',peakLkm_NMC,'c',upperLkm_
NMC);
    fuel_Lkm_NMC = random(pd_Lkm_NMC,1,1);
    fuel_Lkm_LFP_n( ：,a) = fuel_Lkm_LFP;
    fuel_Lkm_NMC_n( ：,a) = fuel_Lkm_NMC;
    end
    fuel_Lkm_LFP_mean = mean(fuel_Lkm_LFP_n,2);
    fuel_Lkm_NMC_mean = mean(fuel_Lkm_NMC_n,2);
    fuel_Lkm_ICV = mean([fuel_Lkm_LFP_mean,fuel_Lkm_NMC_mean]);
    fuel_Whkm_LFP = variable_BL( ：,4);
    fuel_Whkm_NMC = variable_BN( ：,4);
    UF = 0.4;% 插电式混合动力汽车的效用因子,假设为 0.4

    %% 2030 保守情景的电动汽车燃料效率,Wh/100km
    fuel_Whkm_LFP = 9.2;
```

fuel_Whkm_NMC = 9. 2;

%% 2030 保守情景燃油车和插电式混合动力参数假设 L/100km

UF = 0. 6;

fuel_Lkm_ICV = 4. 5;

fuel_Lkm_LFP_mean = 3. 2;

fuel_Lkm_NMC_mean = 3. 2;

%% 2030 乐观情景的电动汽车燃料效率,Wh/100km

fuel_Whkm_LFP = 8;

fuel_Whkm_NMC = 8;

%% 2030 乐观情景燃油车和插电式混合动力参数假设,L/100km

fuel_Lkm_LFP_mean = 2;

fuel_Lkm_NMC_mean = 2;

fuel_Lkm_ICV = 4. 0;

UF = 0. 8;

%% 计算燃料使用的总需求,通用情景 ele_P = xlsread('Price','fuel_P','B2：D2');

oil_P = xlsread('Price','fuel_P','B3：D3');

for a = 1：1000;

pd_ele_P = makedist('Triangular','a',ele_P(1,1),'b',ele_P(1,2),'c',ele_P(1,3));

ele_P_1 = random(pd_ele_P,1,1);

pd_oil_P = makedist('Triangular','a',oil_P(1,1),'b',oil_P(1,2),'c',oil_P(1,3));

oil_P_1 = random(pd_oil_P,1,1);

ele_P_n(：,a) = ele_P_1;

oil_P_n(：,a) = oil_P_1;

end

ele_P_mean = mean(ele_P_n,2);

oil_P_mean = mean(oil_P_n,2);

ele_t_LFP = ele_P_mean. * fuel_Whkm_LFP * 1500;% 全生命周期行驶里程假设为 150000km,1500 是经单位转换后;

ele_t_NMC = ele_P_mean. * fuel_Whkm_NMC * 1500;

oil_t_ICV = oil_P_mean * fuel_Lkm_ICV * 1500;

oil_t_LFP = oil_P_mean * fuel_Lkm_LFP_mean * 1500;

oil_t_NMC = oil_P_mean * fuel_Lkm_NMC_mean * 1500;

ele_2 = mean(ele_t_LFP,1) * UF;

```
ele_3 = mean( ele_t_NMC,1 ) * UF;
ele_4 = ele_t_LFP. ';
ele_5 = ele_t_NMC. ';
oil_2 = oil_t_LFP * ( 1 - UF );
oil_3 = oil_t_NMC * ( 1 - UF );


xlswrite( 'fuel. xlsx',oil_t_ICV,'ICV','B3');
xlswrite( 'fuel. xlsx',ele_2,'PHEV_LFP','B39');
xlswrite( 'fuel. xlsx',oil_2,'PHEV_LFP','B3');
xlswrite( 'fuel. xlsx',ele_3,'PHEV_NMC','B39');
xlswrite( 'fuel. xlsx',oil_3,'PHEV_NMC','B3');
xlswrite( 'fuel. xlsx',ele_4,'BEV_LFP','B39：M39');
xlswrite( 'fuel. xlsx',ele_5,'BEV_NMC','B39：CW39');


%% %EIO - LCA 部分总需求 Y_vehicle_ICV = xlsread( 'vehicle','Sheet6','B1：B45');
Y_vehicle_PHEV_LFP = xlsread( 'vehicle','Sheet7','B1：B45');
Y_vehicle_PHEV_NMC = xlsread( 'vehicle','Sheet8','B1：AC45');
Y_vehicle_BEV_LFP = xlsread( 'vehicle','Sheet9','B1：M45');
Y_vehicle_BEV_NMC = xlsread( 'vehicle','Sheet10','B1：CW45');


Y_battery_PHEV_LFP = xlsread( 'battery','Sheet7','B1：B45');
Y_battery_PHEV_NMC = xlsread( 'battery','Sheet8','B1：AC45');
Y_battery_BEV_LFP = xlsread( 'battery','Sheet9','B1：M45');
Y_battery_BEV_NMC = xlsread( 'battery','Sheet10','B1：CW45');


Y_fuel_ICV = xlsread( 'fuel. xlsx','ICV','B1：B45');
Y_fuel_PHEV_LFP = xlsread( 'fuel. xlsx','PHEV_LFP','B1：B45');
Y_fuel_PHEV_NMC = xlsread( 'fuel. xlsx','PHEV_NMC','B1：AC45');
Y_fuel_BEV_LFP = xlsread( 'fuel. xlsx','BEV_LFP','B1：M45');
Y_fuel_BEV_NMC = xlsread( 'fuel. xlsx','BEV_NMC','B1：CW45');


Y_fluid_ICV = xlsread( 'fluid','ICV','B1：B45');
Y_fluid_PHEV_LFP = xlsread( 'fluid','PHEV_LFP','B1：B45');
Y_fluid_PHEV_NMC = xlsread( 'fluid','PHEV_NMC','B1：AC45');
Y_fluid_BEV_LFP = xlsread( 'fluid','BEV_LFP','B1：M45');
Y_fluid_BEV_NMC = xlsread( 'fluid','BEV_NMC','B1：CW45');
```

```
Y_tire_ICV = xlsread('tire','ICV','B1：B45');
Y_tire_PHEV_LFP = xlsread('tire','PHEV_LFP','B1：B45');
Y_tire_PHEV_NMC = xlsread('tire','PHEV_NMC','B1：AC45');
Y_tire_BEV_LFP = xlsread('tire','BEV_LFP','B1：M45');
Y_tire_BEV_NMC = xlsread('tire','BEV_NMC','B1：CW45');


Y_ICV = Y_vehicle_ICV + Y_fuel_ICV + Y_fluid_ICV + Y_tire_ICV;
Y_PHEV_LFP = Y_vehicle_PHEV_LFP + Y_battery_PHEV_LFP + Y_fuel_PHEV_LFP + Y_
fluid_PHEV_LFP + Y_tire_PHEV_LFP;
Y_PHEV_NMC = Y_vehicle_PHEV_NMC + Y_battery_PHEV_NMC + Y_fuel_PHEV_NMC +
Y_fluid_PHEV_NMC + Y_tire_PHEV_NMC;
Y_BEV_LFP = Y_vehicle_BEV_LFP + Y_battery_BEV_LFP + Y_fuel_BEV_LFP + Y_fluid_
BEV_LFP + Y_tire_BEV_LFP;
Y_BEV_NMC = Y_vehicle_BEV_NMC + Y_battery_BEV_NMC + Y_fuel_BEV_NMC +
Y_fluid_BEV_NMC + Y_tire_BEV_NMC;


xlswrite('Y. xlsx',Y_ICV,'ICV','B1');
xlswrite('Y. xlsx',Y_PHEV_LFP,'PHEV_LFP','B1');
xlswrite('Y. xlsx',Y_PHEV_NMC,'PHEV_NMC','B1');
xlswrite('Y. xlsx',Y_BEV_LFP,'BEV_LFP','B1');
xlswrite('Y. xlsx',Y_BEV_NMC,'BEV_NMC','B1');


%% PLCA 部分,计算充电桩建设碳排放 charging_LFP = 0. 9406. * (fuel_Whkm_LFP)'. /
3. 69;% 基于已有研究计算充电桩建设的碳排放
charging_NMC = 0. 9406. * (fuel_Whkm_NMC)'. /3. 69;
charging_LFP_mean = mean( charging_LFP,2);
charging_NMC_mean = mean( charging_NMC,2);


%% PLCA 部分,汽车使用环节碳排放计算,基准情景
for i = 1：1000;
pd = makedist('Triangular','a',120,'b',207,'c',248. 4);% 使用过程燃油车排放
TTW_CE = random( pd,1,1);
TTW_CE_n(1,i) = TTW_CE;
end
TTW_CE_mean = mean( TTW_CE_n);
TTW_CE_ICV = TTW_CE_mean;
TTW_CE_PHEV = TTW_CE_mean;
```

```
%%PLCA 部分,汽车、电池组装和回收环节碳排放计算,基准情景
Vehicle_assembly_TCE = 17169. 25226. /1500;
Vehicle_disassembly_TCE = 3249. 73765. /1500;


PL_EOL_TCE = battery_kg_PL. * 10. /1500;%基于已有文献计算电池回收过程碳排放
PN_EOL_TCE = battery_kg_PN. * ( - 7. 5). /1500;
BL_EOL_TCE = battery_kg_BL. * 10. /1500;
BN_EOL_TCE = battery_kg_BN. * ( - 7. 5). /1500;


PL_assembly_TCE = battery_kg_PL. * 25. 20. /1500;%基于已有文献计算组装过程碳排
放 PN_assembly_TCE = battery_kg_PN. * 31. 07. /1500;
BL_assembly_TCE = battery_kg_BL. * 25. 20. /1500;
BN_assembly_TCE = battery_kg_BN. * 31. 07. /1500;


%%2030 保守情景使用过程单位行驶里程排放
TTW_CE_ICV = 120;
TTW_CE_PHEV = 105;
%%2030 乐观情景使用过程单位排放
TTW_CE_ICV = 105;
TTW_CE_PHEV = 70;
%%2030 乐观情景组装过程碳排放
PL_assembly_TCE = battery_kg_PL. * 25. 20. * 0. 8. /1500;
PN_assembly_TCE = battery_kg_PN. * 31. 07. * 0. 8. /1500;
BL_assembly_TCE = battery_kg_BL. * 25. 20. * 0. 8. /1500;
BN_assembly_TCE = battery_kg_BN. * 31. 07. * 0. 8. /1500;
%%EIO - LCA 部分碳排放计算
%%2030 需要手动更改表格中电力结构数据
AD = xlsread('HLCA_2017_data. xlsx','AD');
CE_co = xlsread('HLCA_2017_data. xlsx','E_CE','D2:D46');
I = eye(45);
DCE = diag(CE_co);%部门碳排放强度
TCE_ICV = DCE * inv(I - AD) * diag(Y_ICV( : , : ));
TCE_ICV = sum(TCE_ICV,2);
fori = 1:n_PL
TCE_PL_i = DCE * inv(I - AD) * diag(Y_PHEV_LFP( : ,i));
TCE_PL( : ,i) = sum(TCE_PL_i,2);
end
```

```
for i = 1 : n_PN
TCE_PN_i = DCE * inv(I - AD) * diag(Y_PHEV_NMC( : ,i));
TCE_PN( : ,i) = sum(TCE_PN_i,2);
end


for i = 1 : n_BL
TCE_BL_i = DCE * inv(I - AD) * diag(Y_BEV_LFP( : ,i));
TCE_BL( : ,i) = sum(TCE_BL_i,2);
end


for i = 1 : n_BN
TCE_BN_i = DCE * inv(I - AD) * diag(Y_BEV_NMC( : ,i));
TCE_BN( : ,i) = sum(TCE_BN_i,2);
end


TCE_ICV_sum_perkm = sum(TCE_ICV,1)./1500;
TCE_PL_sum_perkm = sum(TCE_PL,1)./1500;
TCE_PN_sum_perkm = sum(TCE_PN,1)./1500;
TCE_BL_sum_perkm = sum(TCE_BL,1)./1500;
TCE_BN_sum_perkm = sum(TCE_BN,1)./1500;


xlswrite('TCE. xlsx',TCE_ICV,'ICV','B1');
xlswrite('TCE. xlsx',TCE_ICV_sum_perkm,'ICV','B46');


xlswrite('TCE. xlsx',TCE_PL,'PHEV_LFP','B1');
xlswrite('TCE. xlsx',TCE_PL_sum_perkm,'PHEV_LFP','B46');
xlswrite('TCE. xlsx',TCE_PN,'PHEV_NMC','B1');
xlswrite('TCE. xlsx',TCE_PN_sum_perkm,'PHEV_NMC','B46');
xlswrite('TCE. xlsx',TCE_BL,'BEV_LFP','B1');
xlswrite('TCE. xlsx',TCE_BL_sum_perkm,'BEV_LFP','B46');
xlswrite('TCE. xlsx',TCE_BN,'BEV_NMC','B1');
xlswrite('TCE. xlsx',TCE_BN_sum_perkm,'BEV_NMC','B46');
%%HLCA 总排放数据
other_ICV_total = TTW_CE_ICV + Vehicle_assembly_TCE + Vehicle_disassembly_TCE;
other_PL = (1 - UF). * TTW_CE_PHEV + UF. * charging_LFP_mean + Vehicle_assembly_
TCE + Vehicle_disassembly_TCE;
other_PL_total = repmat(other_PL,n_PL,1);
```

other_PN = (1 − UF). ∗ TTW_CE_PHEV + UF. ∗ charging_NMC_mean + Vehicle_assembly_TCE + Vehicle_disassembly_TCE；

other_PN_total = repmat(other_PN, n_PN, 1)；

other_B = Vehicle_assembly_TCE + Vehicle_disassembly_TCE；

other_BL_total = repmat(other_B, n_BL, 1)；

other_BN_total = repmat(other_B, n_BN, 1)；

HTCE_ICV = TCE_ICV_sum_perkm. ' + other_ICV_total；

HTCE_PL = TCE_PL_sum_perkm. ' + PL_assembly_TCE + PL_EOL_TCE + other_PL_total；

HTCE_PN = TCE_PN_sum_perkm. ' + PN_assembly_TCE + PN_EOL_TCE + other_PN_total；

HTCE_BL = TCE_BL_sum_perkm. ' + charging_LFP. ' + BL_assembly_TCE + BL_EOL_TCE + other_BL_total；

HTCE_BN = TCE_BN_sum_perkm. ' + charging_NMC. ' + BN_assembly_TCE + BN_EOL_TCE + other_BN_total；

%% 2018 销量加权不同类型汽车碳排放结果

sale_PL = variable_PL(:, 7)；

sale_PN = variable_PN(:, 7)；

sale_BL = variable_BL(:, 8)；

sale_BN = variable_BN(:, 8)；

sale_weighted_PL = HTCE_PL. ∗ sale_PL；

sale_weighted_PN = HTCE_PN. ∗ sale_PN；

sale_weighted_BL = HTCE_BL. ∗ sale_BL；

sale_weighted_BN = HTCE_BN. ∗ sale_BN；

sum_sale_weighted_PL = sum(sale_weighted_PL, 1)；

sum_sale_weighted_PN = sum(sale_weighted_PN, 1)；

sum_sale_weighted_BL = sum(sale_weighted_BL, 1)；

sum_sale_weighted_BN = sum(sale_weighted_BN, 1)；

xlswrite('HLCA. xlsx', HTCE_ICV, 'HTCE_ICV', 'C2')；

xlswrite('HLCA. xlsx', HTCE_PL, 'PHEV_LFP', 'C2')；

xlswrite('HLCA. xlsx', HTCE_PN, 'PHEV_NMC', 'C2')；

xlswrite('HLCA. xlsx', HTCE_BL, 'BEV_LFP', 'C2')；

xlswrite('HLCA. xlsx', HTCE_BN, 'BEV_NMC', 'C2')；

%% 2030 情景不同车型全生命周期碳排放

mean_HTCE = [HTCE_ICV, mean(HTCE_ICV, 1), mean(HTCE_PL, 1), mean(HTCE_BL, 1), mean(HTCE_BN, 1)]；

xlswrite('HLCA. xlsx',HTCE_ICV,'ICV','B2');

xlswrite('HLCA. xlsx',HTCE_PL,'PHEV_LFP','B2');

xlswrite('HLCA. xlsx',HTCE_PN,'PHEV_NMC','B2');

xlswrite('HLCA. xlsx',HTCE_BL,'BEV_LFP','B2');

xlswrite('HLCA. xlsx',HTCE_BN,'BEV_NMC','B2');

xlswrite('HLCA. xlsx',mean_HTCE,'mean','B2');

第 8 章

遥感卫星数据的介绍及其应用

8.1 遥感卫星数据的介绍

遥感卫星数据是指遥感卫星在太空探测地球地表物体对电磁波的反射及其发射的电磁波，从而提取该物体信息，完成远距离识别物体。传感器将这些电磁波进行转换，识别得到遥感卫星影像。而基于这些遥感卫星图片获取的数据被称为遥感卫星数据。由于遥感卫星数据具有广覆盖、长时间跨度、客观性易更新等优点，相关数据不仅在理工科使用，在人文社科领域也具有重要的应用价值。

8.1.1 两家国际著名遥感卫星数据提供公司

国际上，美国太空探索技术公司（Space X）和行星公司（Planet）是当前两家非常著名的提供遥感卫星数据的公司。Space X 是一家由 PayPal 早期投资人埃隆·马斯克于 2002 年 6 月建立的美国太空运输公司，它开发了可部分重复使用的猎鹰 1 号和猎鹰 9 号运载火箭。SpaceX 同时开发 Dragon 系列的航天器以通过猎鹰 9 号发射到轨道。SpaceX 主要设计、测试和制造内部的部件，如 Merlin、Kestrel 和 Draco 火箭发动机。2015 年 12 月 22 日，美国太空探索公司成功发射新型火箭 Falcon 9 FT，并在发射 10 分钟后回收了一级火箭。2018 年 2 月 7 日，成功发射了全世界运载能力最强的超级火箭——"猎鹰重型"。4 月 5 日，授权启动 5.07 亿美元的 I 轮融资。12 月 3 日，使用"猎鹰 9 号"火箭一次发射 64 颗卫星到地球轨道。

相较于太空探索技术公司，美国行星公司规模比较小。这家公司的前身是行星实验室，主要由美国国家航空航天管理局的离职人员组成。这家公司通过利用一些现成的元器件来制造卫星，大幅降低卫星的成本。太空探索技术公司的卫星质量高达 300 多千克，而行星公司的卫星质量仅仅为 5 千克左右。因此，行星公司可通过低成本发射的卫星，一天之内实现全球表面拍照的覆盖。这是行星公司诞生前，过去的公司难以实现的时间节省优势。所以，这家公司尽管规模不如太空探索技术公司，但是在业内有着非常大的名气，其拍摄的图片数据服务保险公司、证券公司、农产品生产厂商、防治火灾及自然灾害等广泛多元的客户。

8.1.2　遥感卫星数据的优势

遥感卫星数据具有传统统计数据无法比拟的优势。

第一，它最大的优点就是数据的可得性，我们现在可以得到过去得不到的数据。2008 年 "5·12" 大地震给四川省造成了巨大的损失。在地震发生以后，通向震中的道路全部被堵塞，通信也不畅通，很难及时了解一线的情况。但是遥感卫星数据可以帮助专家们对地震造成的人员伤亡、道路交通等的损毁做出比较准确的判断。地震发生以后，由于不可进入性，学者对地震造成的经济影响很难做出判断。但是，有了遥感卫星夜间灯光数据，这些问题现在已经得到了极大的改善，并发表在 *Environment and Development Economics*、*Journal of Development Economics*、*Journal of Peace Research*、*Journal of Development Economics* 等世界级杂志上。研究的问题包括海地 2010 年地震对宏观经济的影响、印度洋海啸对印度尼西亚亚齐省（Aceh）经济的影响以及战争的影响等。

第二，地理空间上的全覆盖。以遥感夜间灯光数据为例，这类数据产品基本能够覆盖全球超过 95% 的经济活动范围，将极大地补充一些由于经济不发达或是战乱导致数据无法获取的地区的基础数据。同时，由于该数据的空间分辨率达到了一千米乘一千米，更加微观的信息得以披露。因此，更小的行政区域，比如县域、乡镇、街道甚至村落的信息都可以被提取出来。毋庸置疑的是，这样的数据大大地推进了相关领域的学术研究，利用卫星数据全覆盖的特点，从而完成了我们过去无法实现的研究。

第三，数据可以用于人文社科领域的研究，如，2018 年 *Ecological Economics* 上有一篇文章对全球生态服务价值进行了研究，用的数据是土地覆盖数据，这也是卫星数据的一种。2019 年 *World development* 上发表的一篇文章研究了保护政策对哥伦比亚自然保护区的影响。2019 年 *Energy Policy* 上发表的一篇文章利用夜间灯光数据对中国能源强度是否达标进行了评估。另外，2016 年发表在 *American Economic Journal*：*Applied Economics* 上的一篇文章研究了印度尼西亚海盗和渔业收入之间的关系。2017 年发表在 *Journal of Urban Economics* 上的一篇文章利用夜间灯光数据研究了城镇聚集、基础设施与经济增长的关系。2019 年发表在 *Journal of Economic Policy Reform* 上的一篇文章利用卫星提供的长期的、准确的数据，探讨了这些数据能否有效地支撑以证据为基础的决策以及公共政策。2019 年发表在 *Research in Transportation Economics* 上的一篇文章探讨了交通网络对雅加达城市结构的影响。

8.1.3　国外应用广泛的遥感卫星数据

在遥感卫星发展的早期，其主要是应用在军事国防领域。随着遥感卫星技术的不断发展，在积累了海量的遥感卫星数据的基础上，国外，特别是欧美一些国家政府部门将中低分辨率的卫星遥感数据及其信息产品开放共享，并公开了对应的标准数据产品生产算法，极大拓展了全球遥感卫星领域的科学研究和业务应用的广度和深度。这些免费提供的中低分辨率遥感卫星数据可以被称为公益性的卫星遥感数据。公益性卫星数据的代表包括美国的 Terra/Aqua – MODIS 传感器、Landsat 卫星和欧洲的 Sentinel 卫星等获取的数据。

（1）Terra/Aqua – MODIS 传感器。

中分辨率成像光谱仪（MODIS）是美国国家航空航天局（NASA）管理的 Terra 和 Aqua 卫星上搭载的传感器，两颗卫星过境时间分别为上午和下午，形成互补，使得 MODIS 具备 4 次/天的时间分辨率。MODIS 数据可免费接收和无偿使用，全球许多国家和地区都在接收和使用 MODIS 数据。MODIS 数据包括 2 个 250 米分辨率、5 个 500 米分辨率、29 个 1 000 米分辨率的图像，可对陆地、海洋、大气进行高频次观测，为全球尺度、时间序列的科学问题研究提供了免费、高质量的原始数据和信息产品。如 NASA 发布的 MODIS 全球年度土地覆盖产品（MCD12Q1），可对 11 类自然植被、3 类人类活动、3 类非植被共 17 种土地覆盖类别进行 500 米尺度年度制图，MODIS 年度全球土地覆盖动态产品（MCD12Q2）可对植被物候进行 1 000 米分辨率尺度年度制图。

（2）Landsat 卫星。

美国陆地卫星 Landsat 计划自 1972 年以来，已发射 8 颗卫星（其中第 6 颗发射失败），2013 年发射的 Landsat – 8 卫星搭载的 OLI 传感器可获取 1 个 15 米分辨率全色波段、5 个 30 米分辨率可见近红外波段、2 个 30 米短波红外波段、1 个 30 米云检测波段，可满足对地观测的多数任务需求。Landsat 卫星由 NASA 和美国地质调查局（USGS）共同管理，Landsat 数据集及其处理算法公开发布，是全球中分辨率、长序列对地观测中使用的主要数据源。截至目前，由于 Landsat 具备免费提供可靠数据、公布数据处理算法、提供数据具有多样性等优势，在科研和实践领域中被广泛应用，并获得业内的一致好评。

（3）Sentinel 卫星。

欧洲航天局（ESA）在全球环境与安全监测计划（GMES）的支持下，自 2014 年以来共发射了 7 颗"哨兵"卫星，包括 2 颗合成孔径雷达（SAR）卫星（Sentinel – 1）、2 颗光学卫星（Sentinel – 2）、2 颗海洋卫星（Sentinel – 3）和 1 颗大气卫星（Sentinel – 5P），以上数据均可免费获取。Sentinel – 1 卫星是欧洲极地轨道 C 波段雷达成像系统，是 SAR 操作应用的延续。单个卫星每 12 天映射全球一次，双星座重访周期缩短至 6 天，赤道地区重访周期为 3 天，北极为 2 天。拥有干涉宽幅模式和波模式两种主要工作模式，另有条带模式和超宽幅模式两种附加模式。干涉宽幅模式幅宽 250 千米，地面分辨率为 5×20 米；波模式幅宽 20×20 千米，图像分辨率为 5×5 米；条带模式幅宽 80 千米，分辨率为 5×5 米；超宽幅模式幅宽 400 千米，分辨率为 20×40 米。Sentinel – 2 单星重访周期为 10 天，A/B

双星重返周期为 5 天。主要有效载荷是多光谱成像仪（MSI），共有 13 个波段，光谱范围在 0.4~2.4 微米之间，涵盖了可见光、近红外和短波红外。幅宽290 千米，空间分辨率分别为 10 米（4 个波段），20 米（6 个波段），60 米（3 个波段）。Sentinel–3 是一个极轨、多传感器卫星系统，搭载的传感器主要包括光学仪器和地形学仪器，光学仪器包括海洋和陆地彩色成像光谱仪（OLCI）、海洋和陆地表面温度辐射计（SLSTR）；地形学仪器包括合成孔径雷达高度计（SRAL）、微波辐射计（MWR）和精确定轨（POD）系统。能够实现海洋重访周期小于 3.8 天，陆地重访周期小于 1.4 天。在应用方面，Sentinel–1 的 SAR 影像已用于洪涝范围监测以及地震、滑坡、火山地形变化等灾害应急应用，而 Sentinel–2 获取的灾前和灾后影像可对灾情开展评估。

8.1.4　国内快速发展的遥感卫星数据

随着中国国内遥感卫星技术的成熟，形成了系统的卫星发射和信息加工体系，发展了多种分辨率配置、多种观测技术组合的全球观测和数据获取能力。目前国内重点发展陆地观测、海洋观测、气象监测等应用的遥感卫星。

陆地观测卫星主要包含高分卫星系列、环境灾害卫星系列、资源卫星系列和测绘卫星等。高分卫星依托高分辨率对地观测系统重大专项（高分专项）建设，由中国航天科技集团公司所属空间技术研究院研制。高分专项是《国家中长期科学与技术发展规划纲要（2006—2020 年)》确定的 16 个重大科技专项之一，于 2010 年启动实施。截止到 2020 年 10 月，高分系列已经从高分一号发展到高分十三号，其中包括高分一号（GF–1、GF–1B、GF–1C、GF–1D 共 4 颗卫星）、高分二号、高分三号、高分四号、高分五号、高分六号、高分七号。"高分一号"为光学成像遥感卫星；"高分二号"也是光学遥感卫星，但全色和多光谱相机的空间分辨率都提高了 1 倍，分别达到了 1 米全色和 4 米多光谱；"高分三号"为 1 米分辨率微波遥感卫星，也是中国首颗分辨率达到 1 米的 C 频段多极化合成孔径雷达（SAR）成像卫星；"高分四号"为地球同步轨道上的光学卫星，可见光和多光谱分辨率优于 50 米，红外谱段分辨率优于 400 米；"高分五号"不仅装有高光谱相机，而且拥有多部大气环境和成分探测设备，如可以间接测定 PM2.5 的气溶胶探测仪；"高分六号"的载荷性能与"高分一号"相似；"高分七号"则属于高分辨率空间立体测绘卫星。这些高分系列卫星搭载了包括光学及多高光谱、SAR、中波红外等传感器，实现了高空间分辨率、高时间分辨率、高光谱分辨率的对地观测。

我国使用的海洋观测卫星系列主要包括两个星座（海洋水色卫星星座、海洋动力卫星星座）和一类专题卫星（海洋环境监测卫星），用于全天候定时提供全球海洋信息。这些海洋观测卫星系列的遥感器感测来自海面的电磁辐射，以监视、分析和研究海洋环境的技术。它对于研究大面积的海洋动态现象，提高海洋水文气象预报的准确率，开发海洋资源，发展海运事业和沿岸及近海工程建设，军事上用于监视海上舰只、水下潜艇的活动以及监测海洋污染等都具有重要意义（蒋学伟等，2016）。

另外，我国的气象卫星系列主要为风云（FY）系列，为现代气象业务和国民经济建设提供了重要的科技支撑。到目前为止，风云已发展为两类四个系列的卫星谱系：地球静止轨道气象卫星，包括"风云二号"和"风云四号"，风云二号系列已成功发射 8 颗卫星，风云四号系列已成功发射 1 颗卫星；极地轨道气象卫星包括"风云一号"和"风云三号"，风云一号系列已成功发射 4 颗卫星，风云三号系列已成功发射 4 颗卫星。[①] 经过 30 年的发展，我国气象卫星已实现了业务化、系列化，并率先实现了我国应用卫星从试验应用型向业务服务型转变的目标。风云卫星数据预处理、产品生成、数据应用技术取得了全面进步。中国的气象卫星最早达到世界认可的水平，在国际气象组织当中首屈一指。

8.2　当前经济管理领域常用遥感卫星数据及其应用

随着遥感卫星数据处理技术的发展，遥感卫星数据不再仅仅局限于地理学、生态遥感、环境科学等学科，其在经济管理领域中也逐渐被广泛接受和应用起来。同时，相较于传统统计数据在客观性、时间跨度和空间覆盖上的弊端，遥感卫星数据特别适用于以下场景：一是统计数据缺乏，如边疆地区、非洲地区等；二是在跨国研究中可能有统计口径不一致、数据质量参差不齐的情况，如研究全球的经济发展；三是在战争、地震、飓风等灾难时期，统计数据不易获取；四是统计数据易受主观因素的干扰，缺乏数据的信度和效度，如探讨中国各省份公布的 GDP 是否存在高估或者低估的情况。本节将重点介绍一些在经济管理研究领域常常被使用的遥感卫星数据。

8.2.1　夜间灯光数据 DMSP/OLS

自从 1834 年第一台电动机诞生，人类开始可以使用电力并进入了电器化高度发展的时代。在此过程中，电灯这样的人造光源开始被人类使用，极大地改变了过去人类日出而作、日落而息的习惯，从而影响了人类的经济社会活动。为了详细掌握人类夜间活动所引起的地球表面亮度分布状况，20 世纪 70 年代美国启动了国防气象卫星计划（Defense Meteorological Satellite Program，DMSP）。该计划的部分卫星搭载了线性扫描业务系统（Operational Linescan System，OLS），用于捕获夜间地表微弱的灯光辐射，并生产出一系列年度无云的夜间灯光影像。

当前夜间灯光数据的获取，最早源于美国海洋与空间管理局（NOAA）下面美国国家地理数据中心（NGDC）在 2010 年免费公开的第四版 DMSP/OLS 的夜间灯光数据，该数据的公开大大降低了学界利用卫星数据的技术门槛。所以，DMSP/OLS 是最主要的灯光数据。这个数据目前可以使用的范围是 1992～2013 年。影像数据的分辨率大约为 1 000 米，有 6 个不同的 DMSP 卫星——F10（1992～1994 年）、F12（1994～1999 年）、F14（1997～

---

① 　相关资料来源于 360 百科词条。https：//baike.so.com/doc/5393148 - 5630075.html。

2003 年）、F15（2000～2007 年）、F16（2004～2009 年）、F18（2010～2013 年），所有影像均可在 NGDC 的网站下载。每期 DMSP/OLS（Version 4）非辐射定标的夜间灯光影像包括 3 种全年平均影像：无云观测频数影像、平均灯光影像和稳定灯光影像。无云观测频数影像主要提供全年剔除了云遮挡的观测数据，不易受噪声影响，但覆盖区域有限。平均灯光影响只提供非稳的平均灯光强度年度栅格影响。稳定灯光影像是标定夜间平均灯光强度的年度栅格影像，该影像包括持久光源且去除了月光云、光火及油气燃烧等偶然噪声的影响。影像的参考系为 WGS – 84 坐标系，获取幅宽为 3 000 千米，空间分辨率为 30 弧秒（在赤道附近约为 1 千米，北纬 40 度处约为 0.8 千米）。影像的覆盖范围为经度 – 180 度至 180 度，纬度 – 65 度至 75 度（基本覆盖了全球存在人类活动的所有区域）。影像的像元 DN 值代表平均灯光强度，其范围为 0～63。像元 DN 值为 0 的区域是无灯光区域，影像中的像元 DN 值越大表示该区域的灯光强度值越大。

　　总体而言，夜间灯光 DMSP/OLS 数据具有应用广泛性、时空全面性、客观性与一致性以及良好的数据匹配性，其既可以作为代理经济变量，又可以代理人口变量，既可以应用于全球各国，也可以用于某省某市；既修正了传统数据主观偏误，又能克服时空差异导致的不一致性。经济类、管理类和社会科学类研究可以利用该数据的良好匹配性，与其他的数据相互匹配使用，进而从经济、社会和政治角度更深入地认识社会运行的内在机制。

8.2.2　夜间灯光数据 NPP/VIIRS

　　尽管 DMSP/OLS 夜间灯光数据揭开了人类活动及城市化进程研究的序章，但是其本身存在众多的缺陷，如分辨率过低、只提供相对辐射值、不连续、饱和度问题等。这些缺陷导致了相关的研究存在一定的误差。新一代夜间灯光数据 NPP/VIIRS（National Polar – Orbiting Partnership Visible Infrared Imaging Radiometer Suite）提供的图像分辨率达到了 500 米，数据为绝对辐射值。它的出现有效地弥补了 DMSP/OLS 夜间灯光数据在空间分辨率、时间分辨率和辐射分辨率等方面的短板，极大地拓展了夜间灯光数据的研究方向和应用领域。

　　具体而言，可见光红外成像辐射计套件（VIIRS）夜间灯光影像由 Suomi 国家极地轨道合作伙伴（NPP）卫星获取。NPP – VIIRS 最初设计用于监测大气和环境，其夜间灯光影像是无云条件下获取的。研究采用 Suomi – NPP 卫星搭载的可见光红外成像辐射仪传感器（VIIRS）的 DNB 波段，该波段对于波段范围内的微弱光具有非常高的敏感性，能敏锐地对夜间的光亮进行捕捉，包括城市、油田、渔船等产生的灯光。它的数据覆盖范围广，全球主要地域数据都能获取，有将近 3 000 千米宽，可拍摄范围覆盖了从南纬 65 度到北纬 70 度的区域，空间分辨率为 15 弧秒（arc sec）。

8.2.3　夜间灯光数据的应用领域介绍

　　相比于普通的遥感卫星影像，夜间灯光遥感所使用的夜间灯光影像记录的地表灯光强度信息能够更直接地反映人类活动差异，因而被广泛应用于城市发展模式、不透水面提取、生态环境评估等领域。

有关城市化发展的研究，夜间灯光数据也能够发挥重要的作用。不同于 Landsat 系列、SPOT 系列等传感器对地表太阳辐射的探测，由于夜间灯光直接与人类经济活动高度相关，从而能够间接地依据灯光的强弱将城市、农村以及两者的交叉区域边界刻画出来，进而估计城市边界、城镇建筑用地。当前运用夜间灯光数据提取城市化区域的办法主要包括阈值切割法、多时相图像融合法、支持向量机法等。比如：萨顿等（Sutton et al.，2011）采取经验阈值法的思路，利用本人的主观经验将研究区域分割得到城市和农村区域；斯莫尔等（Small et al.，2005）将不同时间序列经过处理的灯光观测频率影像进行了 RGB 合成，通过图像颜色的变化实现城市扩张及城市发展方向、趋势的探测；为了避免经验阈值法在灯光影像城市区提取中可能出现的主观性干扰，曹等（Cao et al.，2009）在传统支持向量机（support vector machine）的基础上提出了支持向量机区域增长算法，更加高效、准确地实现城市建成区的提取；高亚红等（2017）基于 DMSP/OLS 夜间灯光数据，运用支持向量机分类算法提取南京市 1992～2013 年城镇用地信息，结果的采样区域总体精度和 Kappa 系数平均值分别达到 88.35% 和 0.56，能够较为精确地分析南京城镇化扩张的进程。

夜间灯光数据可用于环境方面，特别是能源消费和温室气体研究。由于夜间灯光与人类经济活动的高度相关性以及环境问题主要源于人类活动，夜间灯光数据还可用于估计能源消费、二氧化碳排放、PM2.5 浓度等。比如，赵楠等（2018）运用 DMSP/OLS 夜间灯光估算了中国 1995～2009 年能源消费情况；戈什等（Ghosh et al.，2010）使用 DMSP/OLS 夜间灯光数据和人口分布数据，分别对全球二氧化碳排放量空间分布进行模拟，并将模拟的结果相结合生成了全球 1 千米分辨率的二氧化碳排放量空间分布图。

在 PM2.5 的估计方面，夜间灯光能够很好地对检测数据进行补充和反演。频繁出现的雾霾天气严重影响了城市居民的身心健康和生存质量。同时，PM2.5 的过量排放不仅会导致降低雾霾成本高昂，还会在医疗费用和工作时间损失方面间接造成一些社会成本。作为发展中国家，中国正处于加速城市化和工业化进程中，PM2.5 污染日益严重。为此，政府重点制定了《大气污染防治法》《煤炭消费向天然气消费转变》《"十二五"期间 PM2.5 浓度减排目标》等一系列政策法规。同时，政府还采取了多项措施对 PM2.5 进行监测。例如，建立了数千个 PM2.5 监测观测站，自 2012 年以来每小时和每天报告空气质量。但是这样的检测站覆盖面有限，且成本过高。因此，一些学者采用夜间灯光反演出 PM2.5 的数据。李润亚（2015）则基于日均夜间灯光数据，建立了 BP 神经网络模型用于反演地表 PM2.5 浓度。赵笑然等（2017）以北京市作为研究区，基于 DNB 微光辐射数据和 PM2.5 监测站点数据及支持向量机方法，建立了夜间城市 PM2.5 质量浓度反演模型。

夜间灯光数据还可以应用在提高不透水面提取精度的工作中。不透水面指由各种不透水建筑材料（如水泥、沥青、瓷砖等）覆盖的表面，其与城市化发展高度相关。例如，程熙等（2017）集成了夜间灯光遥感和多光谱遥感数据（Landsat TM 影像），通过图像分区的方式在像元级别实现了不透水面区域的自动提取。

8.2.4　基于遥感卫星的净初级生产力数据及应用

植被净初级生产力（net primary productivity）是指绿色植物在单位时间、单位面积上所积累的有机干物质总量，是光合作用所产生的有机质总量中扣除自养呼吸后剩余的部分。植被净初级生产力是表征植被活动的重要指标，也是判定陆地生态系统碳循环和碳汇的重要指示因子，主要受气候与土地利用变化因子的影响。

植被净初级生产力的估算包括实地勘探、经验模型（比如 Chikugo 模型）和基于遥感影像估计的方法（比如 BIOME – BGC 模型、CASA 模型）。实地勘探方法在测算精度上最高，但是成本非常高，同时所能够达到的空间和时间上的覆盖度非常有限。经验模型往往是根据已有的相关基础数据结合田野调查数据进行预测。虽然其得到的数据在时间跨度和空间覆盖上比实地勘探更优，但是往往精度不高。目前最广为应用的是基于遥感卫星拍摄影像测算的方法，其测算的植被初级生产力在精确度、成本、时间跨度和空间覆盖上都有了更大的优势。目前有关植被净初级生产力测算的研究非常丰富，但是不同学者采用不同的模型参数和原始数据（包括温度、太阳辐射、降雨量等）得到了不同的结果。为了减少重复测算工作，美国国家航空航天局（NASA）的 EOS/MODIS 提供现成的植被净初级生产力数据，比如版本 6 的 MOD17A3H 产品。该产品是 Terra 卫星上搭载的 MODIS 传感器生成的净初级生产力影像数据产品。其采用 BIOME – BGC 模型和光能利用率模型，模拟得到全球生态系统的年初级净生产力值。版本 6 的 MOD17A3H 与过去版本 5.5 的 MOD17A3H 相比，使用了新的生物属性调查表（BPLUT）和新版的全球模型与融合室（GMAO）的日气象数据对净初级生产力数值进行模拟，提高了估算精度，数据的空间分辨率提高到 500 米左右，时间分辨率为 1 年，时间跨度为 2000～2019 年。

在净初级生产力的应用方面，除了能够揭露植物在单位时间、单位面积上所积累的有机干物质总量外，也可用于估计植被的二氧化碳固定研究。比如，陈建东 2019 年发表在 *Applied Energy* 和 2020 年发表在 *Scientific Data* 上面的研究就采用陆生植被的净初级生产量估计了植被净生产力下吸收了多少二氧化碳，从而推算出其碳固定量。同时，由于植被覆盖度高的地区往往降雨和温度适宜，也常常和人口分布高度相关。

8.3　遥感数据处理和应用的实例介绍

本部分我们以陈建东及其研究团队于 2020 年发表在《科学数据》上中国县域 1997～2017 年二氧化碳排放和固定的测算为例介绍 DMSP/OLS、NPP/VIIRS 夜间灯光数据和 MOD17A3H 陆生植被净初级生产力数据的应用，以及全球 1992～2019 年 1 平方千米网格化 GDP 和电力消费的计算。

8.3.1 中国县域二氧化碳排放以及植被固碳能力数据的测算

由于中国少有人提供县级的二氧化碳数据和陆生植被固碳数据，而这些数据对于中国县级政府在实施中央、省、市政府推出的减排政策中提供了重要的支撑作用，因此，陈建东教授及其研究团队首先采用校对后的夜间灯光数据（由 DMSP/OLS 和 NPP/VIIRS 遥感卫星图像），基于 PSO - BP 神经网络算法，自上而下地估计了 1997 ~ 2017 年间中国 2 735 个区县的二氧化碳排放数据。随后，基于陆地植被的净初级生产力数据（由 MODIS NPP 遥感卫星图片提供）测算了 2000 ~ 2017 年陆生植被净初级生产力固定的碳排放数据。在使用以上遥感卫星数据之前，考虑到遥感卫星图像中存在不连续、白噪声和填充值等问题，所以这些数据集在进一步使用前需要进行预处理。

DMSP/OLS 图像收集于 1992 ~ 2013 年期间，这些数据存在不连续、过饱和、无可比性等问题。因此，我们采用了以往研究提出的相互校准、辐射校准、年内组成和年际系列校正方法来获得连续且稳定的 DMSP/OLS 图像。第一步，采用中国县域的矢量图掩膜提取出研究区域。第二步，采用不变区域法进行饱和度校正。研究选择 2006 年中国黑龙江省鹤岗市 F162006 辐射定标的夜间灯光影像为不变参考区域，并在每一期的 DMSP/OLS 印象中提取相对应区域的 DN 值与辐射定标的 DN 值分别建立不同的幂函数关系（每一期待校正影像与参考影像的幂回归校正模型的参数值和相关系数估算值见表 8 - 1）。借助估计的幂函数参数，我们将 DMSP 卫星——F10（1992 ~ 1994 年）、F12（1994 ~ 1999 年）、F14（1997 ~ 2003 年）、F15（2000 ~ 2007 年）、F16（2004 ~ 2009 年）、F18（2010 ~ 2013 年）中的每一张图片数值重新修正以解决饱和度的问题。第三步，开展传感器之间的校对。由于在 1994 年、1997 ~ 2009 年之间均有两个传感器提供数据，我们采用求平均值的方式得到不同传感器在相同年度的 DN 值，公式如下：

$$DN_{(n,i)} = \begin{cases} 0 & DN^a_{(n,i)} = 0 \& DN^b_{(n,i)} = 0 \\ \dfrac{\left[DN^a_{(n,i)} + DN^b_{(n,i)} \right]}{2} & otherwise \end{cases} \quad (8.1)$$

其中 $DN_{(n,i)}$ 表示两种传感器在特别年份所应的 DN 值（$n = 1994$ 年，1997 ~ 2007 年）。然后，根据"第二年稳定 DN 值一定不小于第一年的稳定 DN 值"的原则，研究开展连续性校对并得到 1992 ~ 2017 年连续稳定的夜间灯光数据，公式如下：

$$DN_{(n,i)} = \begin{cases} DN_{(n-1,i)}, & DN_{(n-1,i)} > DN_{(n,i)} \\ DN_{(n,i)}, & otherwise \end{cases} \quad (8.2)$$

最后，采取分区表格统计的方式得到中国 2 735 个区县 1992 ~ 2013 年 DMSP/OLS 的平均 DN 值和 DN 值之和。

表 8 - 1　　DMSP/OLS 数据的幂函数模型系数（2006 年的辐射定标图作为参考图像）

卫星	年份	d	e	R^2
F10	1992	1.158	1.17	0.7955
F10	1993	2.105	0.896	0.8103
F10	1994	1.264	1.127	0.9093
F12	1994	3.074	0.765	0.8909
F12	1995	1.3	1.073	0.9151
F12	1996	1.491	1.029	0.9018
F12	1997	0.947	1.192	0.8952
F12	1998	0.884	1.167	0.822
F12	1999	1.473	1.008	0.8657
F14	1997	2.264	0.97	0.8619
F14	1998	1.485	1.077	0.8629
F14	1999	1.454	1.137	0.8395
F14	2000	1.282	1.108	0.8628
F14	2001	1.179	1.129	0.8978
F14	2002	1.598	0.987	0.9242
F14	2003	1.394	1.038	0.8729
F15	2000	1.196	1.075	0.8514
F15	2001	1.341	1.033	0.8423
F15	2002	0.889	1.151	0.8411
F15	2003	1.824	0.974	0.8427
F15	2004	1.236	1.07	0.8838
F15	2005	1.764	0.937	0.8564
F15	2006	1.225	1.061	0.9066
F15	2007	1.324	1.067	0.9103
F16	2004	0.807	1.143	0.879
F16	2005	1.058	1.119	0.9191
F16	2006	1.005	1.117	0.9352
F16	2007	0.965	1.109	0.8911
F16	2008	0.855	1.108	0.948
F16	2009	0.543	1.175	0.9176
F18	2010	0.273	1.304	0.8914
F18	2011	0.694	1.09	0.8351
F18	2012	0.474	1.179	0.8743
F18	2013	0.418	1.153	0.8501

注：其中 d 和 e 分别代表幂函数中的常数项和指数。

　　针对 NPP/VIIRS 图像数据，使用月度 NPP/VIIRS 图像合成年度图像，而不是年度数据。原因是年度数据中白噪声较多，且与 GDP 等指标的相关性较低。此外，由于杂散光污染的影响，中国夏季中高纬度地区的照明数据有较大的误差。因此，删除了 6 ~ 8 月的图像，并利用余下的月度数据来合成年度数据。进一步，本研究使用了窗口大小为 5 × 5 的高斯低通滤波器来减少 NPP/VIIRS 图像的空间变化，平滑数据，以更好地匹配 DMSP/OLS 图像。根据李等（2017）的研究，σ 值设定为 1.75。为了进一步减少 NPP/VIIRS 图像的白噪声，我们将负值替换为零，并将年度图像的阈值设置为 0.3 辐射强度/立方米（Watts/cm^2/sr），这与以往的研究一致。根据得到的 2013 ~ 2017 年的 NPP/VIIRS 图像，我们采取分区表格统计的方式得到中国 2 735 个区县 2013 ~ 2017 年的平均 DN 值。

　　由于 DMSP/OLS 和 NPP/VIIRS 图像来自不同类型的卫星，两组数据中存在明显的差距。具体来说，差异来自使用不同的传感器、不同的空间分辨率、不同的传播函数等。然而，差异解释机制仍然像一个"黑匣子"。因此，单纯依靠一般计量经济学线性回归的函数形式可能无法很好地匹配两套数据，并会导致巨大的误差。因此，研究使用人工神经网络（ANN）来探索 DMSP/OLS 和 NPP/VIIRS 数据之间的关系，而不是传统的计量经济学方法。

　　进一步，由于在以前的研究中反向传播（BP）算法在构建回归和获得局部乐观结果方面表现良好，所以该研究采用了 BP 算法。同时，考虑到粒子群优化算法（PSO）在探索全局优化方面能够避免单独 BP 算法容易陷于局部最优的弊端，研究将粒子群优化算法（PSO）与反向传播（BP）算法相结合，用于拟合 DMSP/OLS 和 NPP/VIIRS 数据之间的函数关系。

　　对于输入参数，选择 2013 年 NPP/VIIRS 的县级平均像素值（NPP/VIIRS）作为输入。鉴于中国个体数据的地理异质性，我们采用最小边界法获取各县中心地理坐标，并使用 Arcmap 10.5 获取各县的面积。然后，选择中心地理坐标和各县的面积作为补充输入参数，大大提高了两组数据的匹配精度，减小了误差。此外，对于输出参数，我们选择 2013 年 DMSP/OLS 的县级平均像素值（DMSP/OLS）。基于使用 PSO 技术初始化 ANN 权重的思路，我们将学习因子 C1 和 C2 的值都设置为 2.0，最大迭代次数设为 50，种群大小设为 20。此外，模型的结构设置为一个隐藏层，隐藏层中有五个节点，这与穆罕默德等（Mohamad et al.，2018）的工作一致。整个研究中区县的样本总数为 2 826 个。研究从其中随机抽取 2 000 个样本作为训练样本，其余 826 个样本作为测试样本。

　　图 8 - 1 报告了 2013 年 NPPVIIRS 平均 DN 值和 DMSP/OLS 平均 DN 值的训练结果。总体而言，2013 年平均像素值训练结果的相关系数值均大于 0.9，表明 ANN 有利于识别 DMSP/OLS 和 NPP/VIIRS 数据之间的潜在关系。在结果中，很明显，考虑地理坐标和面积的模型［即子图（a）和（c）］显示出比仅使用 NPP/VIIRS 数据的县级平均像素值作为输入参数的模型更好的拟合效果［即子图（b）和（d）］。此外，PSO - BP 算法的相关系数值高于 BP 算法，说明 PSO - BP 算法更适合确定 DMSP/OLS 和 NPP/VIIRS 图像之间的潜在匹配关系。

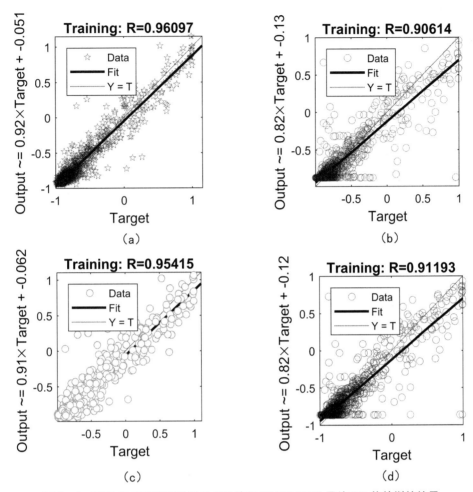

图 8 - 1　2013 年 NPPVIIRS 平均 DN 值和 DMSP/OLS 平均 DN 值的训练结果

注：（a）基于粒子群优化—反向传播（PSO - BP）算法，同时将面积和区县中心坐标作为输入参数的结果；（b）基于 PSO - BP 算法，但不考虑加入面积和区县中心坐标；（c）基于 BP 算法，同时将面积和区县中心坐标作为输入参数的结果；（d）基于 BP 算法但不考虑加入面积和区县中心坐标。

图 8 - 2 显示了四种模型的测试性能，这些结果可用于识别每种模型的拟合效果。测试数据集的子图（a）中的最高相关系数值为 0.96361，表明所提出的 PSO - BP 算法能有效地把 2014～2017 年中国县域 NPP/VIIRS 中的平均 DN 值转化为 DMSP/OLS 的尺度。

此外，匹配工作尚未完成。虽然 PSO - BP 算法得到的相关系数接近于 1，但匹配后的部分区县依旧存在明显且不可避免的误差，这个问题在过去的相关研究中也存在。因此，我们先将 2013～2017 年 NPP/VIIRS 转换为 DMSP/OLS 尺度，然后用转换后数据的年增长量加上 2013 年的原始 DMSP/OLS 数据，从而获得 2014～2017 年最终模拟的 DMSP/OLS 数据，避免 2013～2014 年部分地区出现明显误差和不连续的缺点。综上所述，基于 PSO - BP 算法，我们可以将 2013～2017 年 NPP/VIIRS 数据的尺度转换为 DMSP/OLS 数据的尺度，获得 1997～2017 年稳定连续的县级夜间灯光数据，为进一步计算县级二氧化碳排放量奠定基础。

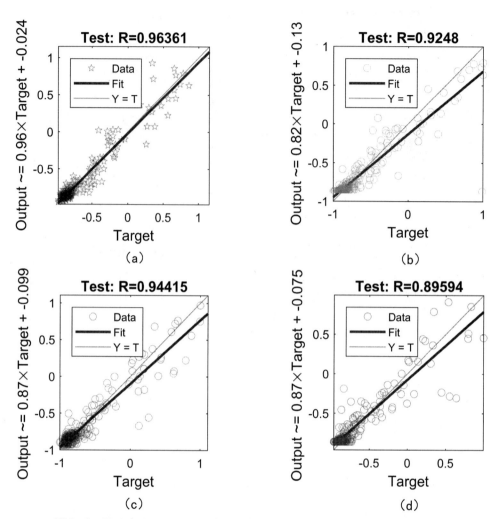

图 8 - 2 2013 年 NPPVIIRS 平均 DN 值和 DMSP/OLS 平均 DN 值的测试结果

注：（a）基于粒子群优化—反向传播（PSO - BP）算法，同时将面积和区县中心坐标作为输入参数的结果；（b）基于 PSO - BP 算法，但不考虑加入面积和区县中心坐标；（c）基于 BP 算法，同时将面积和区县中心坐标作为输入参数的结果；（d）基于 BP 算法但不考虑加入面积和区县中心坐标。

    中国县级二氧化碳排放的测算主要是基于自上而下的思路。首先运用 PSO - BP 算法建立校对后 1997 ~ 2017 年省市的夜间灯光数据与对应二氧化碳排放之间的关系，然后拟合出碳排放与夜间灯光（DN 值之和）之间的比例关系。随后，以 2 735 个区县的夜间灯光值（DN 值之和）为权重，切割得到其对应的二氧化碳排放值。在开展拟合之前，为避免伪回归问题，我们采用单位根检验来验证省级二氧化碳排放量与 DN 值之和之间的平稳性。

    结果如表 8 - 2 所示。显然，DN 值总和与二氧化碳排放量不能完全满足平稳条件，但它们可以满足一阶单整的条件。然后，根据佩德罗尼（Pedroni，1999）的方法，研究采用协整 Pedroni 检验省级二氧化碳排放量与 DN 值之和是否存在长期稳定的关系。大多数测试导致拒绝无协整的原假设，从而表明省级碳排放量与 DN 值之和之间存在显著的协整关系。因此，研究有理由使用 PSO – BP 算法拟合省级二氧化碳排放量与 DN 值之和的关系，从而最终测算出 1997 ~ 2017 年中国 2 735 个区县的二氧化碳排放数据。其中，夜间灯光（DN 值之和）与二氧化碳排放关系的拟合结果见图 8 – 3。

表 8 – 2　　　　　　　　　　　　面板单位根检验和协整检验结果

变量	LLC		IPS	
	水平	一阶差分	水平	一阶差分
DN 值总和	0. 7541 （0. 7746）	– 8. 0742 *** （0. 0000）	12. 3274 （1. 0000）	– 7. 2143 *** （0. 0000）
二氧化碳排放	– 2. 0716 ** （0. 0191）	– 5. 2931 *** （0. 0000）	7. 0507 （1. 0000）	– 8. 2347 *** （0. 0000）
Pedroni 检验	Panel PP 统计量	Panel ADF 统计量	Group PP 统计量	Group ADF 统计量
	2. 4199 *** （0. 0078）	5. 2237 *** （0. 0000）	1. 2318 （0. 1090）	3. 7719 *** （0. 0001）

注：（1）括号内的值为 p 值；LLC 表示 Levin、Lin 和 Chu t 检验，而 IPS 表示 Im、Pesaran 和 Shin Wald 统计检验。（2）所有系列的 LLC 和 IPS 测试都包含截距项。（3） ** 和 *** 符号分别表示在 5% 和 1% 显著性水平下拒绝单位根的零假设。

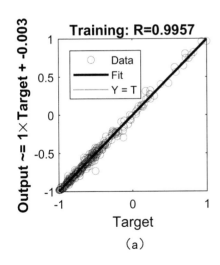

（a）

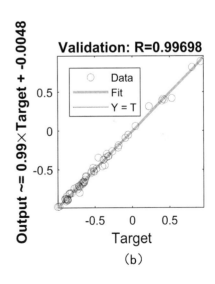

（b）

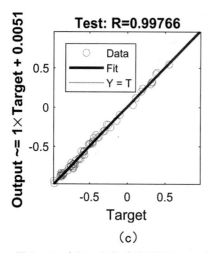
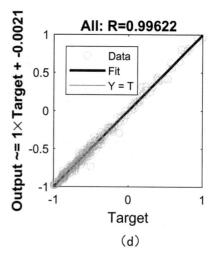

图 8 – 3 省级二氧化碳排放量与 DN 值总和之间关系的训练、测试、有效性和全部拟合结果
注：（a）~（d）分别表示参数模拟的训练集结果、测试集结果、算法有效性和全部样板结果。

关于中国区县碳固定的测算，我们主要是根据陆生植被净初级生产量来推算的。考虑到陆生植被净初级生产量反映绿色植物在单位时间、单位面积上所积累的有机干物质总量，是光合作用所产生的有机质总量中扣除自养呼吸后剩余的部分，我们借助光合作用化学方程式可以反推一单位有机碳对应吸收了多少大气中的二氧化碳，从而测算出碳固定值。光合作用公式如下：

$$6CO_2(264gram) + 6H_2O(108gram) \rightarrow C_6H_{12}O_6(180gram)$$
$$+ 6O_2(192gram) \rightarrow polysaccharides(162gram) \qquad (8.3)$$

根据等式（8.3），植物净初级生产力产生 1 克多糖（即干物质）时将吸收约 1.62 克二氧化碳。因此，大气二氧化碳吸收与干物质之比设为 1.62。结合干物质中碳含量的百分比和大气中二氧化碳的吸收与干物质之比，我们可以得到吸收二氧化碳排放的转化系数，即通过光合作用以干物质形式形成的每克碳。

关于陆生植被净初级生产力的原始数据，我们采用美国国家航空航天局（NASA）提供的 MOD17A3 产品来获取。至于 MOD17A3H 的使用，对数据提取和分析之前，需要使用 MODIS 重投影工具（MRT）对 HDF 格式的 MOD17A3H 数据集进行波段提取、影像拼接，将影像投影坐标重新定义为 WGS_1984_Albers 投影，并将文件格式转换为 TIF 格式。根据 MOD17A3H 数据的产品说明，MOD17A3H 的有效值为 3 000 ~ 32 700，该范围以外的都为无效值，利用 Arcgis 属性提取工具对裁剪结果进行有效值提取。根据用户指南获取有效值后，还需要乘以 0.0001 的转换系数。之后，我们获得了净初级生产力数据。然后，采用中国区县级矢量图裁剪结果进行掩膜提取并按分区统计得到了每个区县对应的净初级生产量。进一步，根据植被光合作用的化学方程式推算植被净生产量所吸收的二氧化碳量。

8.3.2 全球 1 平方千米网格化 GDP 和电力消费

经济活动对人类的生存和发展至关重要。在社会组织和秩序的推动下，人类利用劳动和其他生产资料来交换商品与服务，以创造、转化和实现经济价值。一个国家或地区的经济产出是其在一定时期内创造的经济价值的积累。其中，国内生产总值是全球最普遍的指标。此外，电力消费是间接反映居民的经济状况和生活质量的补充指标，因为电是工业化和现代居民日常生活中不可缺少的一部分。特别是，不同行业和部门对电力的大量消耗，为经济增长做出了重要贡献。许多研究报告指出，电力的供应提高了贫困人口的生计，其用电模式反映了人们的生活质量和生活方式。因此，许多学者关注到 GDP、电力消费及其时空变化。例如，亨德森等（Henderson et al.，2012）使用 DMSP/OLS 的夜间灯光数据来修正现实世界各个国家的实际 GDP 增长。格雷罗等（Guerrero et al.，2019）也采用 DMSP/OLS 夜间灯光数据提出了一种改进的方法来修正基于单一国家的实际 GDP 增长。还有学者分析了中国工业部门电力消费增长的主要原因（Wang et al.，2010）。然而，大多数研究都是基于特定的行政区域，微观层面（如小城镇、乡村和企业集群）GDP 和电力消费的详细时空变化则难以获取。

因此，少数研究根据一些工具变量估算了具有特定分辨率的网格化 GDP 和电力消费。目前，网格化人口和夜间灯光数据是最受欢迎的变量，由于其与经济产出和用电有很强的相关性而被广泛采用。例如，库穆等（Kummu et al.，2018）将地方人均 GDP 与网格化人口数据相结合，估算出 1990~2015 年的网格化 GDP 数据。同样，基于 GDP 与夜间灯光数据的区域比值，也有学者计算了 2000~2015 年中国 1 平方千米的网格化 GDP（Zhao et al.，2017）。在网格化电力消费方面，有学者利用 DMSP/OLS 夜间灯光数据估算了 1992~2013 年 1 千米分辨率的网格化电力消费（Shi et al.，2016）。

现有关于估算的网格化 GDP 和电力消费数据集的文献存在一定的局限性：（1）在许多研究中，网格化 GDP 数据仅是根据官方 GDP 统计数据估算的；然而，一些国家，特别是发展中国家（如中国和一些非洲国家）公布的 GDP 增长，可能由于统计方法不当等原因而存在误差。尽管夜间灯光数据作为一个具有全球可比性、客观性、高度经济性的关键变量，已被广泛用于校正经济增长数据，但它尚未应用于现有的网格化 GDP 测量研究。实际上，大多数关于网格化 GDP 测量的研究都是直接使用网格化夜间灯光强度作为分配权重来分配一个国家的官方 GDP 并计算网格数据的。因此，在这类研究中，网格化 GDP 的增长率可能是不准确的。（2）网格化 GDP 数据大多是基于同一国家的 GDP 与夜间灯光数据比例相同的假设，忽略了网格在空间上的异质性。（3）此外，由于 DMSP/OLS 和 NPP/VIIRS 产品之间的差距，基于夜间灯光数据估算的网格化 GDP 的长时间跨度有限。（4）此外，现有数据集的时间跨度较短且过时，与其他最新数据不匹配。同样，对于网格化电力消费数据的研究，它们也存在一些局限：（1）由于用电和夜间灯光数据有限，仅获得到 2013 年的场跨度数据；（2）基于各地区电力消费和夜间灯光数据比例相同的假设，计算电力消费时采用的模型很简单，从而无法反映网格在空间上的异质性。

虽然夜间灯光数据作为一个单一的指标，可能忽略因林业或荒漠化而增加或减少价值等因素，但它仍然是校准经济增长的有效指标。被忽视因素对经济总产出的影响是有限的，而夜间灯光作为卫星数据，具有其他指标（如网格化人口数据）无法超越的优势，如客观性、广泛性和与经济指标的高度相关性等。DMSP/OLS（1992－2013）和 NPP/VIIRS

（2012 - ）图像具备时间跨度长、空间覆盖面广、易于获取和更新等优势，因此是目前使用最广泛的夜间灯光数据。然而，这两组夜间灯光数据之间存在明显的不同，这阻碍了长期、连续的夜间灯光数据的广泛应用。具体来说，2013 年 DMSP/OLS 和 NPP/VIIRS 图像的像素级数值之间的差距，主要因为观测时间的不一致、不同的传感器和云层的覆盖，导致两幅图像的像素值出现"高—低"或"低—高"的问题〔即 2013 年 NPP/VIIRS 图像中的像素具有高（低）DN 值，而同一位置的像素在 DMSP/OLS 图像中具有低（高）DN 值〕。一些研究试图在像素水平上统一这两套卫星数据。然而，匹配过程是困难的，结果显示在拟合度低、时间和空间变化不连续等方面仍有改进空间。

因此，本研究提出了一种改进的方法来统一 DMSP/OLS 和 NPP/VIIRS 图像的尺度，并获得了 1992 ~ 2019 年间连续稳定的校准的夜间灯光数据，比现有文献中的数据拟合效果更好。随后，从实际增长率的角度，本研究基于自上而下的方法，利用粒子群优化—反向传播（PSO - BP）算法进行优化，估算了全球 1 平方千米网格化的修正实际 GDP 和电力消费。本研究中提供的数据集丰富了经济学、管理学等领域研究的基础数据。同时，考虑到本研究的网格化 GDP 增长是基于夜间灯光数据修订的，它更客观、更有可比性，因此可以应用于世界各地微观层面的研究（尤其是一些统计质量较差的国家）。

针对具体的研究内容，本书的研究思路主要包括研究区域、数据预处理、两组夜间灯光数据匹配、基于增长率的实际 GDP 和电力消费的计算。

针对研究区域，鉴于估算是基于自上而下的方法，研究区域取决于提供可用数据的国家。GDP 数据包括 175 个国家（或地区），电力消费数据包括 134 个国家（或地区）。因此，研究范围涵盖了全球 70% 以上的土地面积，以及 90% 以上的 GDP 和电力消费。

数据预处理。本研究中使用了两组夜间灯光数据：DMSP/OLS 和 NPP/VIIRS 图像。考虑到夜间灯光数据的版本，本研究选择了去除噪声后的年度稳定的 DMSP/OLS 图像和无云层覆盖的月度 NPP/VIIRS 图像，因为它们与经济产出和其他社会经济因素的拟合效果更好。DMSP/OLS 的分辨率约为 1000 米，由 6 颗不同的 DMSP 卫星组成，分别是 F10（1992 - 1994）、F12（1994 - 1999）、F14（1997 - 2003）、F15（2000 - 2007）、F16（2004 - 2009）、F18（2010 - 2013）。DMSP/OLS 图像的地理坐标参考系统为 WGS - 84 坐标系统，采集宽度为3000 千米，空间分辨率为 30 角秒（赤道附近约 1 千米，北纬 40°约 0.8 千米）。图像的覆盖范围为经度 - 180 ~ 180，纬度 - 65 ~ 75（覆盖世界上所有存在人类活动的地区）。NPP/VIIRS 图像数据的空间分辨率高于 DMSP/OLS 图像，后者为 413 米。同时，与 DMSP/OLS 图像只提供 0 ~ 63 范围内的相对辐射值不同，NPP/VIIRS 图像提供以瓦特/平方厘米/秒作为单位的绝对辐射值。考虑到卫星图像中存在饱和度、不连续性和白噪声等问题，这些数据集在进一步使用之前需要进行预处理。

对于 DMSP/OLS 图像，本研究将图像投影为摩尔维德投影，并以 1 千米的空间分辨率重新取样。接下来，基于不变区域法，采用幂函数的形式来解决饱和度问题。根据相关学者提供的功率函数参数，对图像进行了校准（Shi et al.，2016）。鉴于两个传感器都提供了特定年份的图像（如 F10 - 1994 和 F12 - 1994），本研究计算了其平均值，得到了每一年的单独图像。至于不连续的情况，根据下一年灯光图像上一个像素的稳定 DN 值不应该小于前一年像素的稳定 DN 值的假设，采用了年连续处理方法。

对于 NPP/VIIRS 图像，本研究采用 0.3 瓦特/平方厘米/秒作为去除噪声的阈值，这与以前的研究一致[①②]。为避免夏季杂散光污染的影响，删除了 6~8 月的月度图像。接下来，基于每月的平均数据，我们估算了 2014~2019 年的 NPP/VIIRS 年度图像。至于不连续的部分，采用了与 DMSP/OLS 图像相同的年连续处理。最后，为了更好地匹配 DMSP/OLS 图像，我们将 NPP/VIIRS 图像从 0.5 平方千米的分辨率重新取样到 1 平方千米。

两组夜间灯光数据的匹配。DMSP/OLS 和 NPP/VIIRS 图像之间的差距主要是由不同的传感器、扩散函数以及时空上的不一致性造成的。考虑到两个数据集之间的关系就像一个"黑匣子"，有学者使用人工神经网络（ANN）来探索两个数据集上的势函数，结果证明匹配成功（Chen et al.，2020）。在前人的研究基础上，本研究也采用了粒子群优化—反向传播（PSO - BP）算法来统一 DMSP/OLS 和 NPP/VIIRS 图像的比例。PSO - BP 算法的初始参数（即 C1 和 C2 值都设置为 2.0，模型的结构包括一个有 5 个节点的隐藏层；最大迭代次数和种群数量分别设置为 50 和 20）是按照前述学者（Chen et al.，2020）的方法设置的。

此外，由于本研究的目标是像素级匹配，数亿像素的误差使得匹配效果非常差，即使是在使用机器学习之后。造成这种困难主要是因为两个图像的像素 DN 值的"高—低"或"低—高"问题［即 NPP/VIIRS 图像中的像素在 2013 年有高（低）DN 值，而同一地方的像素在 DMSP/OLS 图像中具有低（高）DN 值］。因此，本研究提出了"高对高""低对低"的原则进行匹配工作。

因此，本研究根据自然区间法将 DMSP/OLS 和 NPP/VIIRS 图像分为九类。通过匹配两幅图像中的相似属性，提取并获得了符合分析中"高对高"和"低对低"原则的采样点。随后，根据前述学者（Chen et al.，2020）的研究，采用 2013 年 NPP/VIIRS 图像中像素 DN 值的对数形式，并将其经纬度作为输入系数，选择 2013 年 DMSP/OLS 图像中像素的 DN 值作为输出系数。此外，根据机器学习的一般惯例，对输入和输出系数进行标准化处理，以避免指标单位的影响。考虑到大陆的异质性，本研究估算了 PSO - BP 神经网络的六大陆参数（如北美洲、南美洲、大洋洲、非洲、亚洲和欧洲）。本研究没有考虑南极洲，因为提供 DMSP/OLS 和 NPP/VIIRS 图像的传感器的范围不包括南极洲。基于训练集（总样本的 60%）的匹配结果如图 8 - 4 所示。其中，X 轴上的 NED 代表从 2013 年 NPP/VIIRS 图像比例转换为 2013 年 DMSP/OLS 图像比例的标准化 DN 值；Y 轴上的 NOD 代表 2013 年原始 DMSP/OLS 图像 DN 值的标准化 DN 值。

如图 8 - 4 所示，六大洲训练结果的 R^2 均大于 0.96，说明 PSO - BP 神经网络在识别 2013 年 DMSP/OLS 和 NPP/VIIRS 图像之间的潜在关系方面表现良好。测试结果如图 8 - 5 所示。六大洲的测试表现可用于评估算法的预测效果（即是否可以采用 PSO - BP 算法的参数将 2014~2019 年期间 NPP/VIIRS 图像的像素标准化 DN 值转换为 DMSP/OLS 图像的标准化 DN 值比例）。除大洋洲的拟合结果外（即 R^2 仅为 0.91），其他五大洲的拟合结果均超过了 0.98。

①　黄凯南. 演化博弈与演化经济学［J］. 经济研究，2009，44（2）：132 - 145.
②　靖新，高昊，顾若楠. 加强生态文明建设，持续推动绿色发展——基于夜间灯光数据的沈阳市绿色低碳节能的建议［A］. 中共沈阳市委、沈阳市人民政府：沈阳市科学技术协会，2021.

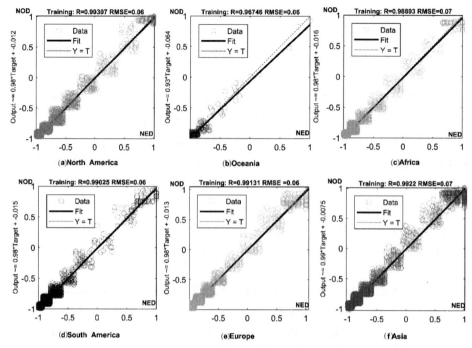

图 8-4 六大洲的像素标准化值的不同训练结果

注：（a）北美洲、（b）大洋洲、（c）非洲、（d）南美洲、（e）欧洲和（f）亚洲。

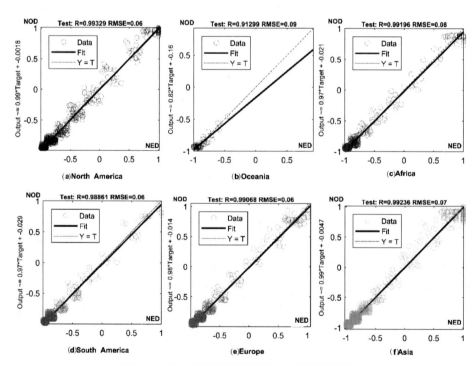

图 8-5 六大洲的像素标准化值的不同测试结果

注：（a）北美洲、（b）大洋洲、（c）非洲、（d）南美洲、（e）欧洲和（f）亚洲。

大洋洲的拟合效果不佳，可能是由于大洋洲大部分地区夜间缺乏灯光。考虑到大洋洲的稳定光源较少，其预测结果较差，对全球范围内两组夜光的匹配影响有限。随后，将 2013～2019 年期间 NPP/VIIRS 图像全局转换后的标准化 DN 值去正化到原始范围，这与 DMSP/OLS 影像中的 DN 值比例一致。此外，再次比较了 2013 年 NPP/VIIRS 图像的最终全局转换 DN 值和 DMSP/OLS 图像的 DN 值，以验证匹配的效果：全球的可决系数大于 0.98。

根据中性网络的训练参数，本研究将 2014～2019 年的 NPP/VIIRS 数据的尺度转换为 DMSP/OLS 数据的尺度。由于生成的网络是基于"高对高"和"低对低"的原则，在 NPP/VIIRS 图像中具有高 DN 值的相同像素可以转换为 DMSP/OLS 图像尺度的高 DN 值。然而，匹配工作还没有完成。首先，NPP/VIIRS 图像中也有某些低 DN 值的像素转化为 DMSP/OLS 比例的低 DN 值，与 2013 年 DMSP/OLS 相同区域的高 DN 值不匹配。其次，虽然相关系数接近 1，但在 2013～2014 年期间，一些网格存在明显且不可避免的不连续现象，这在以前的研究中也存在。

因此，对 2014～2019 年转换后的 NPP/VIIRS 图像采用了年际连续序列校正。根据校正方法，在 2014～2019 年期间，转换后的 NPP/VIIRS 图像中保留了 DMSP/OLS 图像中高 DN 值的像素，并且解决了不连续的潜在问题。其公式如下：

$$DN_{i,t} = \begin{cases} DN_{i,t-1}, & if\ DN_{i,t-1} \geq DN_{i,t} \\ DN_{i,t}, & otherwise \end{cases} \quad (t = 2014, \cdots, 2019) \qquad (8.4)$$

综上所述，基于 PSO – BP 算法，本研究有把握地将 2013～2019 年 NPP/VIIRS 数据的尺度转换为 DMSP/OLS 数据的尺度，并获得 1992～2019 年这一时间段稳定连续的全球 1 平方千米网格化夜间灯光数据，为进一步计算这一时期全球 1 平方千米网格化 GDP 和电力消费奠定了基础。

基于增长率的实际 GDP 和电力消费的计算。由于统计方法不佳或故意操纵造成官方 GDP 增长中的误差，夜间灯光数据已被广泛用于修订国家官方 GDP 增长数据。根据亨德森等（2012）和格雷罗等（2019）提出的方法，修订后的增长估算是由传统测量的增长和夜间灯光数据预测的增长以不同的权重组成的。鉴于这类研究的方法，本研究采用夜间灯光数据来修正实际 GDP 增长率。特别是，实际 GDP 增长率是用式（8.5）估算的。

$$y_{i,t}^* = \rho y_{i,t} + (1 - \rho) y_{i,t}' \qquad (8.5)$$

其中，$y_{i,t}^*$ 是 i^{th} 国家在 t 期间的实际 GDP 增长率；$y_{i,t}$ 是 i^{th} 国家的官方 GDP 增长率；$y_{i,t}'$ 是 i^{th} 国家基于夜间灯光数据的预测 GDP 增长率；$(1 - \rho)$ 是基于夜间灯光数据的预测增长率的最佳权重。根据亨德森等（2012）提出的观点，指定 ρ 的最佳值是为了使这个估算值相对于 GDP 增长的真实值的测量误差方差最小。只要最佳权重为正，使用夜间灯光数据就能提高测量真实 GDP 增长的能力。此综合 GDP 增长的方差是由以下公式估算的：

$$var(\hat{y_i^*} - y^*) = \rho^2 var(y_i - y_i^*) + (1 - \rho)^2 (y_i' - y_i^*) \qquad (8.6)$$

按照亨德森等（2012）的观点，夜间灯光数据和实际 GDP 增长/官方 GDP 增长之间的关系被描述为以下方程：

$$y_i = y_i^* + \varepsilon_{y,i} \qquad (8.7)$$

$$sdna_i = \beta y_i^* + \varepsilon_{sdna,i} \qquad (8.8)$$

$$y_i = \gamma sdna_i + e_i \tag{8.9}$$

$$\sigma_y^2 = \varepsilon_{y,i}^2 \tag{8.10}$$

$$\sigma_{sdna}^2 = \varepsilon_{sdna,i}^2 \tag{8.11}$$

其中，$sdna_i$ 是每个地区的 DN 值之和的增长；$\varepsilon_{y,i}$、$\varepsilon_{sdna,i}$ 和 e_i 是误差；β 是灯光增长相对于实际 GDP 增长的弹性；γ 是官方 GDP 增长相对于灯光增长的弹性；σ_y^2 和 σ_{sdna}^2 是误差的方差。基于 GDP 增长的测量误差程度对参数的估算值没有影响的假设，$cov(\varepsilon_y, \varepsilon_{sdna}) = 0$。因此，进一步推导出的方程如下。

$$var(sdna) = \beta^2 \sigma_{y^*}^2 + \sigma_{sdna}^2 \tag{8.12}$$

$$cov(sdna, y) = cov(y^*, sdna) = \beta \sigma_{y^*}^2 \tag{8.13}$$

$$var(y) = \sigma_{y^*}^2 + \sigma_y^2 \tag{8.14}$$

此外，$\hat{\gamma}$ 和结构参数 β 的关系如下：

$$Plim(\hat{\gamma}) = \frac{cov(sdna, y)}{var(sdna)} = \frac{1}{\beta}\left(\frac{\beta^2 \sigma_{y^*}^2}{\beta^2 \sigma_{y^*}^2 + \sigma_{sdna}^2}\right) \tag{8.15}$$

因此，式（8.16）可改写如下：

$$var(\hat{y_i^*} - y_i^*) = \rho^2 \sigma_y^2 + (1-\rho)^2 \frac{\sigma_{sdna}^2 \sigma_{y^*}^2}{\beta^2 \sigma_{y^*}^2 + \sigma_{sdna}^2} \tag{8.16}$$

从式（8.16），解出了使方差最小的权重 ρ：

$$\rho^* = \frac{\sigma_{sdna}^2 \sigma_{y^*}^2}{\sigma_y^2(\beta^2 \sigma_{y^*}^2 + \sigma_{sdna}^2) + \sigma_{sdna}^2 \sigma_{y^*}^2} \tag{8.17}$$

此外，按照亨德森等（2012）的说法，ρ 进一步根据数据质量好和质量差的国家进行分类：$\rho_{i,good}$ 和 $\rho_{i,bad}$。因此，式（8.14）变成式（8.18）和式（8.19）。

$$var(y_{good}) = \sigma_{y^*}^2 + \sigma_{y,good}^2 \tag{8.18}$$

$$var(y_{bad}) = \sigma_{y^*}^2 + \sigma_{y,bad}^2 \tag{8.19}$$

估算了统计质量好的国家的信号与官方 GDP 增长的总方差的比率。信号与总方差的比率越高，表明 GDP 增长越可靠。计算公式如下：

$$\phi = \frac{\sigma_{y^*}^2}{\sigma_{y^*}^2 + \sigma_{y,good}^2} \tag{8.20}$$

根据亨德森等（2012）和格雷罗等（2019）的研究，将 ϕ 设定为 0.9。因此，$\rho_{i,good}$ 和 $\rho_{i,bad}$ 可以用以下公式确定：

$$\rho_{i,good} = \frac{\sigma_{sdna}^2 \sigma_{y^*}^2}{\sigma_{y,good}^2(\beta \sigma_{y^*}^2 + \sigma_{SDNA}^2) + \sigma_{SDNA}^2 \sigma_{y^*}^2} \tag{8.21}$$

$$\rho_{i,bad} = \frac{\sigma_{SDNA}^2 \sigma_{y^*}^2}{\sigma_{y,bad}^2(\beta \sigma_{y^*}^2 + \sigma_{SDNA}^2) + \sigma_{SDNA}^2 \sigma_{y^*}^2} \tag{8.22}$$

鉴于发达国家的统计数据总是质量更好，而发展中国家的统计数据则有时不太可靠，因此，本研究根据一个国家是否为发达国家来描述其数据的质量。此外，在根据夜间灯光数据［即（$1-\rho$）］进行增长预测时，发达国家和发展中国家的权重是不同的，这与亨德森等（2012）的观点一致。发达国家和发展中国家的分类是基于世界银行提供的联合国

（统计司）的分类①。基于上述公式，本研究得到了发达国家和发展中国家官方 GDP 增长率的最佳权重（即 $\rho_{good} = 0.94$、$\rho_{bad} = 0.66$）。

此外，每个网格在 1993 ~ 2019 年期间的实际 GDP 增长率可用以下公式来估算：

$$gy_{ij,t}^* = \begin{cases} \rho_{gb} \times y_{i,t} + (1 - \rho_{gb}) \times \left(\dfrac{DN_{ij,t} - DN_{ij,t-1}}{DN_{ij,t-1}} \right) \times \alpha, & if\ DN_{ij,t-1} \neq 0 \\ y_{i,t}, & if\ DN_{ij,t-1} = 0 \end{cases}, \quad (8.23)$$

其中，$gy_{ij,t}^*$ 表示 i^{th} 国家的 j^{th} 网格的实际 GDP 增长率；$gb = good$, bad；α 表示夜间灯光数据对 GDP 的弹性（即根据回归结果为 0.45），根据公式（8.9）算出。

接下来，根据 1993 ~ 2019 年的网格化实际 GDP 增长率，将 1992 年或 2019 年的网格化 GDP 数据估计为基本值，以获得其他年份的网格化实际 GDP 数据。由于 1992 年新建成区的 DN 值为零，这些地区 1992 年的 GDP 基本值也为零，从而导致以后几年的数值为零。因此，选择 2019 年的网格化 GDP 数据作为基本值，采用自上而下的方法进行计算。

最后，基于实际增长率的网格化实际 GDP 可以用式（8.24）计算。

$$RGY_{ij,t}^* = \begin{cases} \dfrac{RGY_{ij,t+1}^*}{1 + gy_{ij,t}^*}, & if\ DN_{ij,t} \neq 0 \\ 0, & if\ DN_{ij,t} = 0 \end{cases}, \quad (8.24)$$

其中，$RGY_{ij,t}^*$ 表示 i^{th} 国家的实际 GDP 在 t 期间基于修正后的实际增长率的 j^{th} 网格。计算是基于 DN 值为零时没有 GDP 的假设，这与前述学者（Shi et al., 2016）的观点一致。

至于电力消费，使用夜间灯光数据的网格化增长率来估计网格化电力消费的增长率。然而，由于电力消费的增长率主要是由工业部门而不是居民部门推动的，夜间灯光数据的增长率可能无法全面反映电力消费的增长率。因此，本研究将官方 GDP 和夜间灯光数据的增长结合起来，更好地揭示了电力消费的网格化增长率，见式（8.25）。

$$\ln EC_{it} = \gamma \ln (SDN_{it}) + \pi \ln(Y_{it}) + c_{it} + \tau_{it}, \quad (8.25)$$

其中，EC_{it} 表示 i^{th} 国家在 t 期间的电力消费，SDN_{it} 表示 i^{th} 国家在 t 期间的 DN 值之和，c_{it} 表示常数，τ_{it} 表示误差，γ 表示系数（即 0.22 和 0.71）。然后，用式（8.26）计算网格化的电力消费增长率 $gec_{j,t}^*$。

$$gecg_{ij,t}^* = \begin{cases} \gamma \times \left(\dfrac{DN_{ij,t}}{DN_{ij,t-1}} - 1 \right) + \pi \times \left(\dfrac{Y_{i,t}}{Y_{i,t-1}} - 1 \right), & if\ DN_{ij,t-1} \neq 0 \\ 0, & if\ DN_{ij,t-1} = 0 \end{cases}, \quad (8.26)$$

鉴于只有 1992 ~ 2015 年的全球电力消费是公开的，可以免费获得，本研究选择 2015 年的网格化电力消费数据作为基本值。然后，用式（8.27）计算网格化的电力消费 $GEC_{j,t}^*$。

$$GEC_{ij,t}^* = \begin{cases} \dfrac{GEC_{ij,t+1}^*}{1 + gecg_{ij,t}^*}, & if\ DN_{ij,t-1} \neq 0 \\ 0, & if\ DN_{ij,t-1} = 0 \end{cases}, \quad (8.27)$$

---

① Publication：The World Bank's Classification of Countries by Income ［EB/OL］. https：//openknowledge. world-bank. org/entities/publication/336a7f99 – b73f – 5b16 – b36b – 6dc49321e971，2016 – 01.

针对2019年网格化GDP和2015年电力消费的基本值，本研究首先基于自上而下的方法，分别建立了国家夜间灯光数据（即DN值之和）和目标变量（即GDP和电力消费）之间的关系。因此，可以估算出1992～2019年间不同国家（或地区）之间GDP和电力与夜间灯光数据的比率（即每单位DN值的目标变量系数），每个1平方千米的网格可以以DN值为权重来分配GDP和电力消费。因此，GDP或电力消费与DN值的比率用以下公式估算：

$$Y_{it}^* = \beta_{it}SDN_{it} + \mu_{it} \tag{8.28}$$

$$EC_{it} = \theta_{it}SDN_{it} + \epsilon_{it} \tag{8.29}$$

其中，Y_{it}^* 代表 i^{th} 国家（或地区）在 t 期间的实际GDP；β_{it} 和 θ_{it} 代表 i^{th} 国家（或地区）在 t 期间的系数；μ_{it} 和 ϵ_{it} 表示误差。

此外，根据相关学者（Chen et al.，2020）的研究，本研究采用了PSO-BP算法来拟合和训练实际GDP、电力消费和夜间灯光数据之间的关系。实际GDP和电力消费是输出因素，DN值之和、身份和年份的虚拟变量是输入参数。此外，其他初始化参数与前面关于相互校准的部分所讨论的参数一致。根据机器学习的一般做法，对输入和输出因子进行标准化，以避免指标单位的影响。结果如图8-6所示。其中，X 轴上的NEGDP/NEEC代表根据输入因子预测的国家标准化GDP/电力消费；Y 轴上的NAGDP和NAEC分别代表国家标准化的实际GDP和电力消费。

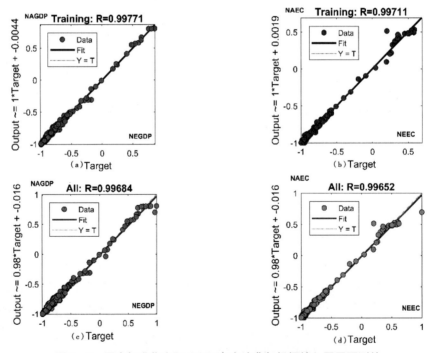

图8-6　国家标准化实际GDP/电力消费与根据输入因子预测的估算GDP/电力消费之间的训练和所有样本的结果

注：（a）国家标准化实际GDP和根据输入因素预测的估算GDP之间的训练结果；（b）国家标准化实际电力消费和根据输入因素预测的估算电力消费之间的训练结果；（c）国家标准化实际GDP和根据输入因素预测的估算GDP消费之间的所有样本结果；（d）国家标准化实际电力消费和根据输入因素预测的估算电力消费之间的所有样本结果。

值得注意的是，标准化 GDP 和电力消费的决定系数 R^2 都大于 0.99。因此，训练结果和所有样本的结果显示了很好的拟合效果，这表明该算法的有效性较高。然后，基于自上而下的方法和基于 DN 值的加权平均策略，得到了 2019 年和 2015 年 1 平方千米的网格化 GDP 和电力消费。最后，利用式（8.23）和式（8.26）计算了 1992 ~ 2019 年期间基于增长率的网格化实际 GDP 和电力。

8.4　相关附件与程序

（1）用于匹配来自 DMSP/OLS 和 NPP/VIIRS 图像的县级平均像素值尺度的 PSO – BP 代码，可由 Matlab（R2017b）运行。

```
random_num = rand(1,2826);
[value,index] = sort(random_num);
x_train = input(index(1:2000),:)';
y_train = output(index(1:2000));
x_test = input(index(2001:2826),:)';
y_test = output(index(2001:2826));

% Set the number of BPNN nodes
inputnum = 4;
hiddennum = 5;
outputnum = 1;

% Set PSO related parameters
sizepop = 20;% population size
k = 50;% number of iterations
c1 = 2;c2 = 2;% learning factor
w = 0.8;% inertia factor

% Data normalization
[input_train,inputps] = mapminmax(x_train);
[output_train,outputps] = mapminmax(y_train);
% Determine the number of optimized parameters
length = inputnum * hiddennum + hiddennum + hiddennum * outputnum + outputnum;
param = rand(sizepop,length);
speed = rand(sizepop,length);
```

```
% Build BPNN
net = newff(input_train, output_train, hiddennum);

% Initialization (individual best position lbest | global best position gbest | individual fitness
fitness | group best fitness fitnessbest)
for i = 1 : sizepop
fitness(i, :) = func(param(1, :), inputnum, hiddennum, outputnum, net, input_train, out-
put_train);
    lbest(i, :) = param(i, :);
end
[value, index] = min(fitness);
gbest = param(index, :);% group extreme position (parameter)
fitnessbest = value;% group extreme fitness (minimum MSE)

% Parameter optimization
for T = 1 : k
for i = 1 : sizepop
speed(i, :) = w * speed(i, :) + c1 * rand * (lbest(i, :) - param(i, :)) + c2 * rand *
(gbest - param(i, :));
    param(i, :) = param(i, :) + speed(i, :);
    fit = func(param(i, :), inputnum, hiddennum, outputnum, net, input_train, output_train);
    if fit < fitness(i, :)
    fitness(i, :) = fit;
    lbest(i, :) = param(i, :);
    end
    if fit < fitnessbest
    gbest = param(i, :);
    fitnessbest = fit;
        end
        end
    MSE(T, :) = fitnessbest;
    end
% Build a model and predict (gbest is the best parameter)
w1 = gbest(1:inputnum * hiddennum);
b1 = gbest(inputnum * hiddennum + 1:inputnum * hiddennum + hiddennum);
w2 = gbest(inputnum * hiddennum + hiddennum + 1:inputnum * hiddennum
 + hiddennum + hiddennum * outputnum);
```

$$b2 = gbest(\,inputnum * hiddennum + hiddennum + hiddennum * outputnum$$
$$+ 1 : inputnum * hiddennum + hiddennum + hiddennum * outputnum + outputnum\,)\,;$$

net. iw$\{1,1\}$ = reshape(w1,hiddennum,inputnum);

net. lw$\{2,1\}$ = reshape(w2,outputnum,hiddennum);

net. b$\{1\}$ = reshape(b1,hiddennum,1);

net. b$\{2\}$ = b2;

net. trainParam. epochs = 100;

net. trainParam. lr = 0. 1;

net. trainParam. goal = 0. 000001;

net = train(net,input_train,output_train);

（2）用于模拟省能源相关二氧化碳排放量与 DN 值总和之间关系的 PSO – BP 代码，可通过 Matlab（R2017b）运行。

random_num = rand(1,630);

[value,index] = sort(random_num);

x_train = input(index(1 : 400),:)';

y_train = output(index(1 : 400));

x_test = input(index(401 : 630),:)';

y_test = output(index(401 : 630));

% Set the number of BPNN nodes

inputnum = 52;

hiddennum = 5;

outputnum = 1;

% Set the related parameters for PSO

sizepop = 10;% Population size

k = 50;% number of iterations

c1 = 2;c2 = 2;% learning factor

w = 0. 8;% inertia factor

% Data normalization

[input_train,inputps] = mapminmax(x_train);

[output_train,outputps] = mapminmax(y_train);

% Determination of the number of optimization parameters

length = inputnum * hiddennum + hiddennum + hiddennum * outputnum + outputnum;

param = rand(sizepop,length);

speed = rand(sizepop,length);

% Establishing BPNN

net = newff(input_train, output_train, hiddennum) ;

% Initialization (individual best position lbest | global best position gbest | individual fitness fitness | group best fitness fitnessbest)

for i = 1 : sizepop

fitness(i, :) = func(param(1, :), inputnum, hiddennum, outputnum, net, input_train, output_train) ;

lbest(i, :) = param(i, :) ;

end

[value, index] = min(fitness) ;

gbest = param(index, :) ;% group extreme position (parameter)

fitnessbest = value ;% group extreme fitness (minimum MSE)

% Parameter optimization

for T = 1 : k

for i = 1 : sizepop

speed(i, :) = w * speed(i, :) + c1 * rand * (lbest(i, :) − param(i, :)) + c2 * rand * (gbest − param(i, :)) ;

param(i, :) = param(i, :) + speed(i, :) ;

fit = func(param(i, :), inputnum, hiddennum, outputnum, net, input_train, output_train) ;

if fit < fitness(i, :)

fitness(i, :) = fit ;

lbest(i, :) = param(i, :) ;

end

if fit < fitnessbest

gbest = param(i, :) ;

fitnessbest = fit ;

end

end

MSE(T, :) = fitnessbest ;

end

% Build a model and predict (gbest is the best parameter)

w1 = gbest(1 : inputnum * hiddennum) ;

b1 = gbest(inputnum * hiddennum + 1 : inputnum * hiddennum + hiddennum) ;

w2 = gbest(inputnum * hiddennum + hiddennum + 1 : inputnum * hiddennum + hiddennum

$+$ hiddennum $*$ outputnum)；

b2 $=$ gbest(inputnum $*$ hiddennum $+$ hiddennum $+$ hiddennum $*$ outputnum

　$+1$: inputnum $*$ hiddennum $+$ hiddennum $+$ hiddennum $*$ outputnum $+$ outputnum)；

net. iw$\{1,1\}$ $=$ reshape(w1, hiddennum, inputnum)；

net. lw$\{2,1\}$ $=$ reshape(w2, outputnum, hiddennum)；

net. b$\{1\}$ $=$ reshape(b1, hiddennum, 1)；

net. b$\{2\}$ $=$ b2；

net. trainParam. epochs $=100$；

net. trainParam. lr $=0.1$；

net. trainParam. goal $=0.00001$；

net $=$ train(net, input_train, output_train)；

第9章

预测和情景模拟方法及其运用

　　预测和情景模拟方法被广泛运用于社会经济研究。在知识快速更新的今天，掌握实用的预测和情景模拟方法对于更好地把握未来趋势具有重要意义。本章将介绍常见预测方法（包括传统预测方法和机器学习方法）和情景模拟方法，并结合笔者在能源环境领域发表的论文进行实例解析。

9.1　预测和情景模拟方法

9.1.1　常见预测方法

　　（1）ARIMA 模型。

　　一个差分整合移动平均自回归模型可以由三个参数决定，即 p、d 和 q，其中 p 表示自回归（AR）的数量，d 表示差值的数量，q 表示滑动平均（MA）的数量。如果由于随机因素导致时间序列非稳态，可以根据时间段进行区别，然后将差分整合移动平均自回归 ARIMA 模型转化为自回归滑动平均模型（ARMA）。

　　一般来说，ARIMA 模型可以写成以下形式：

$$(1 - \sum_{i=1}^{p} \Phi_i L^i)(1 - L)^d X_t = (1 + \sum_{i=1}^{q} \varpi_i L^i)\varepsilon_t \tag{9.1}$$

在公式（9.1）中，L 是滞后算子，d 是正数。

　　（2）Holt – Winter 过滤模型。

　　在时间序列预测中，有加性和乘性霍尔特 – 温特过滤模型。考虑到一个时间序列数据

（X_t）由趋势分量（w_t）和季节分量（s_t）组成，那么这两种霍尔特－温特过滤模型的区别在于，对于加性模型来说，w_t 和 s_t 之间的关系被假定为加性，而乘性模型则假定相应的关系为乘性。加性霍尔特－温特过滤模型可以表达如下：

$$\begin{cases} w_t = \alpha \times (X_t - s_{t-T}) + (1-\alpha) \times (w_{t-1} + v_{t-1}), \\ v_t = \beta \times (w_t - w_{t-1}) + (1-\beta) \times v_{t-1}, \\ s_t = \eta \times (X_i - w_i) + (1-\eta) \times s_{t-T} \\ X_{i+h} = w_i + h \times v_i + s_{i-T+h} \end{cases} \tag{9.2}$$

乘性霍尔特－温特过滤模型可以表示为：

$$\begin{cases} w_t = \alpha \times \left(\dfrac{X_t}{s_{t-T}}\right) + (1-\alpha) \times (w_{t-1} + v_{t-1}), \\ v_t = \beta \times (w_t - w_{t-1}) + (1-\beta) \times v_{t-1}, \\ s_t = \eta \times \left(\dfrac{X_i}{w_i}\right) + (1-\eta) \times s_{t-T} \\ X_{i+h} = (w_i + h \times v_i) s_{i-T+h} \end{cases} \tag{9.3}$$

其中，在式（9.2）和式（9.3）中，α、β 和 η 是从 0 到 1 的参数 v_t 表示趋势分量的线性增加率 w_t。

（3）长短期记忆模型（LSTM）。

LSTM 模型是一种特殊的递归神经网络，用于避免长期依赖问题（Hochreiter and Schmidhuber，1997）。尽管 LSTM 也具有类似于标准递归神经网络的神经网络链重复模块，但重复模块具有不同的结构。典型的 LSTM 具有四个网络层，包括遗忘门、输入门、单元状态更新和输出门（Gers et al.，2000；Cortez et al.，2018）。

LSTM 的运行由以下几方面组成：

第一，通过以下公式确定遗忘门需要从单元中丢弃哪些信息。

$$f_t = \sigma(w_f h_{t-1} + u_f x_t + b_f) \tag{9.4}$$

其中，f_t 和 x_t 是遗忘门在时间 t 的激活向量和输入向量；h_{t-1} 是在时间 $t-1$ 隐藏层的输出；σ 是 Sigmoid 函数，w_f、u_f 和 b_f 分别是权重向量和偏差向量。

第二，确定输入门应该存储什么类型的信息，主要通过更新 Sigmoid 层来确定［式（9.5）］生成具有 tanh 层的待选向量，并将其添加到单元状态［式（9.6）］

$$i_t = \sigma(w_i h_{t-1} + u_i x_t + b_i) \tag{9.5}$$

$$c_t = \tanh(w_c h_{t-1} + u_c x_t + b_c) \tag{9.6}$$

其中，i_t 是式（9.5）中输入门的激活向量，而在式（9.6）中 c_t' 是存储器的新状态，表示双曲正切激活函数。

第三，组合遗忘门和输入门的两个值以更新单元状态。

$$c_t = c_{t-1} f_t + c_t' i_t \tag{9.7}$$

第四，输出门基于新单元状态确定输出内容。

$$o_t = \sigma(w_o h_{t-1} + u_o x_t + b_o) \tag{9.8}$$

$$h_t = o_t \tanh(c_t) \tag{9.9}$$

其中，式（9.7）~式（9.9）中各变量释意同上。

（4）其他预测方法。

除了上述方法外，其他常见机器学习预测方法还包括但不限于极限学习机（ELM）、多层感知机（MLP）、广义回归神经网络（GRNN）等。

以上述三种机器学习方法为例。ELM 是一种前馈神经网络，具有良好的泛化性能和快速学习能力（Huang et al.，2006）。ELM 不需要基于梯度的反向传播来调整权重，而是使用 Moore – Penrose 广义逆来设置权重。MLP 则是一种具有前馈结构的神经网络，用于将一组输入向量映射到一组输出向量。通常采用反向传播算法的监督学习方法来训练 MLP。MLP 是感知器的推广，克服了感知器不能识别线性不可分数据的缺点。此外，GRNN 是一种基于数理统计的径向基函数网络，具有良好的非线性逼近性能。上述三个神经网络的比较见图 9 – 1。更多细节可参考相关文献（Huang et al.，2006；Specht，1991）。

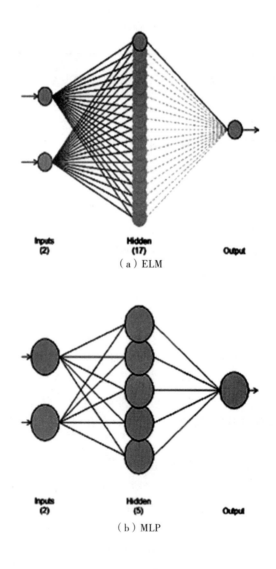

（a）ELM

（b）MLP

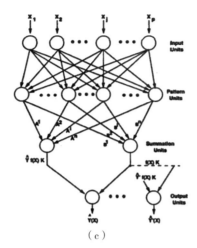

（c）

图 9 - 1　极限学习机（a）、多层感知机（b）和广义回归神经网络（c）结构示意图

资料来源：图 9 - 1（c）来源于 Specht, D. F. A general regression neural network ［J］. *IEEE Transactions on Neural Networks*, 1991, 6（2）: 568 - 576.

9.1.2　情景模拟方法

情景模拟主要通过对相关变量进行取值设置进而分析核心变量的变化，并被广泛运用于政策分析领域。此外，为反映未来政策的不确定性和提高情景模拟的科学性，还可以对各情景下参数采用蒙特卡洛方法设定合理的参数值域。蒙特卡洛模拟程序主要分为以下三个步骤：

（1）首先，定义待考察变量的先验概率，选择特定分布函数来随机选择变量的变化率。

（2）其次，通过基于预定义分布随机抽取样本来进行多次模拟。理论上，模拟次数越多，结果越精确（常见蒙特卡洛模拟次数为 100 000 次）。

（3）最后，通过频率分布给出仿真结果。

其中，如果变量的值域在现实语境中具有一定范围（如 GDP 增速和人口增速），通常在进行蒙特卡洛模拟时采用三角分布。

9.2　运用实例：后疫情时代中国碳达峰的预测和情景模拟分析

本部分将展示集成时间序列方法、EKC 预测方法和情景模拟方法在后疫情时代中国碳达峰方面的运用。本部分提供的运用实例的特色之处在于，利用多种方法对中国碳达峰问题进行更为可靠的分析。

9.2.1　简介

就中国政府实现碳中和的目标而言，2030 年前实现碳达峰势在必行。下文利用不同层次的独特数据集，预测了后疫情时代中国碳达峰的时间和总量。具体而言，以基于集成时间序列模型的预测结果作为基准，重点关注基于环境库兹涅茨曲线预测的碳达峰预测结果，进而提高碳达峰预测的可靠性。

9.2.2　方法

（1）集成时间序列预测方法。

基于时间序列的预测总会遇到各种不确定性。虽然基于机器学习的预测方法能够以较高的精度捕捉数据变化的非线性关系，但是由于操作过程中存在"黑箱"现象，其解释力较弱。相比之下，传统的时间序列预测方法（即非机器学习方法）通常具有较高的解释能力，但是相对于基于机器学习的预测方法，其预测精度无法令人满意。因此，有必要将两种预测方法结合起来，以提高时间序列预测的泛化能力和准确性。

本研究开发的集合时空预测模型由以下 11 种方法组成（见图 9 - 2）。机器学习方法包括①极限学习机（ELM）、②多层感知机（MLP）、③广义回归神经网络（GRNN）、④前馈神经网络时间序列预测（NNETAR）；而非机器学习方法包括：①自回归整合移动平均模型（ARIMA）、②霍尔特—温特斯滤波、③经验模式分解（EMD）、④指数平滑状态空间模型（ETS）、⑤基于小波变换的 ARIMA 模型（WT‑ARIMA）、⑥基于小波变换的 ETS 模型（WT‑ETS）和⑦ theta 方法"模型"（THETAM）。其中，ETS、THETAM、NNETAR 和 ARIMA 首次在 forecastHybrid R 包中集成为一个混合模型。利用该模型，本书对 2035 年前中国省、市、县的二氧化碳排放量进行了详细的预测。

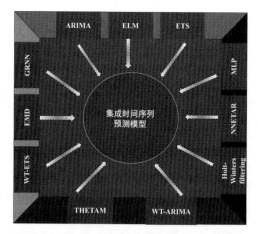

图 9 - 2　集成时间序列预测模型的开发框架

（2）EKC 曲线预测方法。

根据环境库兹涅茨曲线理论（Grossman and Krueger，1995；Cole et al.，1997），二氧化碳排放等污染应该随着经济发展而增加，达到峰值后下降。基于这一假设，利用该曲线将中国的二氧化碳排放量与 GDP 进行关联。

环境库兹涅茨曲线可以表示为：

$$pc = a \times \exp\left[-\left(\frac{py - b}{c}\right)^2 \right] \tag{9.10}$$

式（9.10）中，pc 表示人均二氧化碳排放量，py 表示人均 GDP；参数 a、b、c 分别反映人均二氧化碳排放峰值（函数的最大高度）、顶点 a 处的人均 GDP（横轴上函数的位置）以及函数的形状。

研究使用 minpack. lm R 包获得各省市的上述参数。鉴于研究中各省市 py_{peak} 均遵循正态分布和对数正态分布，进一步在 70%、80% 和 90% 置信区间分别计算各省市的均值，得到总体峰值。利用式（9.10）中的人均二氧化碳排放量作为外生变量，在不同置信区间下预测全国二氧化碳排放峰值。

虽然也有学者（Wang et al.，2019）运用同样的方法，以 2000～2016 年的 50 个城市为基础，估算了中国的碳峰值。然而，中国碳峰值的估算仍存在不确定性；因此，有必要对大多数市县进行大规模研究。此外，由于中国近年来二氧化碳排放量有所变化，所以需要重新进行全面分析。在不同层面，特别是在市、县两级进行碳达峰的识别，对于制定全国碳达峰战略和实现 2060 年碳中和目标具有重要意义。为了获得可靠的结果，本研究基于 2019 年更新的数据集，估算了基于中国省级和城市层面的总体碳峰值。

（3）情景模拟方法。

情景分析考虑了新冠疫情的暴发和碳强度的骤降。根据已有分析，经济增长和碳强度是影响碳排放的关键因素，因此碳排放的情景模拟主要基于以上两个因素而展开。

针对经济增长情景，研究做了以下假设。首先，计算不同时期的经济年均增长率（AAGRs），以现有研究（Zhang et al.，2020）为例，考虑第十二个五年计划（FYP）（2011～2015 年，简称"'十二五'时期"）和第十三个五年计划（2016～2020 年）时期。中国的经济增长已经放缓，因此，有理由认为，中国经济过去的高增长率（约 10%）在未来十年不太可能实现，但未来的经济增长水平可能与近期类似，特别是第十四个五年计划期间。

随着新冠疫情的暴发对全球经济的冲击，中国经济不可避免地出现了较大幅度的下滑。但是，从长期来看，新冠疫情不会从根本上改变中国经济增长的总体趋势。因此，假设未来 15 年（2021～2035）的平均经济增长将遵循总体趋势。

研究设定三种情景，即"一切如常"（BAU）情景、中等发展情景和高速发展情景，来描述未来 15 年的中国经济。在"一切如常"情景下，减排政策和技术进步不会发生重大变化。在中等发展情景下，通过实施双循环战略和增加技术创新投资，中国经济的总体增长率将高于正常情景下的水平。在高速发展情景下，通过实施深入的经济结构优化和释放高科技效益，增长率将高于中等情景。然后，计算"一切如常"情景下第十三个五年计划期间的经济年均增长率，中等发展情景下第十二个和第十三个五年计划（2011～2020年）以及高速发展情景下第十二个五年计划的经济年均增长率。在中等发展情景下，排除疫情对经济的影响。值得注意的是，使用中国 2020 年经济增长数据提高了情景的准确性，并为碳峰值分析提供了一个新的基准。2021～2035 年期间经济的年均增长率详情见表 A9 – 1、A9 – 3 和 A9 – 5。

针对碳强度变化情景，研究做了以下假设。尽管中国实现了 2009 年哥本哈根气候变化大会的碳强度减排目标，但许多省份在"十三五"期间减缓了碳强度的下降速度（内蒙古生态环境厅，2020）。由于新冠疫情使全球二氧化碳排放量下降到 6.4%，这些省份可能在下一个时期最终实现目标（Liu et al.，2020）。然而，疫情的暴发是突然的，如果其他因素不发生变化，碳强度将逐步降低。

据此三种情景假设三种相应的年均增长率来降低 2021～2035 年的碳强度。在"一切如常"情景下，年均增长率将与"十三五"期间相似，疫情对碳强度降低的影响是短期的。在中等发展情景下，年均增长率将与过去十年（2011～2020 年）相似，而碳强度的降低将较少受到疫情的影响。此外，低碳、节能技术将被开发，新的发电工厂将被建立起来。在先进发展情景中，年均增长率将与"十二五"期间的年均增长率相似，并将加快碳强度的降低，因为大多数省份将在该期间超过目标。先进发展情景需要技术上的突破，如碳捕获和储存（CCS）以及先进的核能技术。2021～2035 年期间经济增长的年均增长率可参见表 A9 – 2、A9 – 4 和 A9 – 6。

9.2.3 数据

各省份的二氧化碳排放数据（C）收集自现有相关研究（Shan et al.，2018；Shan et al.，2020），市、县的二氧化碳排放数据来自陈建东教授及其研究研究团队在 2020 年发表于《科学数据》的研究。此外，使用自上向下的方法更新 2018～2019 年中国各级二氧化碳排放量数据集，发现各级二氧化碳排放量占全国二氧化碳排放量的年度比率没有显著变化。因此，假设各层级大部分领域的比率将遵循 2018 年和 2019 年的变化趋势。利用 Holt – Winters 滤波法（霍尔特 – 温特斯滤波法）对各层级的二氧化碳排放量进行预测。可以发现 2018 年和 2019 年，各省份的二氧化碳排放总量预测误差为 0.01%；2018 年和 2019 年，城市的二氧化碳排放总量预测误差分别为 – 0.10% 和 – 0.08%；2018 年和 2019 年，县域二氧化碳排放总量预测误差分别为 0.12% 和 0.27%（历史拟合数据见图 9 – 3）。

各省、市、县的 GDP（Y）数据分别来自国家统计局（NBSC）、中国经济数据库（CEIC）和《中国县域统计年鉴》（1999～2019）。各省的人口数据（P）来自国家统计局，而市、县的人口数据分别来自中国经济信息中心（CEIC）和中国证券市场会计研究所（CSMAR）。由于一个地方的常住人口在一定时期内通常不会发生显著变化，因此，在这些数据中，通过样条插值来填补一些缺失值。为了尽量减少缺失数据对分析的影响，研究使用了 1997～2019 年各省、2002～2019 年各市和 2003～2018 年各县的数据集。

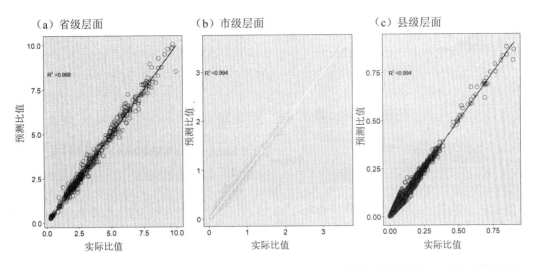

图 9 - 3　1999 ~ 2017 年中国各省（a）、市（b）、县（c）的二氧化碳排放预测比和实际比的拟合效果

图 9 - 4 中（a）、（c）和（e）描述了 2019 年各地区人均 GDP 和人均二氧化碳排放量之间的关系，这意味着尽管空间分布存在偏差，但上述两个变量之间仍可能存在简单关系。此外，图 9 - 4（b）、（d）和（f）描绘了 1997 ~ 2019 年中国各省、市、县的二氧化碳排放变化趋势，表明区域间的碳排放也呈现出倾斜分布，且随时间推移呈上升趋势。因此，在碳达峰分析中不应忽视不同水平碳排放的异质性。

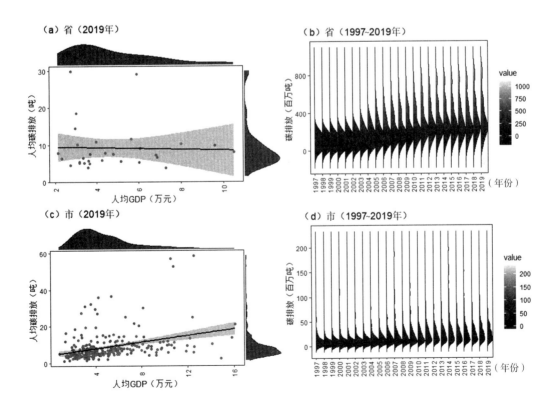

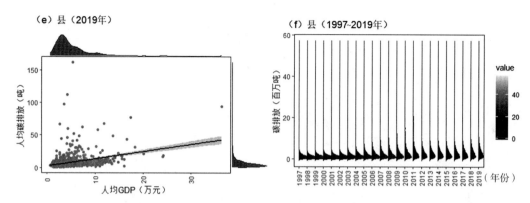

**图 9－4　1997～2019 年中国省、市、县二氧化碳排放量变化情况及 2019 年
人均 GDP 与人均二氧化碳排放量的对应关系**

注：（a）、（c）、（e）是 2019 年中国 30 个省份、262 个市、928 个县的人均 GDP 与人均二氧化碳排放量的关系图，考虑到数据的完整性和可用性，1997 年各省和 2002 年各城市的人均国内生产总值按不变价格进行了调整。（b）、（d）和（f）覆盖了中国 30 个省份、292 个城市和 2735 个县。

9.2.4　结果与讨论

（1）中国碳达峰预测。

图 9－5 描绘了各省市 PC（人均二氧化碳排放）与 PY（人均 GDP）的关系。本研究应用 EKC［式（9.10）］来拟合中国省市的 PY（人均 GDP）和 PC（人均二氧化碳排放），然后分别以 70%、80% 和 90% 的置信区间计算平均值。由于假设对于大多数省市来说，全国 PY（人均 GDP）和 PC（人均二氧化碳排放）恒定不变，那么可以使用不同的置信区间计算全国人均 GDP 峰值，这与已有研究保持一致。研究发现 PC（人均二氧化碳排放）峰值为 8.3～9.3 吨/人。基于对中国人口和经济增长的预测，研究认为，中国在 2021～2026 年实现碳达峰的概率大于 80%。与现有研究相比，这一结果处于中间水平。

（2）情景模拟分析。

图 9－6 描述了到 2035 年不同情景下中国二氧化碳排放的变化轨迹，并基于集成时间预测模型展示了中国省级和市级二氧化碳排放的变化轨迹。受新冠疫情影响，中国二氧化碳总排放量减少约 0.18Gt～0.84Gt。

本研究进一步表明，如果按照中等发展情景，中国可在 2030 年前实现碳达峰，这取决于减低碳强度的措施和经济增长等条件。过去十年（2011～2020 年）降低碳强度的措施也可能有助于中国实现碳达峰。如果继续保持"十三五"以来的碳强度降低速度，中国将无法在 2030 年实现碳达峰。事实上，根据政府报告（内蒙古生态环境厅，2020 年），与"十二五"期间降低碳强度的措施相比，中国最近在省级层面放缓了相关减碳工作。因此，加强未来特别是"十四五"期间降低碳强度的实施力度，是实现国家碳达峰的关键。

中国二氧化碳排放量在三种情景下的差距在 2030 年可能为 8.4 Gt，2035 年可能为 13.4 Gt。然而，由于降低碳强度和经济增长的不确定性，未来二氧化碳排放的轨迹很可能偏离假设情景。结合环境库茨涅茨曲线非线性估计的结果，情景分析表明，2030 年前实现碳达峰的不确定性主要是由于新冠疫情暴发和碳强度降速放缓。但如果加大降低碳强度的力度，中国将很可能实现碳达峰目标。

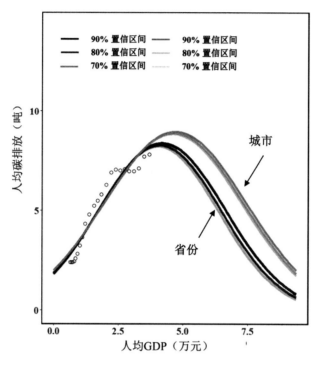

图 9－5　中国年度人均 GDP 与人均二氧化碳排放的关系

注：曲线分别表示中国各省和各城市在 70%、80% 和 90% 置信水平下的人均 GDP 及其对应的人均二氧化碳排放量；人均 GDP 基于 1997 年的不变价格，1997～2019 年的人均二氧化碳排放量在本研究中得到更新。

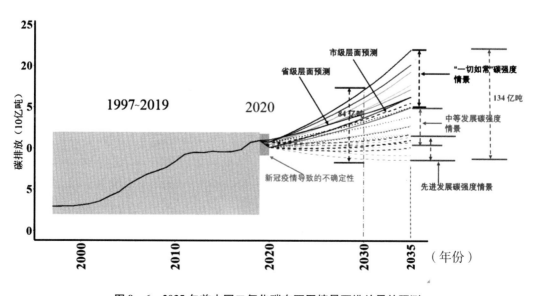

图 9－6　2035 年前中国二氧化碳在不同情景下排放量的预测

9.3 相关附件与程序

中国分省经济增速和碳强度年均增速假设（2021~2035年）。

表 A9 – 1　　　　基于"一切如常"情景的中国分省经济年均增速假设　　　单位：%

省份	2021~2025年			2026~2030年			2031~2035年		
	最佳	中间	基准	最佳	中间	基准	最佳	中间	基准
北京	6.43	5.43	4.43	6.43	5.43	4.43	6.43	5.43	4.43
天津	4.52	3.52	2.52	4.52	3.52	2.52	4.52	3.52	2.52
河北	6.53	5.53	4.53	6.53	5.53	4.53	6.53	5.53	4.53
山西	6.53	5.53	4.53	6.53	5.53	4.53	6.53	5.53	4.53
内蒙古	5.17	4.17	3.17	5.17	4.17	3.17	5.17	4.17	3.17
辽宁	5.39	4.39	3.39	5.39	4.39	3.39	5.39	4.39	3.39
吉林	4.74	3.74	2.74	4.74	3.74	2.74	4.74	3.74	2.74
黑龙江	5.34	4.34	3.34	5.34	4.34	3.34	5.34	4.34	3.34
上海	6.48	5.48	4.48	6.48	5.48	4.48	6.48	5.48	4.48
江苏	6.56	5.56	4.56	6.56	5.56	4.56	6.56	5.56	4.56
浙江	6.98	5.98	4.98	6.98	5.98	4.98	6.98	5.98	4.98
安徽	7.55	6.55	5.55	7.55	6.55	5.55	7.55	6.55	5.55
福建	7.55	6.55	5.55	7.55	6.55	5.55	7.55	6.55	5.55
江西	7.92	6.92	5.92	7.92	6.92	5.92	7.92	6.92	5.92
山东	6.36	5.36	4.36	6.36	5.36	4.36	6.36	5.36	4.36
河南	7.15	6.15	5.15	7.15	6.15	5.15	7.15	6.15	5.15
湖北	7.32	6.32	5.32	7.32	6.32	5.32	7.32	6.32	5.32
湖南	7.40	6.40	5.40	7.40	6.40	5.40	7.40	6.40	5.40
广东	6.68	5.68	4.68	6.68	5.68	4.68	6.68	5.68	4.68
广西	6.53	5.53	4.53	6.53	5.53	4.53	6.53	5.53	4.53
海南	6.21	5.21	4.21	6.21	5.21	4.21	6.21	5.21	4.21
重庆	6.95	5.95	4.95	6.95	5.95	4.95	6.95	5.95	4.95
四川	7.45	6.45	5.45	7.45	6.45	5.45	7.45	6.45	5.45
贵州	8.43	7.43	6.43	8.43	7.43	6.43	8.43	7.43	6.43
云南	8.16	7.16	6.16	8.16	7.16	6.16	8.16	7.16	6.16

续表

省份	2021～2025 年			2026～2030 年			2031～2035 年		
	最佳	中间	基准	最佳	中间	基准	最佳	中间	基准
陕西	7.07	6.07	5.07	7.07	6.07	5.07	7.07	6.07	5.07
甘肃	5.54	4.54	3.54	5.54	4.54	3.54	5.54	4.54	3.54
青海	6.73	5.73	4.73	6.73	5.73	4.73	6.73	5.73	4.73
宁夏	6.83	5.83	4.83	6.83	5.83	4.83	6.83	5.83	4.83
新疆	6.53	5.53	4.53	6.53	5.53	4.53	6.53	5.53	4.53

表 A9－2　　　　基于"一切如常"情景的中国分省碳强度年均增速假设　　　　单位：%

省份	2021～2025 年			2026～2030 年			2031～2035 年		
	最佳	中间	基准	最佳	中间	基准	最佳	中间	基准
北京	－9.30	－8.48	－7.86	－9.30	－8.48	－7.86	－9.30	－8.48	－7.86
天津	－4.38	－3.52	－2.86	－4.38	－3.52	－2.86	－4.38	－3.52	－2.86
河北	－4.91	－4.05	－3.40	－4.91	－4.05	－3.40	－4.91	－4.05	－3.40
山西	－2.73	－1.86	－1.19	－2.73	－1.86	－1.19	－2.73	－1.86	－1.19
内蒙古	－0.39	0.51	1.20	－0.39	0.51	1.20	－0.39	0.51	1.20
辽宁	－3.82	－2.96	－2.29	－3.82	－2.96	－2.29	－3.82	－2.96	－2.29
吉林	－4.37	－3.52	－2.85	－4.37	－3.52	－2.85	－4.37	－3.52	－2.85
黑龙江	－5.10	－4.25	－3.60	－5.10	－4.25	－3.60	－5.10	－4.25	－3.60
上海	－6.42	－5.58	－4.93	－6.42	－5.58	－4.93	－6.42	－5.58	－4.93
江苏	－4.12	－3.26	－2.60	－4.12	－3.26	－2.60	－4.12	－3.26	－2.60
浙江	－4.48	－3.63	－2.97	－4.48	－3.63	－2.97	－4.48	－3.63	－2.97
安徽	－5.09	－4.25	－3.59	－5.09	－4.25	－3.59	－5.09	－4.25	－3.59
福建	－2.81	－1.94	－1.27	－2.81	－1.94	－1.27	－2.81	－1.94	－1.27
江西	－4.26	－3.40	－2.74	－4.26	－3.40	－2.74	－4.26	－3.40	－2.74
山东	－4.87	－4.02	－3.37	－4.87	－4.02	－3.37	－4.87	－4.02	－3.37
河南	－6.11	－5.27	－4.62	－6.11	－5.27	－4.62	－6.11	－5.27	－4.62
湖北	－5.31	－4.46	－3.80	－5.31	－4.46	－3.80	－5.31	－4.46	－3.80
湖南	－4.34	－3.49	－2.82	－4.34	－3.49	－2.82	－4.34	－3.49	－2.82
广东	－3.78	－2.92	－2.26	－3.78	－2.92	－2.26	－3.78	－2.92	－2.26
广西	－3.08	－2.22	－1.55	－3.08	－2.22	－1.55	－3.08	－2.22	－1.55
海南	－2.20	－1.33	－0.65	－2.20	－1.33	－0.65	－2.20	－1.33	－0.65
重庆	－4.87	－4.02	－3.36	－4.87	－4.02	－3.36	－4.87	－4.02	－3.36

续表

省份	2021～2025 年			2026～2030 年			2031～2035 年		
	最佳	中间	基准	最佳	中间	基准	最佳	中间	基准
四川	− 6.38	− 5.55	− 4.90	− 6.38	− 5.55	− 4.90	− 6.38	− 5.55	− 4.90
贵州	− 5.74	− 4.90	− 4.25	− 5.74	− 4.90	− 4.25	− 5.74	− 4.90	− 4.25
云南	− 4.16	− 3.30	− 2.64	− 4.16	− 3.30	− 2.64	− 4.16	− 3.30	− 2.64
陕西	− 5.16	− 4.31	− 3.66	− 5.16	− 4.31	− 3.66	− 5.16	− 4.31	− 3.66
甘肃	− 4.20	− 3.34	− 2.68	− 4.20	− 3.34	− 2.68	− 4.20	− 3.34	− 2.68
青海	− 5.00	− 4.15	− 3.50	− 5.00	− 4.15	− 3.50	− 5.00	− 4.15	− 3.50
宁夏	2.71	3.63	4.34	2.71	3.63	4.34	2.71	3.63	4.34
新疆	− 1.42	− 0.54	0.14	− 1.42	− 0.54	0.14	− 1.42	− 0.54	0.14

表 A9 – 3　　　　　　　基于中等发展情景的中国分省经济年均增速假设　　　　　单位：%

省份	2021～2025 年			2026～2030 年			2031～2035 年		
	最佳	中间	基准	最佳	中间	基准	最佳	中间	基准
北京	7.50	6.50	5.50	7.50	6.50	5.50	7.50	6.50	5.50
天津	4.93	3.93	2.93	4.93	3.93	2.93	4.93	3.93	2.93
河北	7.63	6.63	5.63	7.63	6.63	5.63	7.63	6.63	5.63
山西	7.63	6.63	5.63	7.63	6.63	5.63	7.63	6.63	5.63
内蒙古	5.80	4.80	3.80	5.80	4.80	3.80	5.80	4.80	3.80
辽宁	6.10	5.10	4.10	6.10	5.10	4.10	6.10	5.10	4.10
吉林	5.23	4.23	3.23	5.23	4.23	3.23	5.23	4.23	3.23
黑龙江	6.03	5.03	4.03	6.03	5.03	4.03	6.03	5.03	4.03
上海	7.57	6.57	5.57	7.57	6.57	5.57	7.57	6.57	5.57
江苏	7.67	6.67	5.67	7.67	6.67	5.67	7.67	6.67	5.67
浙江	8.23	7.23	6.23	8.23	7.23	6.23	8.23	7.23	6.23
安徽	9.00	8.00	7.00	9.00	8.00	7.00	9.00	8.00	7.00
福建	9.00	8.00	7.00	9.00	8.00	7.00	9.00	8.00	7.00
江西	9.50	8.50	7.50	9.50	8.50	7.50	9.50	8.50	7.50
山东	7.40	6.40	5.40	7.40	6.40	5.40	7.40	6.40	5.40
河南	8.47	7.47	6.47	8.47	7.47	6.47	8.47	7.47	6.47
湖北	8.70	7.70	6.70	8.70	7.70	6.70	8.70	7.70	6.70
湖南	8.80	7.80	6.80	8.80	7.80	6.80	8.80	7.80	6.80
广东	7.83	6.83	5.83	7.83	6.83	5.83	7.83	6.83	5.83

省份	2021~2025 年			2026~2030 年			2031~2035 年		
	最佳	中间	基准	最佳	中间	基准	最佳	中间	基准
广西	7.63	6.63	5.63	7.63	6.63	5.63	7.63	6.63	5.63
海南	7.20	6.20	5.20	7.20	6.20	5.20	7.20	6.20	5.20
重庆	8.19	7.19	6.19	8.19	7.19	6.19	8.19	7.19	6.19
四川	8.87	7.87	6.87	8.87	7.87	6.87	8.87	7.87	6.87
贵州	10.20	9.20	8.20	10.20	9.20	8.20	10.20	9.20	8.20
云南	9.83	8.83	7.83	9.83	8.83	7.83	9.83	8.83	7.83
陕西	8.36	7.36	6.36	8.36	7.36	6.36	8.36	7.36	6.36
甘肃	6.29	5.29	4.29	6.29	5.29	4.29	6.29	5.29	4.29
青海	7.90	6.90	5.90	7.90	6.90	5.90	7.90	6.90	5.90
宁夏	8.03	7.03	6.03	8.03	7.03	6.03	8.03	7.03	6.03
新疆	7.63	6.63	5.63	7.63	6.63	5.63	7.63	6.63	5.63

表 A9－4　　　　基于中等发展情景的中国分省碳强度年均增速假设　　　　单位：%

省份	2021~2025 年			2026~2030 年			2031~2035 年		
	最佳	中间	基准	最佳	中间	基准	最佳	中间	基准
北京	－8.51	－8.15	－7.87	－8.51	－8.15	－7.87	－8.51	－8.15	－7.87
天津	－7.80	－7.43	－7.15	－7.80	－7.43	－7.15	－7.80	－7.43	－7.15
河北	－5.77	－5.39	－5.10	－5.77	－5.39	－5.10	－5.77	－5.39	－5.10
山西	－4.26	－3.88	－3.59	－4.26	－3.88	－3.59	－4.26	－3.88	－3.59
内蒙古	－4.80	－4.43	－4.14	－4.80	－4.43	－4.14	－4.80	－4.43	－4.14
辽宁	－4.20	－3.82	－3.53	－4.20	－3.82	－3.53	－4.20	－3.82	－3.53
吉林	－7.63	－7.26	－6.98	－7.63	－7.26	－6.98	－7.63	－7.26	－6.98
黑龙江	－5.06	－4.68	－4.39	－5.06	－4.68	－4.39	－5.06	－4.68	－4.39
上海	－7.23	－6.87	－6.58	－7.23	－6.87	－6.58	－7.23	－6.87	－6.58
江苏	－5.01	－4.63	－4.34	－5.01	－4.63	－4.34	－5.01	－4.63	－4.34
浙江	－6.27	－5.89	－5.61	－6.27	－5.89	－5.61	－6.27	－5.89	－5.61
安徽	－4.98	－4.60	－4.31	－4.98	－4.60	－4.31	－4.98	－4.60	－4.31
福建	－7.42	－7.05	－6.77	－7.42	－7.05	－6.77	－7.42	－7.05	－6.77
江西	－4.13	－3.75	－3.45	－4.13	－3.75	－3.45	－4.13	－3.75	－3.45
山东	－6.23	－5.86	－5.58	－6.23	－5.86	－5.58	－6.23	－5.86	－5.58
河南	－7.94	－7.57	－7.29	－7.94	－7.57	－7.29	－7.94	－7.57	－7.29

续表

省份	2021～2025 年			2026～2030 年			2031～2035 年		
	最佳	中间	基准	最佳	中间	基准	最佳	中间	基准
湖北	−9.12	−8.76	−8.48	−9.12	−8.76	−8.48	−9.12	−8.76	−8.48
湖南	−6.46	−6.09	−5.80	−6.46	−6.09	−5.80	−6.46	−6.09	−5.80
广东	−5.87	−5.49	−5.21	−5.87	−5.49	−5.21	−5.87	−5.49	−5.21
广西	−5.05	−4.68	−4.39	−5.05	−4.68	−4.39	−5.05	−4.68	−4.39
海南	−3.96	−3.57	−3.28	−3.96	−3.57	−3.28	−3.96	−3.57	−3.28
重庆	−8.43	−8.07	−7.79	−8.43	−8.07	−7.79	−8.43	−8.07	−7.79
四川	−7.37	−7.00	−6.72	−7.37	−7.00	−6.72	−7.37	−7.00	−6.72
贵州	−6.66	−6.29	−6.01	−6.66	−6.29	−6.01	−6.66	−6.29	−6.01
云南	−8.33	−7.97	−7.69	−8.33	−7.97	−7.69	−8.33	−7.97	−7.69
陕西	−6.41	−6.04	−5.75	−6.41	−6.04	−5.75	−6.41	−6.04	−5.75
甘肃	−5.81	−5.44	−5.15	−5.81	−5.44	−5.15	−5.81	−5.44	−5.15
青海	−2.66	−2.27	−1.97	−2.66	−2.27	−1.97	−2.66	−2.27	−1.97
宁夏	−3.59	−3.21	−2.92	−3.59	−3.21	−2.92	−3.59	−3.21	−2.92
新疆	0.81	1.21	1.51	0.81	1.21	1.51	0.81	1.21	1.51

表 A9－5　　　　　基于高速发展情景的中国分省经济年均增速假设　　　　单位：%

省份	2021～2025 年			2026～2030 年			2031～2035 年		
	最佳	中间	基准	最佳	中间	基准	最佳	中间	基准
北京	7.46	6.46	5.46	7.46	6.46	5.46	7.46	6.46	5.46
天津	8.57	7.57	6.57	8.57	7.57	6.57	8.57	7.57	6.57
河北	7.66	6.66	5.66	7.66	6.66	5.66	7.66	6.66	5.66
山西	6.94	5.94	4.94	6.94	5.94	4.94	6.94	5.94	4.94
内蒙古	7.62	6.62	5.62	7.62	6.62	5.62	7.62	6.62	5.62
辽宁	5.62	4.62	3.62	5.62	4.62	3.62	5.62	4.62	3.62
吉林	7.08	6.08	5.08	7.08	6.08	5.08	7.08	6.08	5.08
黑龙江	6.85	5.85	4.85	6.85	5.85	4.85	6.85	5.85	4.85
上海	7.43	6.43	5.43	7.43	6.43	5.43	7.43	6.43	5.43
江苏	8.42	7.42	6.42	8.42	7.42	6.42	8.42	7.42	6.42
浙江	8.03	7.03	6.03	8.03	7.03	6.03	8.03	7.03	6.03
安徽	9.35	8.35	7.35	9.35	8.35	7.35	9.35	8.35	7.35
福建	9.41	8.41	7.41	9.41	8.41	7.41	9.41	8.41	7.41

续表

省份	2021~2025 年			2026~2030 年			2031~2035 年		
	最佳	中间	基准	最佳	中间	基准	最佳	中间	基准
江西	9.50	8.50	7.50	9.50	8.50	7.50	9.50	8.50	7.50
山东	8.22	7.22	6.22	8.22	7.22	6.22	8.22	7.22	6.22
河南	8.66	7.66	6.66	8.66	7.66	6.66	8.66	7.66	6.66
湖北	9.14	8.14	7.14	9.14	8.14	7.14	9.14	8.14	7.14
湖南	9.10	8.10	7.10	9.10	8.10	7.10	9.10	8.10	7.10
广东	7.96	6.96	5.96	7.96	6.96	5.96	7.96	6.96	5.96
广西	8.48	7.48	6.48	8.48	7.48	6.48	8.48	7.48	6.48
海南	8.06	7.06	6.06	8.06	7.06	6.06	8.06	7.06	6.06
重庆	10.10	9.10	8.10	10.10	9.10	8.10	10.10	9.10	8.10
四川	9.05	8.05	7.05	9.05	8.05	7.05	9.05	8.05	7.05
贵州	10.73	9.73	8.73	10.73	9.73	8.73	10.73	9.73	8.73
云南	9.78	8.78	7.78	9.78	8.78	7.78	9.78	8.78	7.78
陕西	9.13	8.13	7.13	9.13	8.13	7.13	9.13	8.13	7.13
甘肃	8.31	7.31	6.31	8.31	7.31	6.31	8.31	7.31	6.31
青海	8.91	7.91	6.91	8.91	7.91	6.91	8.91	7.91	6.91
宁夏	8.62	7.62	6.62	8.62	7.62	6.62	8.62	7.62	6.62
新疆	8.92	7.92	6.92	8.92	7.92	6.92	8.92	7.92	6.92

表 A9 - 6　　　　基于先进发展情景的中国分省碳强度年均增速假设　　　　单位：%

省份	2021~2025 年			2026~2030 年			2031~2035 年		
	最佳	中间	基准	最佳	中间	基准	最佳	中间	基准
北京	-7.84	-7.44	-7.04	-7.84	-7.44	-7.04	-7.84	-7.44	-7.04
天津	-10.63	-10.23	-9.83	-10.63	-10.23	-9.83	-10.63	-10.23	-9.83
河北	-7.30	-6.90	-6.50	-7.30	-6.90	-6.50	-7.30	-6.90	-6.50
山西	-6.62	-6.22	-5.82	-6.62	-6.22	-5.82	-6.62	-6.22	-5.82
内蒙古	-9.17	-8.77	-8.37	-9.17	-8.77	-8.37	-9.17	-8.77	-8.37
辽宁	-5.83	-5.43	-5.03	-5.83	-5.43	-5.03	-5.83	-5.43	-5.03
吉林	-10.74	-10.34	-9.94	-10.74	-10.34	-9.94	-10.74	-10.34	-9.94
黑龙江	-5.55	-5.15	-4.75	-5.55	-5.15	-4.75	-5.55	-5.15	-4.75
上海	-8.57	-8.17	-7.77	-8.57	-8.17	-7.77	-8.57	-8.17	-7.77
江苏	-6.39	-5.99	-5.59	-6.39	-5.99	-5.59	-6.39	-5.99	-5.59

省份	2021~2025 年			2026~2030 年			2031~2035 年		
	最佳	中间	基准	最佳	中间	基准	最佳	中间	基准
浙江	-8.01	-7.61	-7.21	-8.01	-7.61	-7.21	-8.01	-7.61	-7.21
安徽	-5.21	-4.81	-4.41	-5.21	-4.81	-4.41	-5.21	-4.81	-4.41
福建	-10.38	-9.98	-9.58	-10.38	-9.98	-9.58	-10.38	-9.98	-9.58
江西	-3.62	-3.22	-2.82	-3.62	-3.22	-2.82	-3.62	-3.22	-2.82
山东	-8.00	-7.60	-7.20	-8.00	-7.60	-7.20	-8.00	-7.60	-7.20
河南	-10.03	-9.63	-9.23	-10.03	-9.63	-9.23	-10.03	-9.63	-9.23
湖北	-13.76	-13.36	-12.96	-13.76	-13.36	-12.96	-13.76	-13.36	-12.96
湖南	-9.07	-8.67	-8.27	-9.07	-8.67	-8.27	-9.07	-8.67	-8.27
广东	-8.62	-8.22	-7.82	-8.62	-8.22	-7.82	-8.62	-8.22	-7.82
广西	-8.42	-8.02	-7.62	-8.42	-8.02	-7.62	-8.42	-8.02	-7.62
海南	-3.99	-3.59	-3.19	-3.99	-3.59	-3.19	-3.99	-3.59	-3.19
重庆	-11.19	-10.79	-10.39	-11.19	-10.79	-10.39	-11.19	-10.79	-10.39
四川	-7.85	-7.45	-7.05	-7.85	-7.45	-7.05	-7.85	-7.45	-7.05
贵州	-8.73	-8.33	-7.93	-8.73	-8.33	-7.93	-8.73	-8.33	-7.93
云南	-13.30	-12.90	-12.50	-13.30	-12.90	-12.50	-13.30	-12.90	-12.50
陕西	-6.86	-6.46	-6.06	-6.86	-6.46	-6.06	-6.86	-6.46	-6.06
甘肃	-6.51	-6.11	-5.71	-6.51	-6.11	-5.71	-6.51	-6.11	-5.71
青海	-1.67	-1.27	-0.87	-1.67	-1.27	-0.87	-1.67	-1.27	-0.87
宁夏	-8.34	-7.94	-7.54	-8.34	-7.94	-7.54	-8.34	-7.94	-7.54
新疆	2.92	3.32	3.72	2.92	3.32	3.72	2.92	3.32	3.72

环境库兹涅茨曲线回归结果。

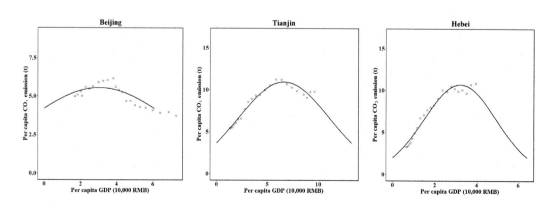

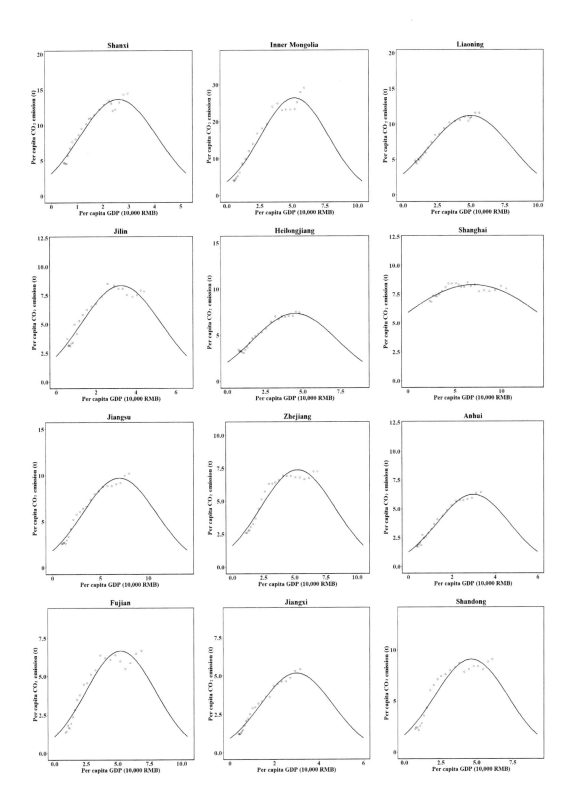

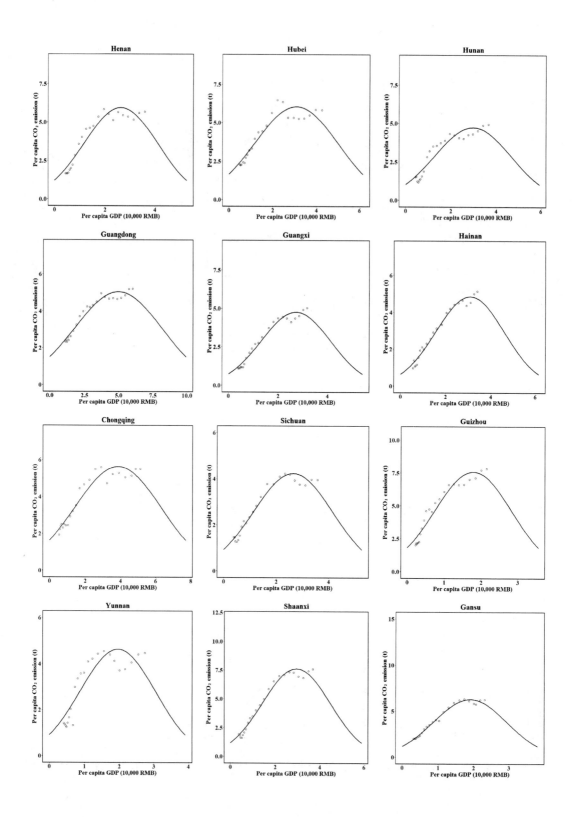

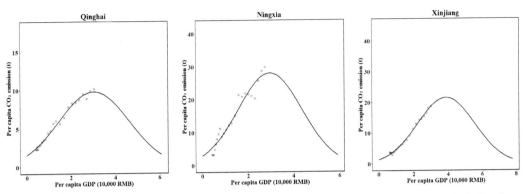

图 A9 - 1 1997 ~ 2019 年中国 30 个省份人均 GDP 和人均二氧化碳排放的高斯库兹涅茨曲线回归

注: 人均 GDP 是根据 1997 年的不变价格计算的。

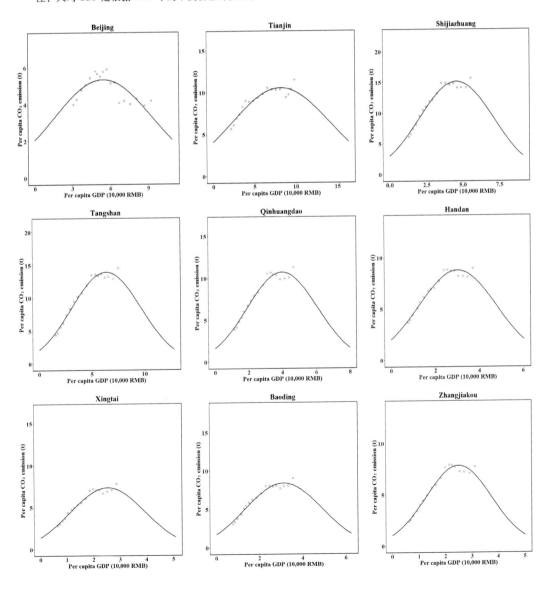

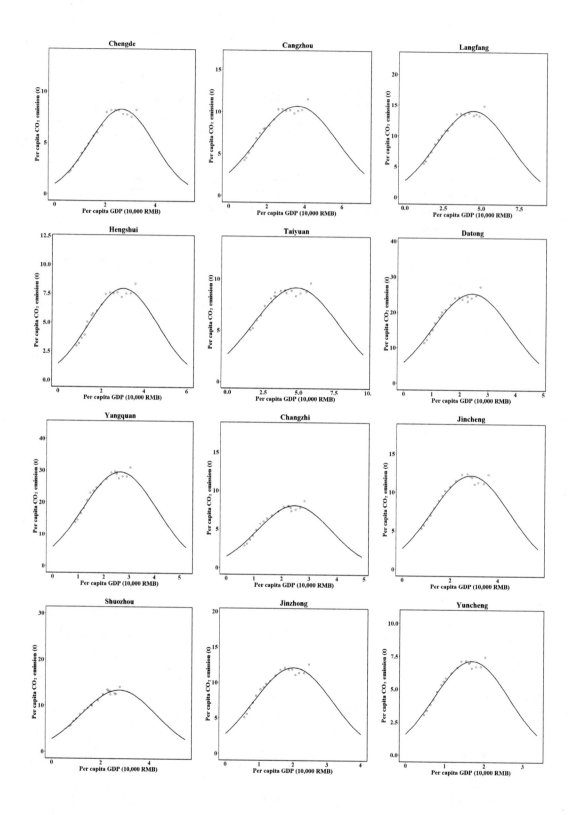

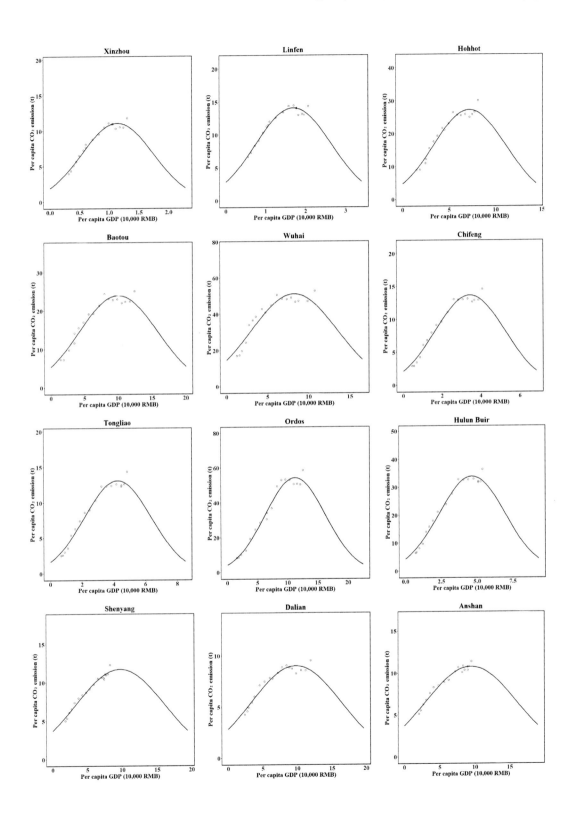

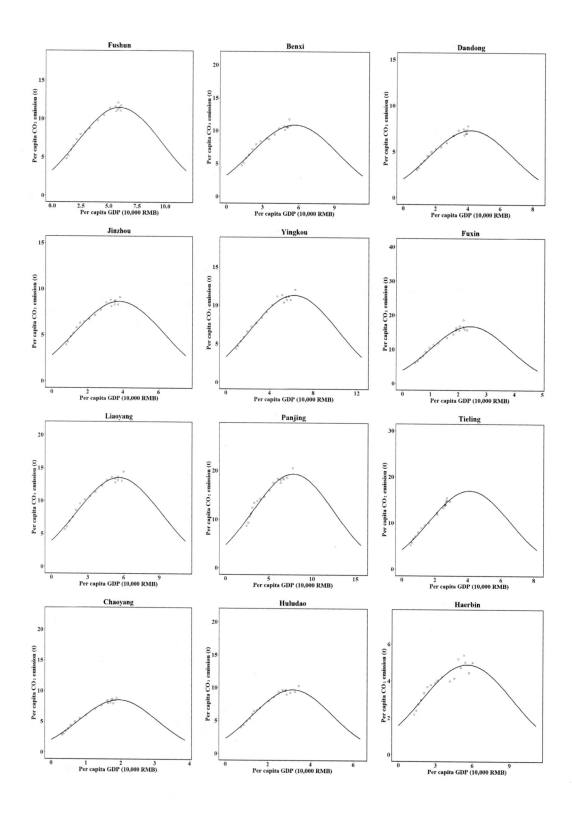

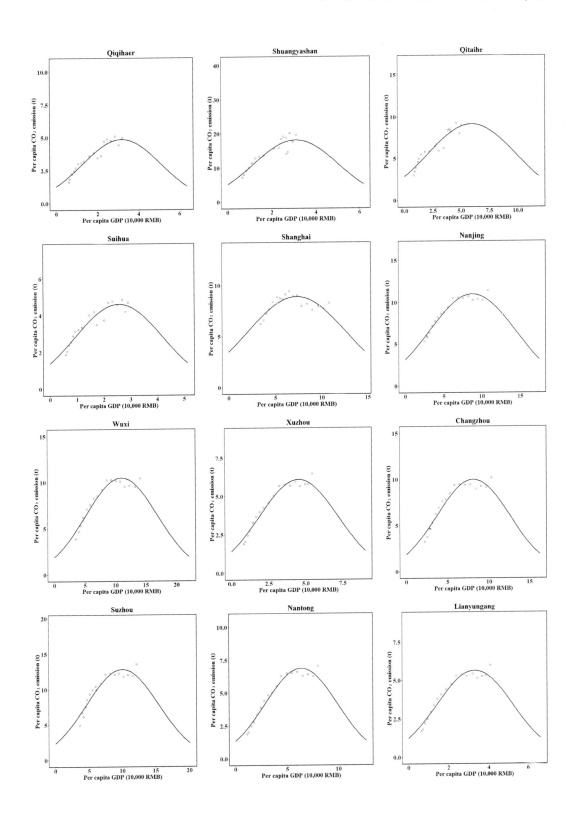

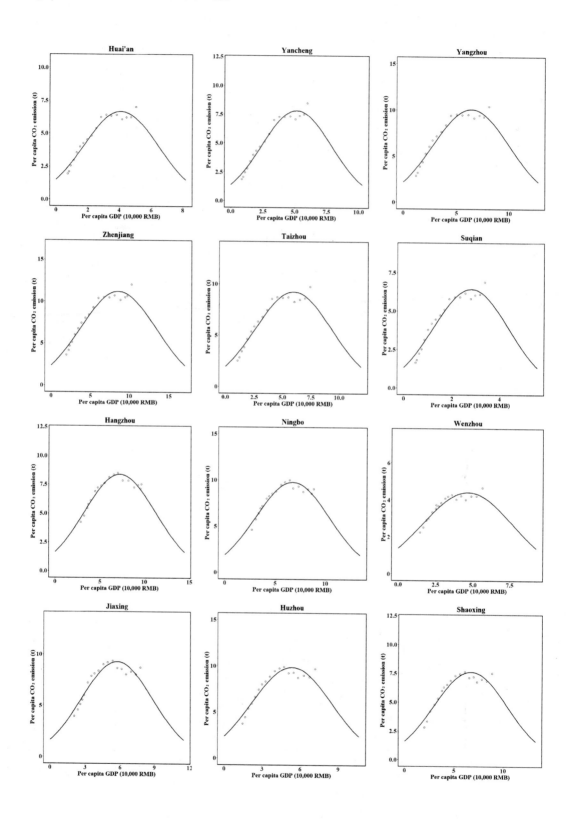

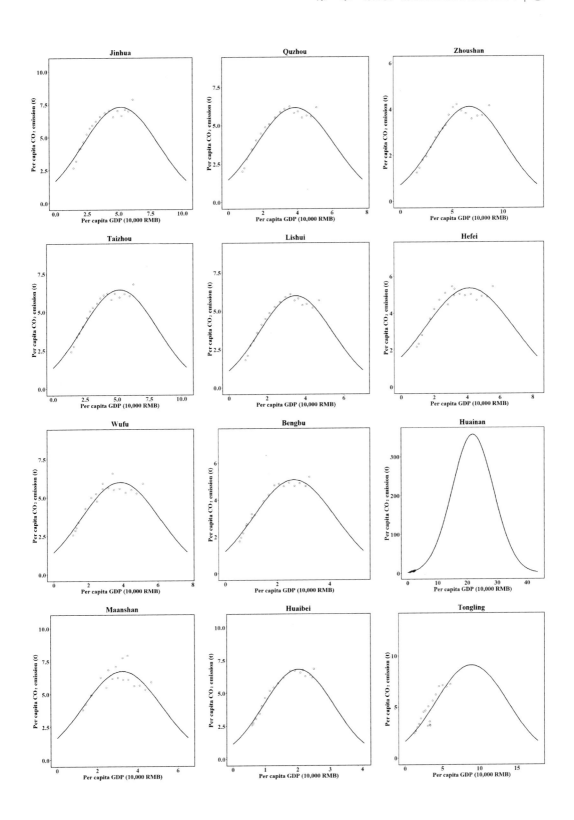

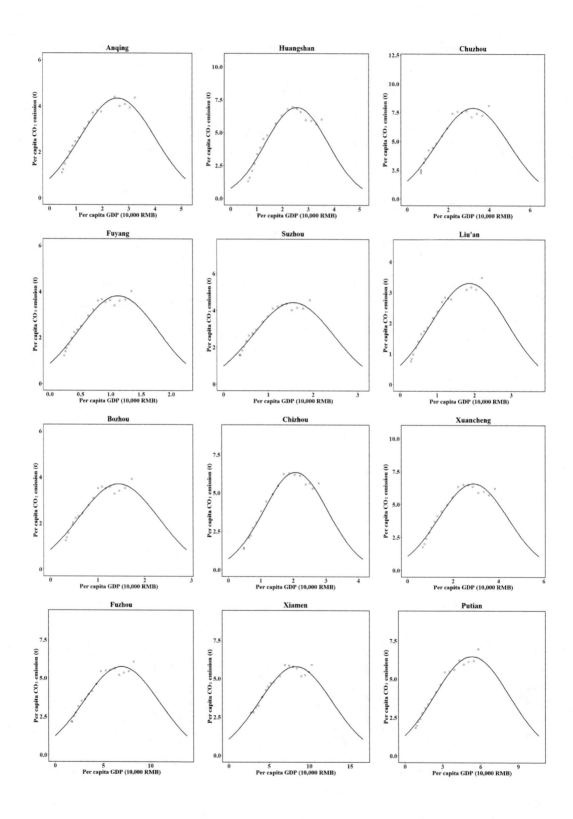

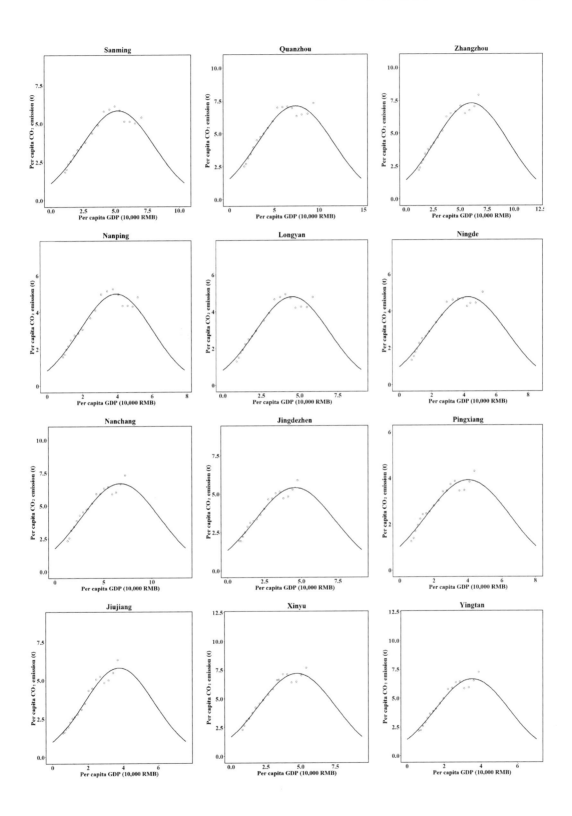

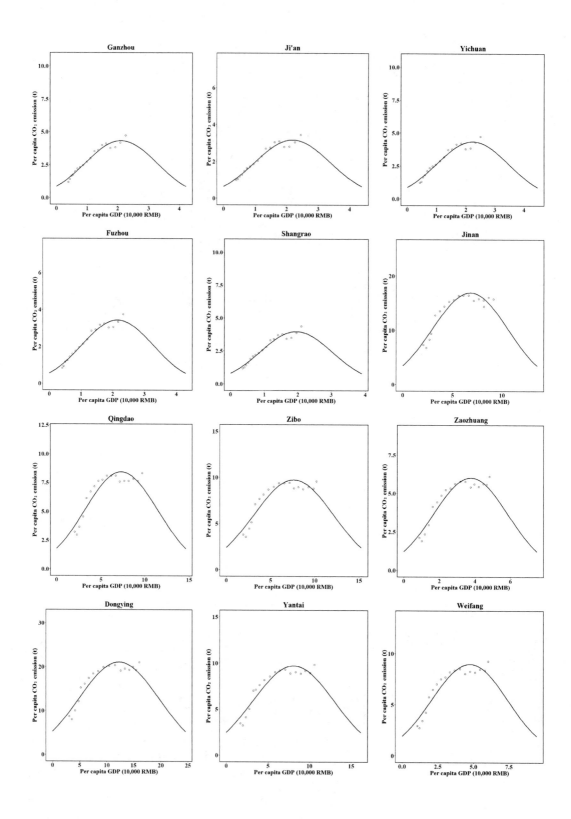

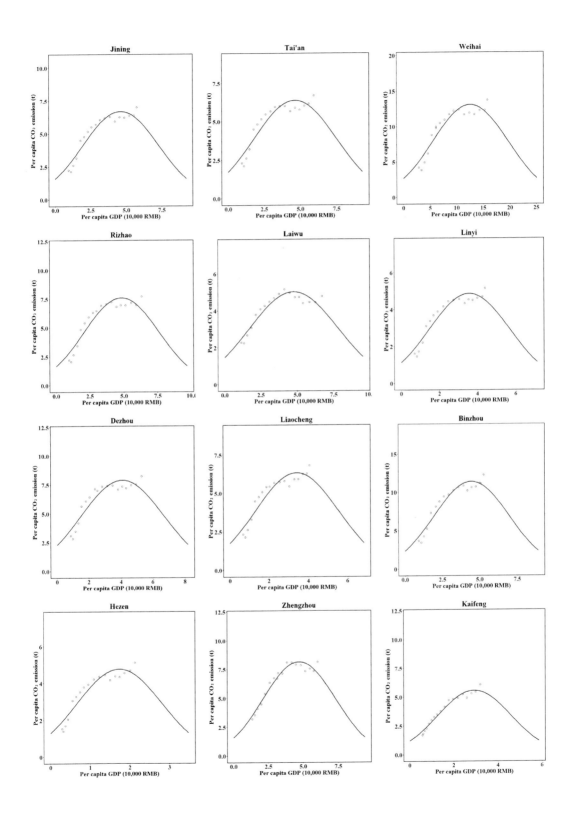

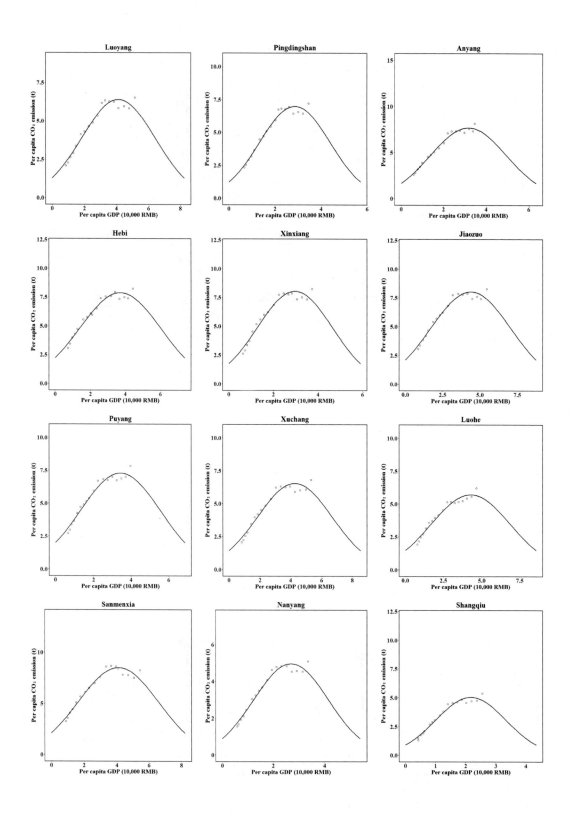

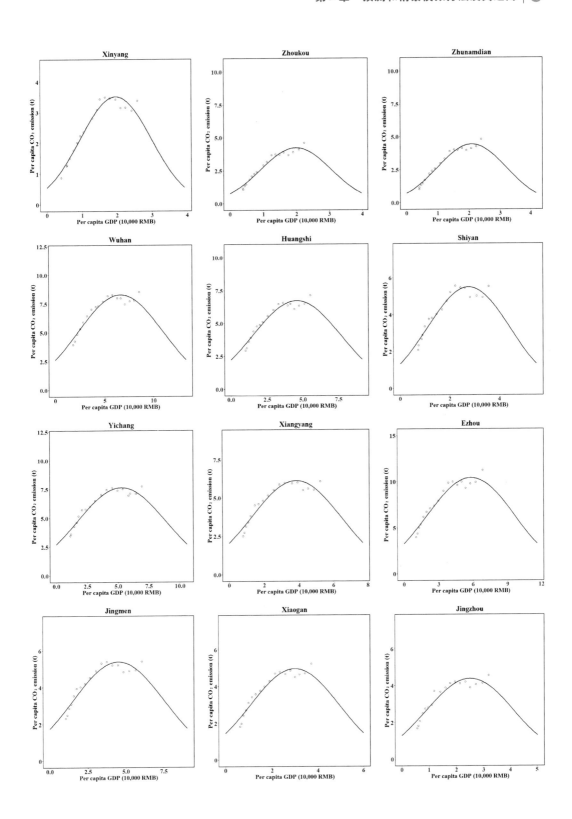

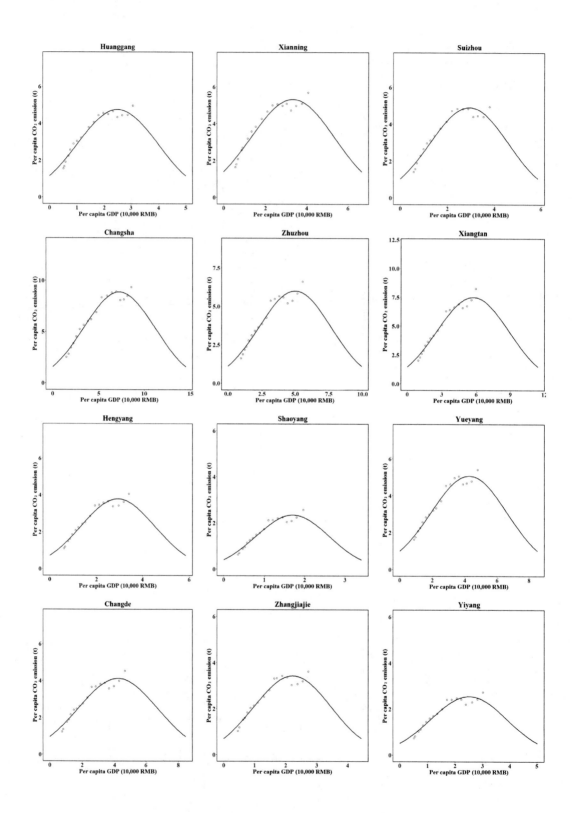

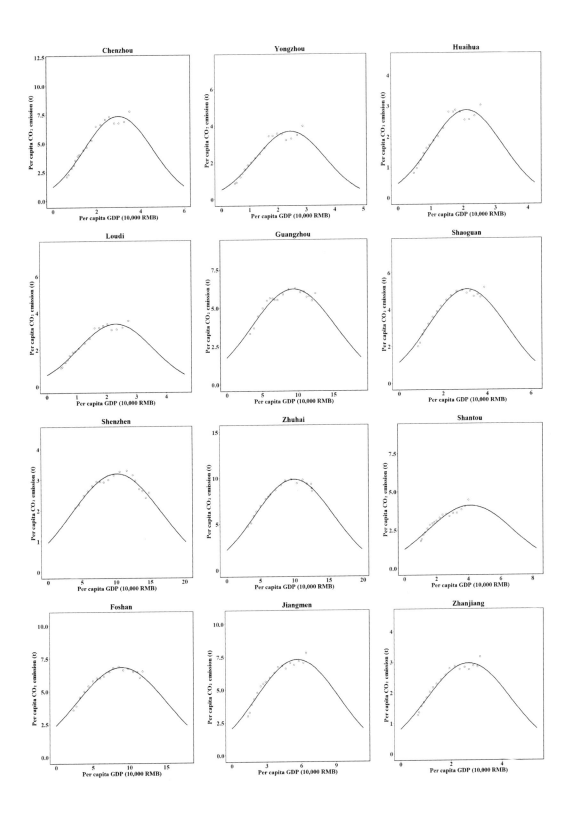

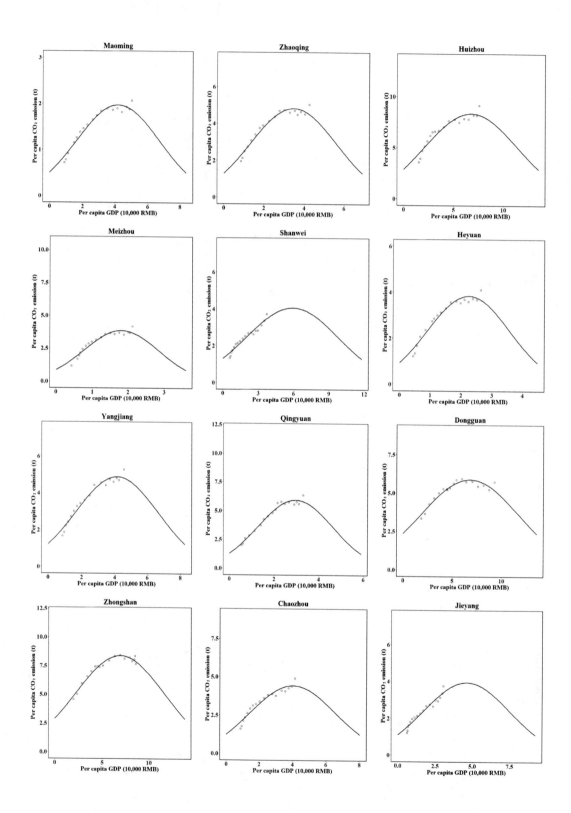

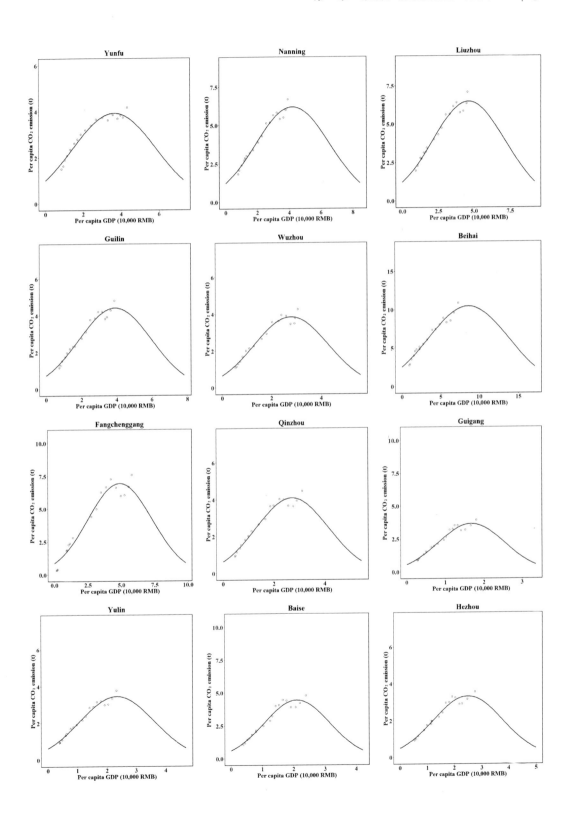

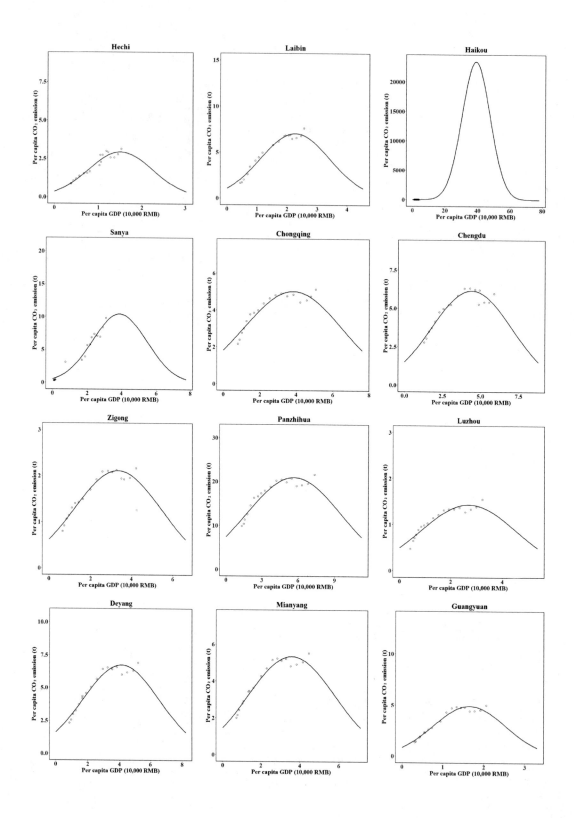

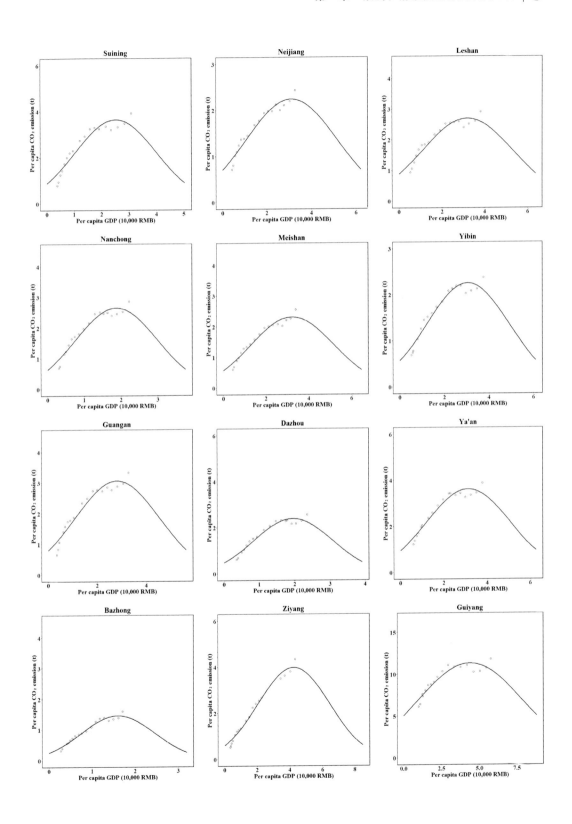

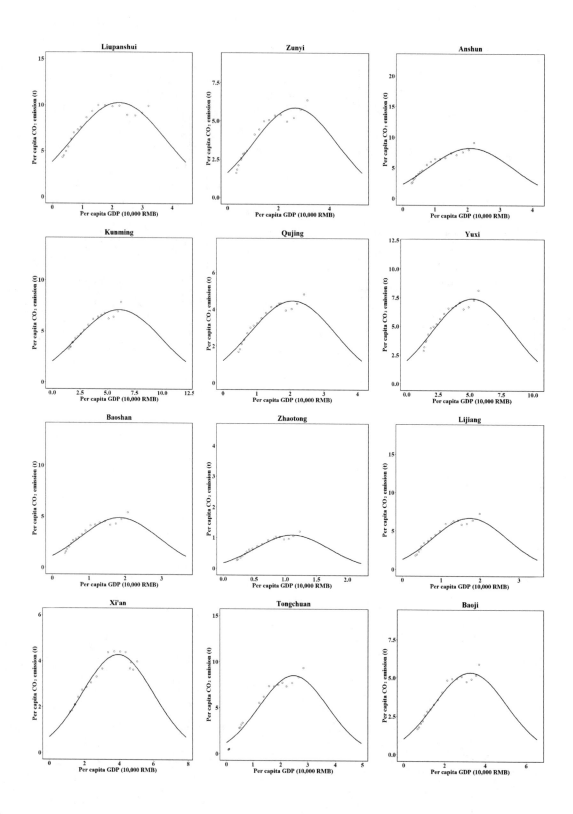

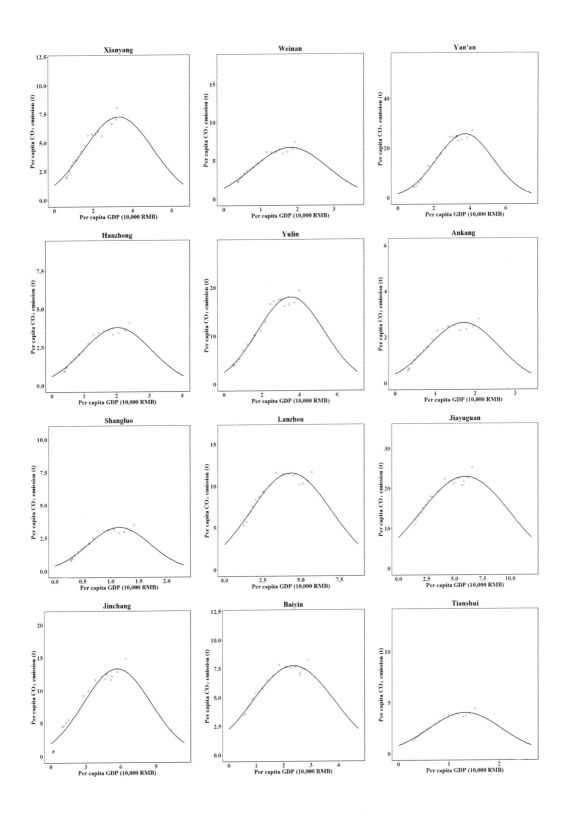

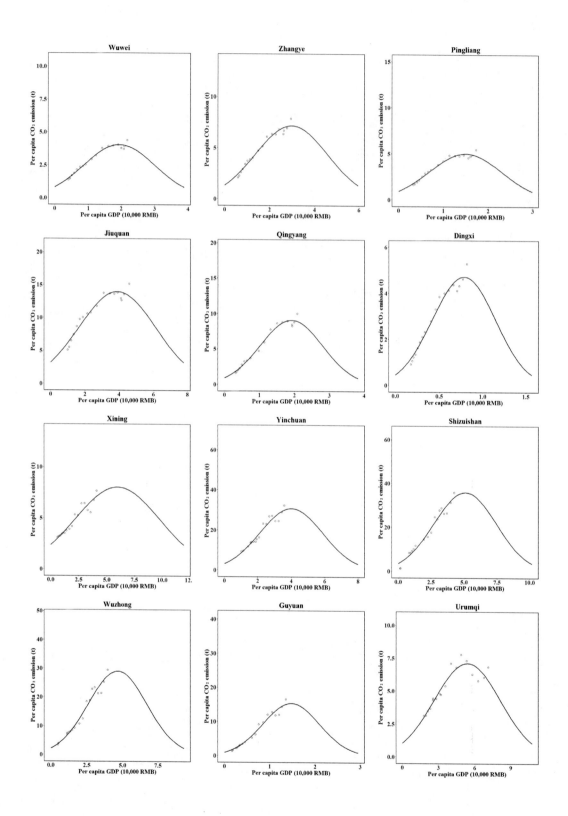

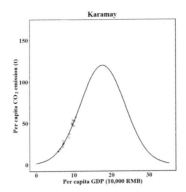

图A9 – 2 2002～2019 年中国 262 个城市人均 GDP 和人均二氧化碳排放的高斯库兹涅茨曲线回归
注：人均 GDP 是根据 1997 年的不变价格计算的。

程序。

###以下基于 R 语言
rm(list = ls( ))
library(ggplot2) ; library(gridExtra) ; library(reshape2) ; library(tidyverse) ; library(ggExtra)
library(viridis) ; library(hrbrthemes) ; library(ggridges)
#######_____省市县碳排放与 GDP 散点图制作_____#########

#####省级散点图
```
p1 = ggplot( dat_prov, aes( x = PGDP, y = PCO2, color = Province
) ) +
  geom_point( ) +
  geom_smooth( method = lm, color = " black" , fill = " #69b3a2" , se = TRUE) +
  theme( legend. position = " none" ,
        axis. text. x = element_text( vjust = 0. 5,
                                      hjust = 0. 5, angle = 90) ,
        panel. grid. major = element_blank( ) ,
        panel. grid. minor = element_blank( ) ,
        panel. background = element_blank( ) ,
        panel. border = element_rect( fill = NA, color = 'black', linetype = 'solid') ) +
ggtitle( 'a)省( 2019 年)') +

  xlab( '人均 GDP( 万元)') + ylab( '人均碳排放( 吨)')
p1_marg = ggMarginal( p1 , type = 'density', fill = 'steelblue')
```

####市级散点图

```
p2 = ggplot(dat_city, aes(x = PGDP, y = PCO2, color = City
)) +
    geom_point() +
    geom_smooth(method = lm, color = "black", fill = "#69b3a2", se = TRUE) +
    theme(legend.position = "none",
          axis.text.x = element_text(vjust = 0.5,
                                     hjust = 0.5, angle = 90),
          panel.grid.major = element_blank(),
          panel.grid.minor = element_blank(),
          panel.background = element_blank(),
          panel.border = element_rect(fill = NA, color = 'black', linetype = 'solid')) +
    ggtitle('c)市(2019 年)') +

    xlab('人均 GDP(万元)') + ylab('人均碳排放(吨)')
p2_marg = ggMarginal(p2, type = 'density', fill = 'steelblue')


####县级散点图
p3 = ggplot(dat_county, aes(x = PGDP, y = PCO2, color = County
)) +
    geom_point() +
    geom_smooth(method = lm, color = "black", fill = "#69b3a2", se = TRUE) +
    theme(legend.position = "none",
          axis.text.x = element_text(vjust = 0.5,
                                     hjust = 0.5, angle = 90),
          panel.grid.major = element_blank(),
          panel.grid.minor = element_blank(),
          panel.background = element_blank(),
          panel.border = element_rect(fill = NA, color = 'black', linetype = 'solid')) +
    ggtitle('e)县(2019 年)') +

    xlab('人均 GDP(万元)') + ylab('人均碳排放(吨)')
p3_marg = ggMarginal(p3, type = 'density', fill = 'steelblue')


#####省级数据绘图
df_prov = df_prov_raw[, -c(2)];
colnames(df_prov)[2:24] = as.character(c(1997:2019))
```

```
df_prov_melt = melt( df_prov) ;
df_prov_melt$year = rep( c( 1997 :2019) ,each = 30)


p4 = ggplot( df_prov_melt) +
   #geom_point( color = 'orange') +
   geom_density_ridges_gradient( aes( x = value ,y = as. factor( year) ,fill = . . x. . ) ) +
   scale_fill_viridis( name = " value" ,option = " C" ) +
   coord_flip( ) +
   #geom_smooth( method = lm ,color = " red" ,fill = " #69b3a2" ,se = TRUE) +
   theme( legend. position = " right" ,
          axis. text. x = element_text( vjust = 0. 5 ,
                                        hjust = 0. 5 ,angle = 90) ,
          panel. grid. major = element_blank( ) ,
          panel. grid. minor = element_blank( ) ,
          panel. background = element_blank( ) ,
          panel. border = element_rect( fill = NA ,color = 'black' ,linetype = 'solid') ) ) +
   ggtitle( 'b) 省( 1997 − 2019 年) ') +


   ylab( ") + xlab( '碳排放( 百万吨) ')


#####市级数据绘图
df_city = df_city_raw
colnames( df_city) [ 2 :24 ] = as. character( c( 1997 :2019) )
colnames( df_city) [ 1 ] = 'city'
df_city_melt = melt( df_city) ;
df_city_melt$year = rep( c( 1997 :2019) ,each = 292)


p5 = ggplot( df_city_melt) +
   #geom_point( color = 'orange') +
   geom_density_ridges_gradient( aes( x = value ,y = as. factor( year) ,fill = . . x. . ) ) +
   scale_fill_viridis( name = " value" ,option = " C" ) +
   coord_flip( ) +
   #geom_smooth( method = lm ,color = " red" ,fill = " #69b3a2" ,se = TRUE) +
   theme( lcgend. position = " right" ,
          axis. text. x = element_text( vjust = 0. 5 ,
                                        hjust = 0. 5 ,angle = 90) ,
          panel. grid. major = element_blank( ) ,
```

```
                panel. grid. minor = element_blank( ) ,
                panel. background = element_blank( ) ,
                panel. border = element_rect( fill = NA , color = 'black' , linetype = 'solid') ) +
  ggtitle( 'd) 市( 1997 ~ 2019 年) ') +


  ylab( '') + xlab( '碳排放( 百万吨) ')


#####县级数据绘图
df_county = df_county_raw[ , - c( 1 , 3 : 7 ) ] ;
colnames( df_county) [ 2 : 24 ] = as. character( c( 1997 : 2019 ) )
colnames( df_county) [ 1 ] = 'county'


df_county_melt = melt( df_county) ;
df_county_meltMYMyear = rep( c( 1997 : 2019 ) , each = 2735 )


p6 = ggplot( df_county_melt) +
  #geom_point( color = 'orange') +
  geom_density_ridges_gradient( aes( x = value , y = as. factor( year ) , fill = . . x. . ) ) +
  scale_fill_viridis( name = " value" , option = " C" ) +
  coord_flip( ) +
  #geom_smooth( method = lm , color = " red" , fill = " #69b3a2" , se = TRUE ) +
  theme( legend. position = " right" ,
          axis. text. x = element_text( vjust = 0. 5 ,
                                    hjust = 0. 5 , angle = 90 ) ,
          panel. grid. major = element_blank( ) ,
          panel. grid. minor = element_blank( ) ,
          panel. background = element_blank( ) ,
          panel. border = element_rect( fill = NA , color = 'black' , linetype = 'solid') ) +
  ggtitle( 'f) 县( 1997 ~ 2019 年) ') +


  ylab( '') + xlab( '碳排放( 百万吨) ')


grid. arrange( p1_marg , p4 , p2_marg , p5 , p3_marg , p6 )
```

参 考 文 献

[1] 北京生态设计与绿色制造促进会. 绿色产品与技术生命周期评价中心发布——LCA 政策进展 [EB/OL]. http：//www. gdgm. org. cn/site/content/673. html.

[2] 曹子阳, 吴志峰, 匡耀求, 黄宁生. DMSP/OLS 夜间灯光影像中国区域的校正及应用 [J]. 地球信息科学学报, 2015, 17 (9)：1092 – 1102.

[3] 陈斌开, 张川川. 人力资本和中国城市住房价格 [J]. 中国社会科学, 2016 (5)：43 – 64 + 205.

[4] 陈福军, 沈彦俊, 李倩, 郭英, 徐丽梅. 中国陆地生态系统近 30 年 NPP 时空变化研究 [J]. 地理科学, 2011, 31 (11)：1409 – 1414.

[5] 陈诗一, 陈登科. 雾霾污染, 政府治理与经济高质量发展 [J]. 经济研究, 2018, 53 (2)：20 – 34.

[6] 陈帅, 张丹丹. 空气污染与劳动生产率——基于监狱工厂数据的实证分析 [J]. 经济学 (季刊), 2020, 19 (4)：1315 – 1334.

[7] 陈锡康等. 投入产出技术 [M]. 北京：科学出版社, 2011.

[8] 陈颖彪, 郑子豪, 吴志峰, 千庆兰. 夜间灯光遥感数据应用综述和展望 [J]. 地理科学进展, 2019, 38 (2)：205 – 223.

[9] 成刚. 数据包络分析方法与 MaxDEA 软件 [M]. 北京：知识产权出版社, 2014.

[10] 程熙, 吴炜, 夏列钢, 罗瑞, 沈占锋. 集成夜间灯光数据与 Landsat TM 影像的不透水面自动提取方法研究 [J]. 地球信息科学学报, 2017, 19 (10)：1364 – 1374.

[11] 崔也光, 周畅, 王肇. 地区污染治理投资与企业环境成本 [J]. 财政研究, 2019 (3)：115 – 129.

[12] 邓志强. 我国工业污染防治中的利益冲突与协调研究 [D]. 中南大学, 2009.

[13] 傅勇, 张晏. 中国式分权与财政支出结构偏向：为增长而竞争的代价 [J]. 管理世界, 2007 (3)：4 – 12 + 22.

[14] 甘犁, 尹志超, 贾男, 徐舒, 马双. 中国家庭资产状况及住房需求分析 [J]. 金融研究, 2013 (4)：1 – 14.

[15] 高亚红, 顾羊羊, 乔旭宁, 宋雪桦, 叶润武, 孙旭. 基于夜间灯光数据的南京城镇用地提取 [J]. 测绘科学, 2017, 42 (6)：93 – 98 + 154.

[16] 龚先政, 聂祚仁, 王志宏, 高峰, 陈文娟, 左铁镛. 中国材料生命周期分析数据库开发及应用 [J]. 中国材料进展, 2011, 8：1 – 7.

[17] 关楠, 黄新飞, 李腾. 空气质量与医疗费用支出——基于中国中老年人的微观

证据 [J]. 经济学（季刊），2021，21（3）：775 – 796.

[18] 郭伟. 夜间灯光数据和 MODIS 数据用于大尺度不透水面制图研究 [D]. 武汉大学，2015.

[19] 郭伟祥. 生命周期评价（LCA）方法概述 [EB/OL]. http：//tbt. testrust. com/zt/co2/8 – react – 202. html.

[20] 郭焱，刘红超，郭彬. 产品生命周期评价关键问题研究评述 [J]. 计算机集成制造系统，2014，20（5）：1141 – 1148.

[21] 国务院. 《打赢蓝天保卫战三年行动计划》[EB/OL]. http：//www. gov. cn/zhengce/content/2018 – 07/03/content_5303158. htm.

[22] 国务院. 《关于建立统一的绿色产品标准、认证、标识体系的意见》[EB/OL]. http：//www. gov. cn/zhengce/content/2016 – 12/07/content_5144554. htm.

[23] 国务院. 《生产者责任延伸制度推行方案》[EB/OL]. http：//www. gov. cn/zhengce/content/2017 – 01/03/content_5156043. htm.

[24] 国务院. "十三五"国家科技创新规划 [EB/OL]. http：//www. gov. cn/zhengce/content/2016 – 08/08/content_5098072. htm.

[25] 国务院. 《中国制造 2025》[EB/OL]. http：//www. gov. cn/zhengce/content/2015 – 05/19/content_9784. htm.

[26] 黄凯南. 演化博弈与演化经济学 [J]. 经济研究，2009，44（2）：132 – 145.

[27] 计军平. 中国碳排放投入产出分析 [J]. 北京大学出版社，2020.

[28] 贾根良. 理解演化经济学 [J]. 中国社会科学，2004（2）：33 – 41.

[29] 姜珂，游达明. 基于央地分权视角的环境规制策略演化博弈分析 [J]. 中国人口·资源与环境，2016，26（9）：139 – 148.

[30] 靖新，高昊，顾若楠. 加强生态文明建设，持续推动绿色发展——基于夜间灯光数据的沈阳市绿色低碳节能的建议 [A]. 中共沈阳市委、沈阳市人民政府：沈阳市科学技术协会，2021.

[31] 李德仁，李熙. 论夜光遥感数据挖掘 [J]. 测绘学报，2015，44（6）：591 – 601.

[32] 李刚，周磊，王道龙，辛晓平，杨桂霞，张宏斌，陈宝瑞. 内蒙古草地 NPP 变化及其对气候的响应 [J]. 生态环境，2008，17（5）：1948 – 1955.

[33] 李书华. 电动汽车全生命周期分析及环境效益评价 [D]. 吉林大学，2014.

[34] 李小青. 龚先政，聂祚仁，王志宏. 中国材料生命周期评价数据模型及数据库开发 [J]. 中国材料进展，2016，35（3）：171 – 178.

[35] 李新创. 中国钢铁产品全生命周期评价理论与实践 [J]. 中国冶金，2019，029（4）：1 – 5.

[36] 联合国统计局. 投入产出表和分析 [M]. 北京：中国社会科学出版社，1981.

[37] 列昂惕夫. 1919 – 1939 年美国经济结构 [M]. 北京：商务印书馆，1993.

[38] 列昂惕夫. 投入产出经济学 [M]. 北京：商务印书馆，2011.

[39] 林坦，宁俊飞．基于零和 DEA 模型的欧盟国家碳排放权分配效率研究 ［J］．数量经济技术经济研究，2011，3：36－50．

[40] 刘炯．生态转移支付对地方政府环境治理的激励效应——基于东部六省 46 个地级市的经验证据 ［J］．财经研究，2015，41 （2）：54－65．

[41] 刘涛，刘颖昊．钢铁产品生命周期评价研究现状及意义 ［J］．冶金经济与管理，2009，5：25－28．

[42] 刘夏璐，王洪涛，陈建，何琴，张浩，姜睿，陈雪雪，侯萍．中国生命周期参考数据库的建立方法与基础模型 ［J］．环境科学学报，2010，30 （10）：2136－2144．

[43] 卢乃锰，谷松岩．气象卫星发展回顾与展望 ［J］．遥感学报，2016，20 （5）：832－841．

[44] 陆铭，欧海军，陈斌开．理性还是泡沫：对城市化、移民和房价的经验研究 ［J］．世界经济，2014，37 （1）：30－54．

[45] 聂祚仁，高峰，陈文娟，龚先政，王志宏，左铁镛．材料生命周期的评价研究 ［J］．材料导报，2009 （13）：5－10．

[46] 欧训民，张希良．中国车用能源技术路线全生命周期分析 ［M］．北京：清华大学出版社，2011．

[47] 秦昌波，王金南，葛察忠，高树婷，刘倩倩．征收环境税对经济和污染排放的影响 ［J］．中国人口·资源与环境，2015，25 （1）：17－23．

[48] 邵帅，李欣，曹建华，杨莉莉．中国雾霾污染治理的经济政策选择——基于空间溢出效应的视角 ［J］．经济研究，2016，51 （9）：73－88．

[49] 沈坤荣，金刚．中国地方政府环境治理的政策效应——基于“河长制”演进的研究 ［J］．中国社会科学，2018 （5）：92－115＋206．

[50] 史丹，汪崇金，姚学辉．环境问责与投诉对环境治理满意度的影响机制研究 ［J］．中国人口·资源与环境，2020 （9）：21－30．

[51] 四川大学．CLCD——中国生命周期基础数据库 ［EB/OL］．http：//www．ike-global．com/#/．

[52] 孙庆文，陆柳，严广乐，车宏安．不完全信息条件下演化博弈均衡的稳定性分析 ［J］．系统工程理论与实践，2003 （7）：11－16．

[53] 孙锌，张鹏，范亚丽．中国汽车生命周期数据库建设的理论研究 ［J］．中国人口·资源与环境，2014，171 （24）：427－430．

[54] 童旭东．传承航天精神　大力协同创新　凝心集智攻关“天眼工程”高分专项耀神州 ［J］．国防科技工业，2016 （10）：38－39．

[55] 童旭东．中国高分辨率对地观测系统重大专项建设进展 ［J］．遥感学报，2016，20 （5）：775－780．

[56] 王平．环境减灾小卫星星座的发展历史 ［J］．中国减灾，2008 （5）：38．

[57] 王琪，袁涛，郑新奇．基于夜间灯光数据的中国省域 GDP 总量分析 ［J］．城市发展研究，2013，20 （7）：44－48．

[58] 王文举，陈真玲. 中国省级区域初始碳配额分配方案研究——基于责任与目标、公平与效率的视角 [J]. 2019，3：81 - 98.

[59] 王玉涛，王丰川，洪静兰，孙明星. 中国生命周期评价理论与实践研究进展及对策分析 [J]. 生态学报，2016，36（22）：6.

[60] 席德立，彭小燕. LCA 中清单分析数据的获得 [J]. 环境科学，1997，5：84 - 87.

[61] 肖定全，谬军. 材料生态循环评估体系（LCA）的应用与展望 [J]. 材料导报，1995，9（5）：3.

[62] 熊欢欢，邓文涛. 环境规制、产业集聚与能源效率关系的实证分析 [J]. 统计与决策，2017（21）：121 - 125.

[63] 杨建新，王如松，刘晶茹. 中国产品生命周期影响评价方法研究 [J]. 环境科学学报，2001，21（2）：234 - 237.

[64] 易余胤，刘汉民. 经济研究中的演化博弈理论 [J]. 商业经济与管理，2005（8）：8 - 13.

[65] 余东华，邢韦庚. 政绩考核、内生性环境规制与污染产业转移——基于中国 285 个地级以上城市面板数据的实证分析 [J]. 山西财经大学学报，2019，41（5）：1 - 15.

[66] 余长林，杨惠珍. 分权体制下中国地方政府支出对环境污染的影响——基于中国 287 个城市数据的实证分析 [J]. 财政研究，2016（7）：46 - 58.

[67] 袁开洪，戴国庆. 2008 年世界钢铁协会可持续发展报告（下）[J]. 冶金管理，2009（2）：29 - 34.

[68] 袁开洪，戴国庆. 2008 年世界钢铁协会可持续发展报告（上）[J]. 冶金管理，2009（1）：17 - 23.

[69] 张伟，周根贵，曹柬. 政府监管模式与企业污染排放演化博弈分析 [J]. 中国人口·资源与环境，2014，24（S3）：108 - 113.

[70] 赵楠，韩尚容，王涛. 产业结构调整如何影响能源发展？——基于夜间灯光数据的考察 [J]. 经济统计学（季刊），2018（2）：176 - 193.

[71] 赵笑然，石汉青，杨平吕，张雷，方荀，梁快. NPP 卫星 VIIRS 微光资料反演夜间 PM_（2.5）质量浓度 [J]. 遥感学报，2017，21（2）：291 - 299.

[72] 赵忠明，高连如，陈东，岳安志，陈静波，刘东升，杨健，孟瑜. 卫星遥感及图像处理平台发展 [J]. 中国图象图形学报，2019，24（12）：2098 - 2110.

[73] 周博雅. 电动汽车生命周期的能源消耗，碳排放和成本收益研究 [D]. 清华大学，2016.

[74] 周黎安. 中国地方官员的晋升锦标赛模式研究 [J]. 经济研究，2007（7）：36 - 50.

[75] 朱平芳，张征宇，姜国麟. FDI 与环境规制：基于地方分权视角的实证研究 [J]. 经济研究，2011，46（6）：133 - 145.

[76] Adhikari, R., Agrawal, R. K. and Kant, L. PSO based neural networks vs. traditional

statistical models for seasonal time series forecasting. IEEE 3rd International Advance Computing Conference (IACC) [EB/OL]. https：//ieeexplore. ieee. org/abstract/document/6514315.

[77] Agency. , I. E. Global EV Outlook. Scaling – up the transition to electric mobility. Paris：International Energy Agency [EB/OL]. https：//unfccc. int/news/the – parisdeclaration – on – electro – mobility – and – climate – change – andcall – to – action

[78] Agri-footprint, B. Agri – Footprint 2. 0. Part 2：Description of Data. [EB/OL]. https：//simapro. com/wp – content/uploads/2016/03/Agri – footprint – 2. 0 – Part – 2 – Description – of – data. pdf.

[79] Ali, G. Climate change and associated spatial heterogeneity of Pakistan：Empirical evidence using multidisciplinary approach [J]. *Science Total Environment*, 2018, 634：95 – 108.

[80] Amatuni, L. , Ottelin, J. , Steubing, B. , Mogollón, J. M. Does car sharing reduce greenhouse gas emissions? Assessing the modal shift and lifetime shift rebound effects from a life cycle perspective [J]. *Journal of Cleaner Production*, 2020, 266：121869.

[81] Ambrose, H. , Kendall, A. , Lozano, M. , Wachche, S. , Fulton, L. Trends in life cycle greenhouse gas emissions of future light duty electric vehicles [J]. *Transportation Research Part D：Transport and Environment*, 2020, 81：102287.

[82] Anand, C. K. , Amor, B. Recent developments, future challenges and new research directions in LCA of buildings：A critical review [J]. *Renewable & Sustainable Energy Reviews*, 2017, 67：408 – 416.

[83] Andersen, P. , Petersen, N. C. A procedure for ranking efficient units in data envelopment analysis [J]. *Management Science*, 1993, (39)：1261 – 1265.

[84] Ang, B. W. , Goh, T. Index decomposition analysis for comparing emission scenarios：applications and challenges [J]. *Energy Economius*, 2019, 83：74 – 87.

[85] Ang, B. W. LMDI decomposition approach：a guide for implementation [J]. *Energy Policy*, 2015, 86：233 – 238.

[86] Ang, B. W. , Su, B. , Wang, H. A spatial-temporal decomposition approach to performance assessment in energy and emissions [J]. *Energy Economius*, 2016, 60：112 – 121.

[87] Ang, B. W. , Zhang, F. Q. A survey of index decomposition analysis in energy and environmental studies [J]. *Energy*, 2000, 25：1149 – 1176.

[88] Ang, B. W. , Zhang, F. Q. , Choi, K. H. Factoring changes in energy and environmental indicators through decomposition [J]. *Energy*, 1998, 23：489 – 495.

[89] Aragón, F. M. , Oteiza, F. , Rud, J. P. Climate Change and Agriculture：Subsistence Farmers' Response to Extreme Heat [J]. *American Economic Journal：Economic Policy*, 2021, 13 (1)：1 – 35.

[90] Argonne National Laboratory. BatPaC：A Lithium? Ion Battery Performance and Cost Model for Electric – Drive Vehicles [EB/OL]. http：//www. cse. anl. gov/batpac/about. html.

［91］Argonne National Laboratory. https：//greet. es. anl. gov/.

［92］Arya, S. P. *Air Pollution Meteorology and Dispersion* ［M］. New York：Oxford University Press, 1999.

［93］Ashenfelter, O. Estimating the effect of training programs on earnings ［J］. *The Review of Economics and Statistics*, 1978：47 – 57.

［94］Association, C. P. C. The auto market interpretation ［EB/OL］. http：//www. cpcaauto. com/news. asp？ types = csjd.

［95］Association, E. V. C. I. P. More than one million charging piles in China ［EB/OL］. http：//219. 234. 95. 6：9527/evcipa/views/newsInfo. jsp？ main$^{1/4}$2.

［96］Ayres R. U. Production, Consumption, and Externalities ［J］. *The American Economic Review*, 1969, 59 (3)：282 – 297.

［97］Bach, V., Lehmann, A., Görmer, M., Finkbeiner, M. Product Environmental Footprint (PEF) Pilot Phase—Comparability over Flexibility? ［J］. *Sustainability*, 2018, 10 (8)：2898.

［98］Baily, M. N., Hulten, C., Campbell, D., Bresnahan, T., Caves, R. E. Productivity dynamics in manufacturing plants ［J］. *Brookings Papers on Economic Activity Microeconomics*, 1992：187 – 267.

［99］Banker, R. D., Charnes, A., Cooper, W. W. Some models for estimating technical and scale inefficiencies in data envelopment analysis ［J］. *Management Science*, 1984, 30：1078 – 1092.

［100］Barrett, S. Strategic environmental policy and international trade ［J］. *Journal of Public Economics*, 1994, 54：325 – 338.

［101］Benoît C, Norris G A, Valdivia S, et al. The guidelines for social life cycle assessment of products：just in time！ ［J］. *The International Journal of Life Cycle Assessment*, 2010, 15 (2)：156 – 163.

［102］Benoît Norris C, Traverzo M, Neugebauer S, et al. *Guidelines for Social Life Cycle Assessment of Products and Organizations* 2020.

［103］*Bertrand, M., Duflo, E., Mullainathan, S. How Much Should We Trust Differences-in – Differences Estimates* ［J］. *The Quarterly Journal of Economics*, 2004, 119 (1)：249 –275.

［104］Bildirici, M. Impacts of militarization and economic growth on biofuels consumption and CO2 emissions：the evidence from Brazil, China and U. S. ［J］. *Environmental Progress & Sustainable Energy*, 2017, 37：1121 – 1131.

［105］Bishop, G., Styles, D., Lens, P. N. Environmental performance comparison of bioplastics and petrochemical plastics：A review of life cycle assessment (LCA) methodological decisions ［J］. *Resources, Conservation and Recycling*, 2021, 168：105451.

［106］Blanco, J., Finkbeiner, M., Inaba, A. *Guidance on organizational life cycle assessment* ［J］. United Nations Environment Programme, 2015.

［107］ Bombardini, M., Li, B. Trade, pollution and mortality in China ［J］. *Journal of International Economics*, 2020, 125: 103321.

［108］ Boyd, G. Molburg, J., Prince, R. Alternative methods of marginal abatement cost estimation: nonparametric distance functions ［R］. Paper presented at the 17th Annual North American conference of the international association for energy economics, Boston (United States), 26 – 30 Oct 1996.

［109］ Broner, F., Bustos, P., Carvalho, V. M. Sources of comparative advantage in polluting industries ［R］. *National Bureau of Economic Research*, 2012.

［110］ Brunekreef, B., Holgate, S. T. Air pollution and health ［J］. *The Lancet*, 2002, 9341 (360): 1233 – 1242.

［111］ Bullard C. W., Penner P. S., Pilati D. A. Net energy analysis: handbook for combining process and input? output analysis ［J］. *Resources and Energy*, 1976, 3 (1): 267 – 313.

［112］ Bundesministerium des Innern, f. B. u. H. B. ÖKOBAUDAT ［EB/OL］. https://www. oekobaudat. de/no_cache/datenbank/suche. html.

［113］ Buyle, M., Braet, J., Audenaert, A. Life cycle assessment in the construction sector: A review ［J］. *Renewable and Sustainable Energy Reviews*, 2013, 26: 379 – 388.

［114］ Cabeza, L. F., Rincón, L., Vilariño, V., Pérez, G., Castell, A. Life cycle assessment (LCA) and life cycle energy analysis (LCEA) of buildings and the building sector: A review ［J］. *Renewable and Sustainable Energy Reviews*, 2014, 29: 394 – 416.

［115］ Cai, H., Chen, Y., and Gong, Q. Polluting thy Neighbor: Unintended Consequences of China's Pollution Reduction Mandates ［J］. *Journal of Environmental Economics and Management*, 2016, 76: 86 – 104.

［116］ Cameron, A. C., Gelbach, J. B., Miller, D. L. Robust Inference with Multiway Clustering ［J］. *Journal of Business and Economic Statistics*, 2011, 29 (2): 238 – 249.

［117］ Cao, X., Chen, J., Imura, H., & Higashi, O. A SVM-based method to extract urban areas from DMSP – OLS and SPOT VGT data ［J］. *Remote Sensing of Environment*, 2009, 113 (10): 2205 – 2209.

［118］ Carlsson, F., Lundström, S. Political and economic freedom and the environment: the case of CO2 emissions ［J］. *Department of Economics*, Goteborg University, Goteborg, 2001.

［119］ Castellani V., Beylot A., Sala S. Environmental impacts of household consumption in Europe: Comparing process-based LCA and environmentally extended input-output analysis ［J］. *Journal of Cleaner Production*, 2019, 240: 117966.

［120］ Caves, D. W., Christensen, L. R., Diewert, W. F. The economic-theory of index numbers and the measurement of input, output, and productivity ［J］. *Econometrica*, 1982 (50): 1393 – 1414.

［121］ Center, M. D. Vehicle sales data ［EB/OL］. https://www. marklines. com/cn/vehicle_sales/index.

［122］CFP. Carbon Footprint of Products and Environmental Product Declaration ［EB/OL］. http：//www. epd. or. kr/eng/main. do.

［123］Chang, T. Y, Graff Zivin, J. , Gross, T. The effect of pollution on worker productivity：evidence from call center workers in China ［J］. *American Economic Journal：Applied Economics*, 2019, 11（1）：151 – 172.

［124］Charnes, A. , Cooper, W. W. , Rhodes, E. Measuring the efficiency of decision making units ［J］. *European Journal of Operational Research*, 1978, 2：95 – 112.

［125］Chay, K. Y, Greenstone, M. The impact of air pollution on infant mortality：evidence from geographic variation in pollution shocks induced by a recession ［J］. *The Quarterly Journal of Economics*, 2003, 118：1121 – 1167.

［126］Cheng, S. L. , Fan, W. , Chen, J. D. , Meng, F. X. , Liu, G. Y. , Song, M. L. , Yang, Z. F. The impact of fiscal decentralization on CO_2 emissions in China ［J］. *Energy*, 2020, 192：116685.

［127］Cheng, S. L. , Fan, W. , Meng, F. X. , Chen, J. D. , Liang, S. , Song, M. L. , Liu, G. Y. , Casazza, M. Potential role of fiscal decentralization on interprovincial differences in CO_2 emissions in China ［J］. *Environmental Science & Technology*, 2021, 55：813 – 822.

［128］Chen, J. , Cheng, S. , Song, M. Decomposing inequality in energy-related CO_2 emissions by source and source increment：the roles of production and residential consumption ［J］. *Energy Policy*, 2017, 107：698 – 710.

［129］Chen, J. D. , Cheng, S. L. , Nikic, V. , Song, M. L. Quo vadis? Major players in global coal consumption and emissions reduction ［J］. *Transformation in Business & Economics*, 2018, 17：112 – 132.

［130］Chen, J. D. , Cheng, S. L. , Song, M. L. Changes in energy-related carbon dioxide emissions of the agricultural sector in China from 2005 to 2013 ［J］. *Renewable and Sustainable Energy Reviews*, 2018, 94：748 – 761.

［131］Chen, J. D. , Li, Z. W. , Song, M. L. , Dong, Y. Z. Decomposing the global carbon balance pressure index：evidence from 77 countries ［J］. *Environmental Science & Pollution Research*, 2021, 28：7016 – 7031.

［132］Chen, Q. Electric vehicles will reach 80 million by 2030 in China ［EB/OL］. http：//auto. people. com. cn/n1/2019/0114/c1005 – 30525866. html.

［133］Chen, S. , Oliva, P. , Zhang, P. The Effect of Air Pollution on Migration：Evidence from China ［J］. *National Bureau of Economic Research*, 2017a.

［134］Chen, X. , Zhang, X. , Zhang, X. Smog in Our Brains：Gender Differences in the Impact of Exposure to Air Pollution on Cognitive Performance ［J］. *Working Paper*, 2017b.

［135］Chen, Y. , Ebenstein, A. , Greenstone, M. , Li, H. Evidence on the impact of sustained exposure to air pollution on life expectancy from China's Huai River policy ［J］. *Pro-*

ceedings of the National Academy of Sciences, 2013, 110: 12936 - 12941.

［136］Chen, Z., Kahn, M. E., Liu, Y., Wang, Z. The consequences of spatially differentiated water pollution regulation in China ［J］. *Journal of Environmental Economics and Management*, 2018, 88: 468 - 485.

［137］China, S A E. *Technology Road Map for Energy Saving and New Energy Vehicles* ［M］. Beijing: Chinese., Mechanical Industry Press, 2016.

［138］Chung, H. S., Rhee, H. C. A residual-free decomposition of the sources of carbon dioxide emissions: a case of the Korean industries ［J］. *Energy*, 2001, 26: 15 - 30.

［139］Chung, Y. H., Färe, R., Grosskopf, S. Productivity and undesirable outputs: a directional distance function approach ［J］. *Journal of Environmental Management*, 1997, 51: 229 - 240.

［140］Chu Y., Xie L., Yuan Z. Composition and spatiotemporal distribution of the agro-ecosystem carbon footprint: A case study in Hebei Province, north China ［J］. *Journal of Cleaner Production*, 2018, 190: 838 - 846.

［141］Cicas G, Matthews H S, Hendrickson C. *The 1997 benchmark version of the economic input - output life cycle assessment (EIO - LCA) model* ［J］. http://www. eiolca. net/data/full - document - 11 - 1 - 06. pdf. (current July 2008), 2006.

［142］Clarke - Sather, A., Qu, J. S., Wang, Q., Zeng, J. J., Li, Y. Carbon inequality at the sub-national scale: a case study of provincial-level inequality in CO_2 emissions in China 1997 - 2007 ［J］. *Energy Policy*, 2011, 39: 5420 - 5428.

［143］Cooney, G., Hawkins, T. R., Marriott, J. Life cycle assessment of diesel and electric public transportation buses ［J］. *Journal of Industrial Ecology*, 2013, 17 (5): 689 - 699.

［144］Corporation, N. S. Sustainability Report ［EB/OL］. https://www0. nsc. co. jp/kankyou/.

［145］China Electricity Council. China electric power industry annual development report 2019 ［EB/OL］. http://www. cec. org. cn/yaowenkuaidi/2019 - 06 - 14/191782. html.

［146］Cole, M. A., Rayner, A. J., and Bates, J. M. The environmental Kuznets curve: an empirical analysis ［J］. *Environment and Development Economics*, 1997, 2 (4): 401 - 416.

［147］Cramer, W., Kicklighter, D. W., Bondeau, A., Iii, B. M., Churkina, G., Nemry, B., ...& Intercomparison, T. P. O. T. P. N. M. Comparing global models of terrestrial net primary productivity (NPP): overview and key results ［J］. *Global Change Biology*, 1999, 5 (S1): 1 - 15.

［148］Crawford, R. H., Bontinck, P. - A., Stephan, A., Wiedmann, T., Yu, M. Hybrid life cycle inventory methods - A review ［J］. *Journal of Cleaner Production*, 2018, 172: 1273 - 1288.

［149］Cressman, R. The Stability Concept of Evolutionary Game Theory: A Dynamic Approach [J]. *Berlin Heidelberg*: *Springer – Verlag*, 1992, 94: 14 – 17.

[150] Croft, T. A. Nighttime images of the earth from space [J]. *Scientific American*, 1978, 239 (1): 86 – 101.

[151] Cumberland J. H. A regional interindustry model for analysis of development objectives [J]. *Papers of the Regional Science Association*, 1966, 17 (1): 65 – 94.

[152] Dai, Q., Spangenberger, J., Ahmed, S., Gaines, L., Kelly, J. C., Wang, M. EverBatt: A closed – loop battery recycling cost and environmental impacts model [R]. Argonne National Lab. (ANL), Argonne, IL (United States), 2019.

[153] Deaton, A. Instruments, randomization, and learning about development [J]. *Journal of Economic Literature*, 2010, 48 (2): 424 – 455.

[154] Degen, K., Fischer, A. M. Immigration and Swiss House Prices [J]. *Swiss Journal of Economics and Statistics*, 2017, 153: 15 – 36.

[155] Del Duce, A., Gauch, M., Althaus, H. – J. Electric passenger car transport and passenger car life cycle inventories in ecoinvent version 3 [J]. *The International Journal of Life Cycle Assessment*, 2016, 21 (9): 1314 – 1326.

[156] Dietzenbacher E., Stage J. Mixing oil and water? Using hybrid input-output tables in a Structural decomposition analysis [J]. *Economic Systems Research*, 2006, 18 (1): 85 – 95.

[157] Ding, N., Pan, J., Zhang, Z., Yang, J. Life cycle assessment of car sharing models and the effect on GWP of urban transportation: A case study of Beijing [J]. *Science of the Total Environment*, 2019, 688: 1137 – 1144.

[158] Disney, R. Restructuring and productivity growth in uk manufacturing [J]. *Economic Journal*, 2010, 113: 666 – 694.

[159] Dockery, D. W., Pope, C. A., Xu, X. An association between air pollution and mortality in six U. S. cities [J]. *New England Journal of Medicine*, 1993, 329 (24): 1753 – 1759.

[160] Dollar, D., Wei, S., Das (Wasted) – Kapital: Firm Ownership and Investment Efficiency in China [J]. 2007.

[161] Ecoinvent3. 4. Ecoinvent-the world's most consistent and transarent life cycle inventory database [EB/OL]. https: //www. ecoinvent. org/.

[162] Eggleston H S, Buendia L, Miwa K, et al. 2006 *IPCC Guidelines for National Greenhouse Gas Inventories* [J]. 2006.

[163] Emara, Y., Lehmann, A., Siegert, M. W., Finkbeiner, M. Modeling pharmaceutical emissions and their toxicity-related effects in life cycle assessment (LCA): A review [J]. *Integrated Environmental Assessment and Management*, 2019, 15 (1): 6 – 18.

[164] Emrouznejad, A., Parker, B. R., Tavares, G. Evaluation of research in efficiency and productivity: A survey and analysis of the first 30 years of scholarly literature in DEA [J]. *Socio – Economic Planning Sciences*, 2008, 42: 151 – 157.

［165］ Environment, M. o. E. a. China vehicle environmental management annual report ［EB/OL］. https：//www. mee. gov. cn/xxgk2018/xxgk/xxgk15/201806/t20180601_630215. html.

［166］ European – Commission. European Commission （2008） European platform on life cycle assessment ［EB/OL］. http：//lca. jrc. ec. europa. eu/.

［167］ Everitt, B. S. , Landau, S. , Leese. *Cluster Analysis* ［M］. 4th edition. Arnold, London, U. K, 2001.

［168］ Fantke, P. , Ernstoff, A. *LCA of Chemicals and Chemical Products. Life Cycle Assessment* ［M］. City：Springer, 2018.

［169］ Fan, W. , Wang, S. , Gu, X. , Zhou, Z. Q. , Zhao, Y. , Huo, W. D. Evolutionary game analysis on industrial pollution control of local government in China ［J］. *Journal of Environmental Management*, 2021, 298：113499.

［170］ Fava J, Consoli E, Denison R, et al. A Conceptual Framework for Life – Cycle Impact Assessment. Pensacola, Fl ［J］. *Society of Environmental Toxicology and Chemistry*, 1993.

［171］ Feng, C. , Chu, F. , Ding, J. , Bi, G. , Liang, L. Carbon Emissions Abatement （CEA） allocation and compensation schemes based on DEA ［J］. *Omega*, 2015, 53：78 – 89.

［172］ Field, F. , Kirchain, R. , Clark, J. Life-cycle assessment and temporal distributions of emissions：Developing a fleet-based analysis ［J］. *Journal of Industrial Ecology*, 2000, 4 （2）：71 – 91.

［173］ Finnveden, G. , Hauschild, M. Z. , Ekvall, T. , Guinée, J. , Heijungs, R. , Hellweg, S. , Koehler, A. , Pennington, D. , Suh, S. Recent developments in life cycle assessment ［J］. *Journal of Environmental Management*, 2009, 91 （1）：1 – 21.

［174］ Finnveden, G. , Hauschild, M. Z. , Ekvall, T. , Guinée, J. , Suh, S. Recent developments in Life Cycle Assessment ［J］. *Journal of Environmental Management*, 2010, 91 （1）：1 – 21.

［175］ Forssell O. Extending Economy-wide Models with Environment-related Parts ［J］. *Economic Systems Research*, 1998, 10 （2）：183 – 199.

［176］ Foster, D. , Young, P. H. Stochastic evolutionary game dynamics ［J］. *Theoretical Population Biology*, 1990, 38：219 – 232.

［177］ Färe, R. , Grosskopf, S. *Intertemporal Production Frontiers：with Dynamic DEA* ［M］. Boston：Kluwer Academic Publishers, 1996.

［178］ Färe, R. , Grosskopf, S. , Lovell, C. A. K. , Yaisawarng, S. Derivation of shadow prices for undesirable outputs：a distance function approach ［J］. *Review of Economics and Statistics*, 1993, 75 （2）：374 – 380.

［179］ Färe, R. , Grosskopf, S. , Norris, M. , Zhang, Z. Y. Productivity Growth, Technical Progress, and Efficiency Change in Industrialized Countries ［J］. *The American Economic Review*, 1994, 84 （1）：66 – 83.

［180］ Fried, H. O. , Lovell, C. A. K. , Schmidt, S. S. , Yaisawarng, S. Accounting for environmental effects and statistical noise in data envelopment analysis [J]. *Journal of Productivity Analysis*, 2002, 17: 157 – 174.

[181] Fried, H. O., Schmidt, S. S., Yaisawarng, S. Incorporating the operating environment into a nonparametric measure of technical efficiency [J]. *Journal of Productivity Analysis*, 1999, 12: 249 – 267.

[182] Friedman, D. Evolutionary Games in Economics [J]. *Econometrica*, 1991, 59: 637 – 666.

[183] Førsund F. Input-output models, national economic models, and the environment [J]. *Research Papers in Economics*, 1985, 1: 325 – 341.

[184] Garcia, R., Freire, F. A review of fleet-based life-cycle approaches focusing on energy and environmental impacts of vehicles [J]. *Renewable and Sustainable Energy Reviews*, 2017, 79: 935 – 945.

[185] Ghosh, T., Elvidge, C. D., Sutton, P. C., Baugh, K. E., Ziskin, D., & Tuttle, B. T. Creating a global grid of distributed fossil fuel CO_2 emissions from nighttime satellite imagery [J]. *Energies*, 2010, 3 (12): 1895 – 1913.

[186] Gonzalez, L., Ortega, F. Immigration and housing booms: Evidence from Spain [J]. *Journal of Regional Science*, 2013, 53: 37 – 59.

[187] Granger, C. W. Investigating causal relations by econometric models and cross-spectral methods [J]. *Econometrica: Journal of the Econometric Society*, 1969, 37 (3): 424 – 438.

[188] Greenstone, M., Hanna, R. Environmental regulations, air and water pollution, and infant mortality in India [J]. *American Economic Review*, 2014, 104: 3038 – 3072.

[189] Grossman, G. M., and Krueger, A. B. Economic growth and the environment [J]. *The Quarterly Journal of Economics*, 1995, 110 (2): 353 – 377.

[190] Guinee, J. B. Handbook on life cycle assessment operational guide to the ISO standards [J]. *The International Journal of Life Cycle Assessment*, 2002, 7 (5): 311 – 313.

[191] Guerrero, V. M., Mendoza, J. A. On measuring economic growth from outer space: a single country approach [J]. *Empirical Economics*, 2019, 57: 971 – 990.

[192] Guinée, J., Haes, H., Huppes, G. Quantitative life cycle assessment of products: 2. Classification, valuation and improvement analysis [J]. *Journal of Cleaner Production*, 1993, 1 (1): 3 – 13.

[193] Gyourko, J., Tracy., J. The structure of local public finance and the quality of life [J]. *Journal of Political Economy*, 1991, 99 (4): 774 – 806.

[194] Hall, R. E., Jones, C. L. Why do some countries produce so much more output per worker than others? [J]. *Quarterly Journal of Economics*, 1999, 114 (1): 83 – 116.

[195] Han X., Lakshmanan T. K. Structural changes and energy consumption in the Japanese economy 1975 – 85: an input-output analysis [J]. *The Energy Journal* (Cambridge,

Mass. ）, 1994, 15 （3）: 165.

［196］ Hao, H. , Liu, Z. , Zhao, F. , Li, W. , Hang, W. Scenario analysis of energy consumption and greenhouse gas emissions from China's passenger vehicles ［J］. *Energy*, 2015, 91 （NOV. ）: 151 – 159.

［197］ Hao, H. , Wang, H. , Ouyang, M. Fuel conservation and GHG （Greenhouse gas） emissions mitigation scenarios for China's passenger vehicle fleet ［J］. *Energy*, 2011, 36 （11）: 6520 – 6528.

［198］ Hawkins, T. R. , Gausen, O. M. , Stremman, A. H. Environmental impacts of hybrid and electric vehicles—a review ［J］. *International Journal of Life Cycle Assessment*, 2012, 17 （8）: 997 – 1014.

［199］ Hawkins, T. R. , Singh, B. , Majeau – Bettez, G. , Strømman, A. H. Comparative environmental life cycle assessment of conventional and electric vehicles ［J］. *Journal of Industrial Ecology*, 2012, 17 （1）: 53 – 64.

［200］ Heinsch, F. A. et al. GPP and NPP （MOD17A2/A3） products NASA MODIS land algorithm ［J］. *MOD*17 *User's Guide*, 2003.

［201］ He, L. – Y. , Chen, Y. Thou shalt drive electric and hybrid vehicles: Scenario analysis on energy saving and emission mitigation for road transportation sector in China ［J］. *Transport Policy*, 2013, 25: 30 – 40.

［202］ Hendrickson C. , Horvath A. , Joshi S. , Lave L. Economic input-output models for environmental life-cycle assessment ［J］. *Environmental Science & Technology*, 1998, 32 （7）: 184A – 191A.

［203］ Henderson, J. Vernon, A. S. Weil, D. N. Measuring economic growth from outer space ［J］. *American Economic Review*, 2012, 102: 994 – 1028.

［204］ Hering, L. , Poncet, S. Environmental policy and exports: Evidence from Chinese cities ［J］. *Journal of Environmental Economics and Management*, 2014, 68: 296 – 318.

［205］ He, W. , Yang, Y. , Wang, Z. , Zhu, J. Estimation and allocation of cost savings from collaborative CO_2 abatement in China ［J］. *Energy Economics*, 2018, 72: 62 – 74.

［206］ Hicks, D. , Marsh, P. , Oliva, P. Air pollution and procyclical mortality: Causal evidence from thermal inversions ［R］. NBER Working Paper, 2017.

［207］ Hill, G. , Heidrich, O. , Creutzig, F. , Blythe, P. The role of electric vehicles in near-term mitigation pathways and achieving the UK's carbon budget ［J］. *Applied Energy*, 2019, 251: 113111.

［208］ Hoekstra, R. , Van der Bergh, J. J. Comparing structural and index decomposition analysis ［J］. *Energy Economics*, 2003, 25: 39 – 64.

［209］ Hossain, M. U. , Poon, C. S. , Lo, I. M. , Cheng, J. C. Comparative LCA on using waste materials in the cement industry: A Hong Kong case study ［J］. *Resources, Conservation and Recycling*, 2017, 120: 199 – 208.

［210］Hou, C. , Wang, H. , Ouyang, M. Survey of daily vehicle travel distance and impact factors in Beijing ［J］. *IFAC Proceedings Volumes*, 2013, 46（21）: 35 – 40.

［211］Huang, G. B. , Zhu, Q. Y. , and Siew, C. K. Extreme learning machine: theory and applications ［J］. *Neurocomputing*, 2006, 70（1 – 3）: 489 – 501.

［212］Huang K. , Eckelman M. J. Estimating future industrial emissions of hazardous air pollutants in the United States using the National Energy Modeling System（NEMS）［J］. *Resources, Conservation and Recycling*, 2021, 169: 105465.

［213］Huang, Z. , Li, L. , Ma, G. and Xu, L. C. Hayek, Local Information, and Commanding Heights: Decentralizing State – Owned Enterprises in China ［J］. *American Economic Review*, 2017, 107（8）: 2455 – 2478.

［214］Hua, Y. , Xie, R. , Su, Y. Fiscal spending and air pollution in Chinese cities: Identifying composition and technique effects ［J］. *China Economic Review*, 2018, 47: 156 – 169.

［215］Hunt, R. G. Resource and environmental profile analysis of nine beverage container alternatives ［J］. *Chemical Senses*, 1974, 234（3）: 306 – 307.

［216］Innovation Center for Energy, T. China oil consumption cap plan and policy research project. A study on China's timetable for phasing-out traditional ICE-vehicles ［S］. China: Innovation Center for Energy and Trans portation, 2019.

［217］Ismail, H. , Hanafiah, M. M. An overview of LCA application in WEEE management: Current practices, progress and challenges ［J］. *Journal of Cleaner Production*, 2019, 232: 79 – 93.

［218］ISO. ISO 14040, Environmental management-life cycle assessment-principles and framework ［M］. Genva, Switzerland: ISO, 1997.

［219］ISO. ISO 14040, Environmental Management – Life Cycle Assessment – Principles and Framework ［M］. Genva, Switzerland: ISO, 2006.

［220］ISO. ISO 14044. Environmental Management – Life Cycle Assessment – Requirements and Guidelines. Genva ［M］. Switzerland: ISO, 2006.

［221］Jacobson, L. S. , Lalonde, R. J. , Sullivan, D. G. Earnings losses of displaced workers ［J］. *The American Economic Review*, 1993, 83: 685 – 709.

［222］Jia, R. X. Pollution for promotion ［J］. *21st Century China Center Research Paper*, 2017.

［223］Jorgensen, S. , Zaccour, G. Time consistent side payments in a dynamic game of downstream pollution ［J］. *Journal of Economic Dynamics and Control*, 2001, 25: 1973 – 1987.

［224］Kang J. , Ng T. S. , Su B. , Milovanoff A. Electrifying light-duty passenger transport for CO_2 emissions reduction: A stochastic-robust input-output linear programming model ［J］. *Energy Economics*, 2021, 104: 105623.

［225］Kaniovski, Y. M. , Young, H. P. Learning dynamics in games with stochastic perturbations［J］. *Games and Economic Behavior*, 1995, 11: 330 – 363.

［226］Ke, W., Zhang, S., Wu, Y., Zhao, B., Wang, S., Hao, J. Assessing the future vehicle fleet electrification: the impacts on regional and urban air quality［J］. *Environmental Science & Technology*, 2017, 51 (2): 1007 – 1016.

［227］Kummu, M., Taka, M., Guillaume, J. H. Gridded global datasets for gross domestic product and Human Development Index over 1990 – 2015［J］. *Scientific Data*, 2018, 5: 1 – 15.

［228］La Nauze, A., Severnini, E. R. Air Pollution and Adult Cognition: Evidence from Brain Training［R］. *National Bureau of Economic Research*, 2021.

［229］Lange G. Applying an Integrated Natural Resource Accounts and Input – Output Model to Development Planning in Indonesia［J］. *Economic Systems Research*, 1998, 10 (2): 113 – 134.

［230］Lee, K., Tae, S., Shin, S. Development of a life cycle assessment program for building (SUSB – LCA) in South Korea［J］. *Renewable and Sustainable Energy Reviews*, 2009, 13 (8): 1994 – 2002.

［231］Lenzen, M. Errors in conventional and input-output-based life-cycle inventories［J］. *Journal of Industrial Ecology*, 2001, 4: 127 – 148.

［232］Leontief W. Die Bilanz der russischen Volkswirtschaft. Eine methodologische Untersuchung［J］. *Weltwirtschaftliches Archiv*, 1925, 22: 338 – 344.

［233］Leontief W. Environmental Repercussions and the Economic Structure: An Input – Output Approach［J］. *The Review of Economics and Statistics*, 1970, 52 (3): 262 – 271.

［234］Leontief W. Natural Resources, Environmental Disruption, and Growth Prospects of the Developed and Less Developed Countries［J］. *Bulletin—American Academy of Arts and Sciences*, 1977, 30 (8): 20 – 30.

［235］Leontief W. Quantitative Input and Output Relations in the Economic Systems of the United States［J］. *The Review of Economics and Statistics*, 1936, 18 (3): 105 – 125.

［236］Leontief W. Structure of the World Economy. Outline of a Simple Input – Output Formulation［J］. *Swedish Journal of Economics*, 1974, 76 (4): 387 – 401.

［237］Le Quéré, C., Andrew, R. M., Canadell, J. G., Sitch, S., Korsbakken, J. I., Peters, G. P., … and Zaehle, S. Global carbon budget 2016［J］. *Earth System Science Data*, 2016, 8 (2): 605 – 649.

［238］Liang, X., Zhang, S., Wu, Y., Xing, J., He, X., Zhang, K. M., Wang, S., Hao, J. Air quality and health benefits from fleet electrification in China［J］. *Nature Sustainability*, 2019, 2 (10): 962 – 971.

［239］Liao X., Tian Y., Gan Y., Ji J. Quantifying urban wastewater treatment sector's greenhouse gas emissions using a hybrid life cycle analysis method – An application on Shenzhen city in China［J］. *Science of The Total Environment*, 2020, 745: 141176.

［240］ Lieth，H. The role of vegetation in the carbon dioxide content of the atmosphere ［J］. Journal of Geophysical Research，1963，68： 3887 – 3898.

［241］ Li，F.，Ou，R.，Xiao，X.，Zhou，K.，Xie，W.，Ma，D.，Liu，K.，Song，Z. Regional comparison of electric vehicle adoption and emission reduction effects in China ［J］. *Resources，Conservation and Recycling*，2019，149： 714 – 726.

［242］ Li H.，Zhao Y.，Kang J.，Wang S.，Liu Y.，Wang H. Identifying sectoral energy-carbon-water nexus characteristics of China ［J］. *Journal of Cleaner Production*，2020，249： 119436.

［243］ Lins，M. P. E.，Gomes，E. G.，Soares de Mello，J. C. C. B.，Soares de Mello，A. J. R. Olympic ranking based on a zero sum gains DEA model ［J］. *European Journal of Operational Research*，2003，148： 312 – 322.

［244］ Lipscomb，M. and A. M. Mobarak Decentralization and Pollution Spillovers： Evidence from the Re-drawing of County Borders in Brazil ［J］. *The Review of Economic Studies*，2016，84（1）： 464 – 502.

［245］ Liu，F.，Zhao，F.，Liu，Z.，Hao，H. China's electric vehicle deployment： Energy and greenhouse gas emission impacts ［J］. *Energies*，2018，11（12）： 3353.

［246］ Liu，P. K.，Peng，H.，Wang，Z. W. Orderly-synergistic development of power generation industry： A China's case study based on evolutionary game model ［J］. *Energy*，2020，211： 118632.

［247］ Liu Q.，Long Y.，Wang C.，Wang Z.，Wang Q.，Guan D. Drivers of provincial SO_2 emissions in China – Based on multi-regional input-output analysis ［J］. *Journal of Cleaner Production*，2019，238： 117893.

［248］ Liu，Y.，Nie，Z.，Sun，B.，Wang，Z.，Gong，X. Development of Chinese characterization factors for land use in life cycle impact assessment ［J］. *Science China Technological Sciences*，2010，53（6）： 1483 – 1488.

［249］ Liu，Z.，Ciais，P.，Deng，Z.，Lei，R.，Davis，S. J.，Feng，S.，and Schellnhuber，H. J. Near-real-time monitoring of global CO_2 emissions reveals the effects of the COVID – 19 pandemic ［J］. *Nature Communications*，2020，11（1），1 – 12.

［250］ Liu Z.，Huang Q.，He C.，Wang C.，Wang Y.，Li K. Water-energy nexus within urban agglomeration： An assessment framework combining the multiregional input-output model，virtual water，and embodied energy ［J］. *Resources，Conservation and Recycling*，2021，164： 105113.

［251］ Li，X.，Li，D.，Xu，H. and Wu，C. Inter-calibration between DMSP/OLS and VIIRS night-time light images to evaluate city light dynamics of Syria's major human settlement during Syrian Civil War ［J］. *International Journal of Remote Sensing*，2017，38（21）： 5934 – 5951.

［252］ Long Y.，Yoshida Y.，Liu Q.，Zhang H.，Wang S.，Fang K. Comparison of city-level carbon footprint evaluation by applying single-and multi-regional input-output tables [J]. *Journal of Environmental Management*, 2020, 260: 110108.

[253] Long Y., Yoshida Y. Quantifying city-scale emission responsibility based on input-output analysis-Insight from Tokyo, Japan [J]. *Applied Energy*, 2018, 218: 349 – 360.

[254] Lu, D., Tian, H., Zhou, G., and Ge, H. Regional mapping of human settlements in southeastern China with multisensor remotely sensed data [J]. *Remote Sensing of Environment*, 2008, 112 (9): 3668 – 3679.

[255] Mach R., Weinzettel J., Ščasný M. Environmental Impact of Consumption by Czech Households: Hybrid Input – Output Analysis Linked to Household Consumption Data [J]. *Ecological Economics*, 2018, 149: 62 – 73.

[256] Ma, C., Ren, Y., Zhang, Y., Sharp, B. The allocation of carbon emission quotas to five major power generation corporations in China [J]. *Journal of Cleaner Production*. 2018, 189: 1 – 12.

[257] Majeau – Bettez, G., Strømman, A. H., Hertwich, E. G. Evaluation of process- and input-output-based life cycle inventory data with regard to truncation and aggregation issues [J]. *Environmental Science & Technology*, 2011, 45 (23): 10170 – 10177.

[258] Malmquist, S. Index numbers and indifferences surfaces [J]. *Trabajos De Estadistica*, 1953, 4 (2): 209 – 242.

[259] Manzini, R., Noci, G., Ostinelli, M., Pizzurno, E. Assessing environmental product declaration opportunities: a reference framework [J]. *Business Strategy and the Environment*, 2006, 15 (2): 118 – 134.

[260] Market, S. M. China's authoritative benchmark spot price [EB/OL]. https://www. smm. cn/.

[261] Marshall, A. Principles of economics (8th edition) [M]. London, Macmillan, 1948.

[262] Mastromarco, C., Ghosh, S. Foreign capital, human capital, and efficiency: a stochastic frontier analysis for developing countries [J]. *World Development*, 2008, 37 (2): 489 – 502.

[263] Matthews, H. S., Hendrickson, C. T., Weber, C. L. *The Importance of Carbon Footprint Estimation Boundaries* [J]. 2008.

[264] Ma, T., Zhou, C., Pei, T., Haynie, S. and Fan, J. Responses of Suomi – NPP VIIRS-derived nighttime lights to socioeconomic activity in China's cities [J]. *Remote Sensing Letters*, 2014, 5: 165 – 174.

[265] Maynard Smith, J. *Evolution and the Theory of Games* [M]. Cambridge University Press, 1982.

[266] Maynard Smith, J., Price, G. R. The logic of animal conflict [J]. *Nature*, 1973, 24: 15 – 18.

〔267〕 Ma, Z., Hu, X., Sayer, A. M., Levy, R., Zhang, Q., Xue, Y., Tong, S., Bi, J., Huang, L., Liu, Y. Satellite-based spatiotemporal trends in PM2.5 concentrations: China, 2004 – 2013 [J]. *Environmental Health Perspectives*, 2016, 124: 184.

〔268〕 MEIC. National CO_2 emissions. Multi-resolution emission inventory for China [EB/OL]. http://www.meicmodel.org/index.html.

〔269〕 Meinrenken, C. J., Lackner, K. S. Fleet view of electrified transportation reveals smaller potential to reduce GHG emissions [J]. *Applied Energy*, 2015, 138: 393 – 403.

〔270〕 Melitz, M. J., Polanec, S. Dynamic olley-pakes productivity decomposition with entry and exit [J]. *Rand Journal of Economics*, 2015, 46: 362 – 375.

〔271〕 Meng, L., Graus, W., Worrell, E., and Huang, B. Estimating CO_2 (carbon dioxide) emissions at urban scales by DMSP/OLS (Defense Meteorological Satellite Program's Operational Linescan System) nighttime light imagery: Methodological challenges and a case study for China [J]. *Energy*, 2014, 71: 468 – 478.

〔272〕 Mohamad, E. T., Armaghani, D. J., Momeni, E., Yazdavar, A. H. and Ebrahimi, M. Rock strength estimation: a PSO-based BP approach [J]. *Neural Computing and Applications*, 2018, 30: 1635 – 1646.

〔273〕 Mohan G., Chapagain S. K., Fukushi K., Papong S., Sudarma I. M., Rimba A. B., Osawa T. An extended Input – Output framework for evaluating industrial sectors and provincial – level water consumption in Indonesia [J]. *Water Resources and Industry*, 2021, 25: 100141.

〔274〕 Morimoto, M. JLCA Corner: activities of the life-cycle assessment society of Japan (JLCA) [J]. *The International Journal of Life Cycle Assessment*, 1997, 2 (3): 153.

〔275〕 Moutinho, V., Madaleno, M., Inglesi – Lotz, R., Dogan, E. Factors affectiong CO_2 emissions in top countries on renewable energies: a LMDI decomposition application [J]. *Renewable and Sustainable Energy Reviews*, 2018, 90: 605 – 622.

〔276〕 Najjar, M., Figueiredo, K., Palumbo, M., Haddad, A. Integration of BIM and LCA: Evaluating the environmental impacts of building materials at an early stage of designing a typical office building [J]. *Journal of Building Engineering*, 2017, 14: 115 – 126.

〔277〕 NASA EOSDIS Land Processes DAAC [EB/OL]. https://lpdaac.usgs.gov/products/mod17a3v055/.

〔278〕 Nash, J. F. *Non-cooperative Games* [M]. Princeton University Press, 1950.

〔279〕 National Centers for Environmental Information [EB/OL]. https://ngdc.noaa.gov/eog/download.html.

〔280〕 National Development and Reform Commission (NDRC) and National Energy Administration (NEA). Energy supply and consumption revolution strategy (2016 – 2030) [J]. 2016.

〔281〕 National Renewable Energy Laboratory. U. S. Life Cycle Inventory Database [EB/

OL]. https：//www. nrel. gov/lci/.

［282］ Nelson, P. A., Gallagher, K. G., Bloom, I. D., Dees, D. W. Modeling the Performance and Cost of Lithium-ion Batteries for Electric-drive Vehicles ［R］. 2012.

［283］ Nguyen H. T., Aviso K. B., Fujioka M., Ito L., Tokai A. Decomposition analysis of annual toxicological footprint changes：Application on Japanese industrial sectors, 2001 – 2015 ［J］. *Journal of Cleaner Production*, 2021, 290：125681.

［284］ Oates W E. Fiscal federalism ［J］. *Books*, 1972.

［285］ Obenauer, M. L., von der Nienburg, B., Meeker, R. Effect of minimum-wage determinations in Oregon. U. S ［M］. Government Printing Office, 1915.

［286］ Oh, D. H. A global Malmquist – Luenberger productivity index ［J］. *Journal of Productivity Analysis*, 2010, 34（3）：183 – 197.

［287］ Oh, D. H., Lee, J. D. A metafrontier approach for measuring Malmquist productivity index ［J］. *Empirical Economics*, 2010, 38：47 – 64.

［288］ Pastor, J. T., Lovell, C. A. K. A global Malmquist productivity index ［J］. *Economics Letters*, 2005（88）：266 – 271.

［289］ Pedroni, P. Critical values for cointegration tests in heterogeneous panels with multiple regressors ［J］. *Oxford Bulletin of Economics and Statistics*, 1999, 61：653 – 670.

［290］ Pompermayer Sesso P., Amâncio – Vieira S. F., Zapparoli I. D., Sesso Filho U. A. Structural decomposition of variations of carbon dioxide emissions for the United States, the European Union and BRIC ［J］. *Journal of Cleaner Production*, 2020, 252：119761.

［291］ Qiao, Q., Lee, H. The Role of Electric Vehicles in Decarbonizing China's Transportation Sector. City：Belfer Center for Science and International Affairs ［M］. 2019.

［292］ Qiao, Q., Zhao, F., Liu, Z., Hao, H. Electric vehicle recycling in China：Economic and environmental benefits ［J］. *Resources, Conservation and Recycling*, 2019, 140：45 – 53.

［293］ Qiao, Q., Zhao, F., Liu, Z., He, X., Hao, H. Life cycle greenhouse gas emissions of Electric Vehicles in China：Combining the vehicle cycle and fuel cycle ［J］. *Energy*, 2019, 177：222 – 233.

［294］ Qiao, Q., Zhao, F., Liu, Z., Jiang, S., Hao, H. Cradle-to-gate greenhouse gas emissions of battery electric and internal combustion engine vehicles in China ［J］. *Applied Energy*, 2017, 204：1399 – 1411.

［295］ Quack, D., Grießhammer, R., Teufel, J. Requirements on consumer information about product carbon footprint ［J］. Commissioned by：ANEC, the European consumer voice in standardisation, AISBL, Brussels, Belgium. Final Report, 2010.

［296］ Rama M., Entrena – Barbero E., Dias A. C., Moreira M. T., Feijoo G., González – García S. Evaluating the carbon footprint of a Spanish city through environmentally extended input output analysis and comparison with life cycle assessment ［J］. *Science of the Total*

Environment, 2021, 762: 143133.

[297] Röck, M., Hollberg, A., Habert, G., Passer, A. LCA and BIM: Visualization of environmental potentials in building construction at early design stages [J]. *Building and Environment*, 2018, 140: 153 – 161.

[298] Rietmann, N., Hügler, B., Lieven, T. Forecasting the trajectory of electric vehicle sales and the consequences for worldwide CO_2 emissions [J]. *Journal of Cleaner Production*, 2020, 261: 121038.

[299] Rojas Sánchez D., Hoadley A. F. A., Khalilpour K. R. A multi-objective extended input-output model for a regional economy [J]. *Sustainable Production and Consumption*, 2019, 20: 15 – 28.

[300] Rose A., Chen C. Y. Sources of change in energy use in the U. S. economy, 1972 – 1982 [J]. *Resources and Energy*, 1991, 13 (1): 1 – 21.

[301] Rosen, S. Markets and diversity [J]. *American Economic Review*, 2002, 92 (1): 1 – 15.

[302] Running S W, Zhao M. Daily GPP and annual NPP (MOD17A2/A3) products NASA Earth Observing System MODIS land algorithm [J]. MOD17 User's Guide, 2015: 1 – 28.

[303] Saiz, A. Immigration and housing rents in American cities [J]. *Journal of Urban Economics*, 2007, 61: 345 – 371.

[304] Samaras, C., Meisterling, K. *Life Cycle Assessment of Greenhouse Gas Emissions from Plug-in Hybrid Vehicles: implications for policy* [J]. 2008.

[305] Sato, H. *The Green Purchasing Network* [M]. Japan. Greener Purchasing. City: Routledge, 2017.

[306] Schaubroeck, S., Schaubroeck, T., Baustert, P., Gibon, T., Benetto, E. When to replace a product to decrease environmental impact? —a consequential LCA framework and case study on car replacement [J]. *The International Journal of Life Cycle Assessment*, 2020, 25 (8): 1500 – 1521.

[307] Selden, T. M., Song, D. Neoclassical growth, the J curve for abatement, and the inverted U curve for pollution [J]. *Journal of Environmental Economics and Management*, 1995, 29: 162 – 168.

[308] Selten, R. A note on evolutionarily stable strategies in asymmetric animal conflicts [J]. *Journal of Theoretical Biology*, 1980, 84: 93 – 101.

[309] Shan, Y. L., Guan, D. B., Zheng, H. R., Ou, J. M., Li, Y., Meng, J., Mi, Z. F., Liu, Z., Zhang, Q. China CO_2 emission accounts 1997 – 2015 [J]. *Scientific. Data*, 2018, 5: 170201.

[310] Shi, K. F. et al. Detecting spatiotemporal dynamics of global electric power consumption using DMSP – OLS nighttime stable light data [J]. *Appllied Energy*, 2016, 184: 450 – 463.

［311］Shan, Y., Huang, Q., Guan, D., and Hubacek, K. China CO_2 emission accounts 2016 – 2017 ［J］. *Scientific Data*, 2020, 7 (1): 1 – 9.

［312］Shi, Y. & Eberhart, R. C. Parameter Selection in Particle Swarm Optimization ［C］. International Conference on Evolutionary Programming, 1998.

［313］Sigman, H. Transboundary Spillovers and Decentralization of Environmental Policies ［J］. *Journal of Environmental Economics and Management*, 2005, 50 (1): 82 – 101.

［314］Simapro9. 1. 1. LCA software for fact-based sustainability ［EB/OL］. https: //simapro. com/.

［315］Singh, B., Ellingsen, L. A. – W., Strømman, A. H. Pathways for GHG emission reduction in Norwegian road transport sector: Perspective on consumption of passenger car transport and electricity mix ［J］. *Transportation Research Part D: Transport and Environment*, 2015, 41: 160 – 164.

［316］Small, C., Pozzi, F., and Elvidge, C. D. Spatial analysis of global urban extent from DMSP – OLS night lights ［J］. *Remote Sensing of Environment*, 2005, 96 (3 – 4): 277 – 291.

［317］Snow J. On the mode of communication of cholera ［J］. *Edinburgh Medical Journal*, 1856, 7 (1): 668.

［318］Song J., Wang B., Fang K., Yang W. Unraveling economic and environmental implications of cutting overcapacity of industries: A city-level empirical simulation with input-output approach ［J］. *Journal of Cleaner Production*, 2019, 222: 722 – 732.

［319］Sonnemann G, Vigon B. *Global guidance principles for Life Cycle Assessment (LCA) databases: a basis for greener processes and products* ［M］. United Nations Environment Programme, 2011.

［320］Specht, D. F. A general regression neural network ［J］. *IEEE transactions on neural networks*, 1991, 2 (6): 568 – 576.

［321］Sphera. GaBi9. 2. 1-the world's leading LCA software ［EB/OL］. http: //www. gabi – software. com/canada/index/.

［322］Su B., Ang B. W., Liu Y. Multi-region input-output analysis of embodied emissions and intensities: Spatial aggregation by linking regional and global datasets ［J］. *Journal of Cleaner Production*, 2021, 313: 127894.

［323］Sun, J. Changes in energy consumption and energy intensity: a complete decomposition model ［J］. *Energy Economico*, 1988, 20: 85 – 100.

［324］Sutton, P., Roberts, D., Elvidge, C., and Baugh, K. Census from Heaven: An estimate of the global human population using night-time satellite imagery ［J］. *International Journal of Remote Sensing*, 2001, 22 (16): 3061 – 3076.

［325］Su, Y., Chen, X., Li, Y. et al. China's 19-year city-level carbon emissions of energy consumptions, driving forces and regionalized mitigation guidelines ［J］. *Renewable and*

Sustainable Energy Reviews, 2014, 35: 231 – 243.

[326] Su, Y. Multi-agent evolutionary game in the recycling utilization of construction waste [J]. *Science of the Total Environment*, 2020, 738: 139826.

[327] Tanaka, S. Environmental regulations on air pollution in China and their impact on infant mortality [J]. *Journal of Health Economics*, 2015, 42: 90 – 103.

[328] Taylor, P., Jonker, L. Evolutionary stable strategies and game dynamics [J]. *Mathematical Biosciences*, 1978, 40: 145 – 156.

[329] Technology, M. o. I. a. I. Action plan to promote the development of automotive power battery industry [EB/OL]. http://www. miit. gov. cn/n1146295/n1652858/n1652930/n3757018/c5505456/content. html.

[330] Technology, M. o. I. a. I. Fuel consumption limits for passenger cars (GB 19678 – 2014) [EB/OL]. http://www. miit. gov. cn/n1146285/n1146352/n3054355/n3057585/n3057589/c3616982/content. html.

[331] Technology, M. o. I. a. I. New energy vehicle in dustry development plan (2021 – 2035) [EB/OL]. http://www. gov. cn/xinwen/2020 – 11/02/content_5556762. html.

[332] Technology, M. o. I. a. I. New energy vehicle model Catalogue exempted from Purchase Tax [EB/OL]. http://www. miit. gov. cn/n1146295/n1652858/n1652930/n4509607/c4512215/content. html.

[333] Technology, M. o. I. a. I. New energy vehicle model recommendation for promotion and application Catalogue [EB/OL]. http://www. miit. gov. cn/n1146295/n1652858/n1652930/n4509607/c6579888/.

[334] Tian X., Liu Y., Xu M., Liang S., Liu Y. Chinese environmentally extended input-output database for 2017 and 2018 [J]. *Scientific Data*, 2021, 8 (1): 256.

[335] Tone, K. A slacks-based measure of efficiency in data envelopment analysis [J]. *European Journal of Operational Research*, 2001, 130: 498 – 509.

[336] Tone, K. A slacks-based measure of super-efficiency in data envelopment analysis [J]. *European Journal of Operational Research*, 2002, 143 (1): 32 – 41.

[337] Tone K. *Dealing with undesirable outputs in DEA: A slacks – based measure (SBM) approach* [J]. Presentation At NAPW Ⅲ, Toronto, 2004: 44 – 45.

[338] UNEP. Life Cycle Initiative [EB/OL]. https://www. lifecycleinitiative. org.

[339] University, C. M. Economic input-output life cycle assessment (EIO – LCA) [EB/OL]. http://www. eiolca. net.

[340] Van Mierlo, J., Messagie, M., Rangaraju, S. Comparative environmental assessment of alternative fueled vehicles using a life cycle assessment [J]. *Transportation Research Procedia*, 2017, 25: 3435 – 3445.

[341] Wang, C., Chen, J., Zou, J. Decomposition of energy-related CO_2 emission in China: 1957 – 2000 [J]. *Energy*, 2005, 30 (1): 73 – 83.

［342］ Wang H. , Chuang Y. An input-output model for energy policy evaluation ［J］. *Energy Systems and Policy*, 1987, 11 (1): 21 – 38.

［343］ Wang, W. , Mu, H. , Kang, X. , Song, R. and Ning, Y. Changes in industrial electrictiy consumption in China from 1998 to 2007 ［J］. *Energy Policy*, 2010, 38: 3684 – 3690.

［344］ Wang, H. , Lu, X. , Deng, Y. , Sun, Y. , Nielsen, C. P. , Liu, Y. , and McElroy, M. B. China's CO_2 peak before 2030 implied from characteristics and growth of cities ［J］. *Nature Sustainability*, 2019, 2 (8): 748 – 754.

［345］ Wang, Q. , Jiang, R. Is China's economic growth decoupled from carbon emissions? ［J］. *Journal of Cleaner Production*, 2019, 225: 1194 – 1208.

［346］ Wang, Q. W. , Hang, Y. , Su, B. , Zhou, P. Contributions to sector – level carbon intensity change: an integrated decomposition analysis ［J］. *Energy Economics*, 2018, 70: 12 – 25.

［347］ Wang X. , Klemeš J. J. , Long X. , Zhang P. , Varbanov P. S. , Fan W. , Dong X. , Wang Y. Measuring the environmental performance of the EU27 from the Water – Energy – Carbon nexus perspective ［J］. *Journal of Cleaner Production*, 2020, 265: 121832.

［348］ Wang Y. , Wang X. , Chen W. , Qiu L. , Wang B. , Niu W. Exploring the path of inter-provincial industrial transfer and carbon transfer in China via combination of multi-regional input-output and geographically weighted regression model ［J］. *Ecological Indicators*, 2021, 125: 107547.

［349］ Wan Omar W. M. S. A hybrid life cycle assessment of embodied energy and carbon emissions from conventional and industrialised building systems in Malaysia ［J］. *Energy and Buildings*, 2018, 167: 253 – 268.

［350］ Weibull, W. *Evolutionary Game Theory* ［M］. Cambridge: MIT Press, 1995.

［351］ Wolfram, P. , Wiedmann, T. Electrifying Australian transport: Hybrid life cycle analysis of a transition to electric light-duty vehicles and renewable electricity ［J］. *Applied Energy*, 2017, 206: 531 – 540.

［352］ Wright, S. The method of path coefficients ［J］. *The Annals of Mathematical Statistics*, 1934, 5 (3): 161 – 215.

［353］ Wu R. The carbon footprint of the Chinese health-care system: an environmentally extended input-output and structural path analysis study ［J］. *The Lancet Planetary Health*, 2019, 3 (10): e413 – e419.

［354］ Wu, T. , Zhang, M. , Ou, X. Analysis of Future Vehicle Energy Demand in China Based on a Gompertz Function Method and Computable General Equilibrium Model ［J］. *Energies*, 2014, 7 (11): 7454 – 7482.

［355］ Wu X. J. , Li Y. P. , Liu J. , Huang G. H. , Ding Y. K. , Sun J. , Zhang H. Identifying optimal virtual water management strategy for Kazakhstan: A factorial ecologicallyextended input-output model [J]. *Journal of Environmental Management*, 2021, 297: 113303.

[356] Wu X., Li C., Guo J., Wu X., Meng J., Chen G. Extended carbon footprint and emission transfer of world regions: With both primary and intermediate inputs into account [J]. *Science of the Total Environment*, 2021, 775: 145578.

[357] Wu, Y., Yang, Z., Lin, B., Liu, H., Wang, R., Zhou, B., Hao, J. Energy consumption and CO_2 emission impacts of vehicle electrification in three developed regions of China [J]. *Energy Policy*, 2012, 48 (none): 537 – 550.

[358] Wu, Z., Wang, C., Wolfram, P., Zhang, Y., Sun, X., Hertwich, E. Assessing electric vehicle policy with region-specific carbon footprints [J]. *Applied Energy*, 2019, 256: 113923.

[359] Xing Z., Wang J., Zhang J. Expansion of environmental impact assessment for eco-efficiency evaluation of China's economic sectors: An economic input-output based frontier approach [J]. *Science of The Total Environment*, 2018, 635: 284 – 293.

[360] Xiong, S., Ji, J., Ma, X. Comparative life cycle energy and GHG emission analysis for BEVs and PHEVs: A case study in China [J]. *Energies*, 2019, 12 (5): 834.

[361] Xiong, S., Ji, J., Ma, X. Environmental and economic evaluation of remanufacturing lithium-ion batteries from electric vehicles [J]. *Waste Management*, 2020, 102 (Feb.): 579 – 586.

[362] Xiong S., Wang Y., Bai B., Ma X. A hybrid life cycle assessment of the large-scale application of electric vehicles [J]. *Energy*, 2021, 216: 119314.

[363] Xu W., Xie Y., Cai Y., Ji L., Wang B., Yang Z. Environmentally-extended input-output and ecological network analysis for Energy – Water – CO_2 metabolic system in China [J]. *Science of The Total Environment*, 2021, 758: 143931.

[364] Xu, X. Y., Ang, B. W. Index decomposition analysis applied to CO_2 emission studies [J]. *Ecological Economics*, 2013, 93: 313 – 329.

[365] Yang Y., Ingwersen W. W., Meyer D. E. Exploring the relevance of spatial scale to life cycle inventory results using environmentally-extended input-output models of the United States [J]. *Environmental Modelling & Software*, 2018, 99: 52 – 57.

[366] Yeung, D. A differential game of industrial pollution management [J]. *Annals of Operations Research*, 1992, 37: 297 – 311.

[367] Yin, X., Cao, F., Wang, J., Li, M. and Wang, X. Investigations on optimal discharge pressure in CO_2 heat pumps using the GMDH and PSO – BP type neural network—Part A: Theoretical modeling [J]. *International Journal of Refrigeration*, 2019, 106: 549 – 557.

[368] Yong, A. Gold into base metals: productivity growth in the People's Republic of China during the reform period [J]. *Journal of Political Economy*, 2003, 111 (6): 1220 – 1260.

[369] Yuan, J., Niu, Z., and Wang, C. Vegetation NPP distribution based on MODIS data and CASA model—A case study of northern Hebei Province [J]. *Chinese Geographical Sci-*

ence, 2006, 16 (4): 334 – 341.

[370] Yu, M. , Bai, B. , Xiong, S. , Liao, X. Evaluating environmental impacts and economic performance of remanufacturing electric vehicle lithium-ion batteries [J]. *Journal of Cleaner Production*, 2021, 321: 128935.

[371] Zhang, C. , Shao, H. and Li, Y. Particle swarm optimisation for evolving artificial neural network [J]. *IEEE International Conference on Systems*, *Man and Cybernetics*, 2000, 4: 2487 – 2490.

[372] Zhang H. , Xu Y. , Lahr M. L. The greenhouse gas footprints of China's food production and consumption (1987 – 2017) [J]. *Journal of Environmental Management*, 2022, 301: 113934.

[373] Zhang, X. , Geng, Y. , Shao, S. , Dong, H. , Wu, R. , Yao, T. , and Song, J. How to achieve China's CO_2 emission reduction targets by provincial efforts? – An analysis based on generalized Divisia index and dynamic scenario simulation [J]. *Renewable and Sustainable Energy Reviews*, 2020, 127: 109892.

[374] Zhang, Z. , Sun, X. , Ding, N. , Yang, J. Life cycle environmental assessment of charging infrastructure for electric vehicles in China [J]. *Journal of Cleaner Production*, 2019, 227: 932 – 941.

[375] Zhao, F. , Liu, F. , Liu, Z. , Hao, H. The correlated impacts of fuel consumption improvements and vehicle electrification on vehicle greenhouse gas emissions in China [J]. *Journal of Cleaner Production*, 2019, 207: 702 – 716.

[376] Zhao, N. , Liu, Y. , Cao, G. , Samson, E. L. , Zhang, J. Forecasting China's GDP at the pixel level using nighttime lights time series and population images [J]. *GIScience Remote Sensor*, 2017, 54 (3): 407 – 425.

[377] Zhao, J. et al. Spatio-temporal dynamics of urban residential CO_2 emissions and their driving forces in China using the integrated two nighttime light datasets [J]. *Applied Energy*, 2019, 235: 612 – 624.

[378] Zhao, M. , Running, S. W. Drought-induced reduction in global terrestrial net primary production from 2000 through 2009 [J]. *Science*, 2010, 329: 940 – 943.

[379] Zhao, S. J. , Heywood, J. B. Projected pathways and environmental impact of China's electrified passenger vehicles [J]. *Transportation Research Part D: Transport and Environment*, 2017, 53: 334 – 353.

[380] Zhao, Y. , Onat, N. C. , Kucukvar, M. , Tatari, O. Carbon and energy footprints of electric delivery trucks: A hybrid multi-regional input-output life cycle assessment [J]. *Transportation Research Part D: Transport and Environment*, 2016, 47: 195 – 207.

[381] Zheng, J. , Sun, X. , Jia, L. , Zhou, Y. Electric passenger vehicles sales and carbon dioxide emission reduction potential in China's leading markets [J]. *Journal of Cleaner Production*, 2020, 243: 118607.

［382］ Zheng, Q. , Weng, Q. & Wang, K. Developing a new cross-sensor calibration model for DMSP – OLS and Suomi – NPP VIIRS nightlight imageries. ISPRS J ［J］. *Photogramm*, 2019, 153: 36 – 47.

［383］ Zheng, S. , Cao, J. , Kahn, M. E. , Sun, C. Real estate valuation and cross-boundary air pollution externalities: evidence from Chinese cities ［J］. *The Journal of Real Estate Finance and Economics*, 2014, 48: 398 – 414.

［384］ Zhen W. , Qin Q. , Qian X. , Wei Y. Inequality across China's Staple Crops in Energy Consumption and Related GHG Emissions ［J］. *Ecological Economics*, 2018, 153: 17 – 30.

［385］ Zhou, P. , Ang, B. W. , Wang, H. Energy and CO_2 emission performance in electricity generation: A non-radial directional distance function approach. European ［J］. *Journal of Operational Research*, 2012, 221: 625 – 635.

［386］ Zhou, P. , Zhou, X. , Fan, L. W. On estimating shadow prices of undesirable outputs with efficiency models: A literature review ［J］. *Applied Energy*, 2014, 130: 799 – 806.

［387］ Zhu, B. , Jiang, M. , He, K. , Chevallier, J. , Xie, R. Allocating CO_2 allowances to emitters in China: A multi-objective decision approach ［J］. *Energy Policy*, 2018, 121: 441 – 451.